动机与人格

[美] 马斯洛◎著　　刘　霈◎译

民主与建设出版社
·北京·

图书在版编目（CIP）数据

动机与人格 /（美）马斯洛著；刘霈译 . -- 北京：民主与建设出版社，2023.2

ISBN 978-7-5139-3637-8

Ⅰ . ①动… Ⅱ . ①马… ②刘… Ⅲ . ①人本心理学 - 研究 Ⅳ . ① B84-067

中国版本图书馆 CIP 数据核字 (2021) 第 137187 号

动机与人格

DONGJI YU RENGE

著　　者	［美］马斯洛
译　　者	刘　霈
责任编辑	李保华　王　倩
封面设计	李爱雪
出版发行	民主与建设出版社有限责任公司
电　　话	（010）59417747　59419778
社　　址	北京市海淀区西三环中路 10 号望海楼 E 座 7 层
邮　　编	100142
印　　刷	固安县保利达印务有限公司
版　　次	2023 年 2 月第 1 版
印　　次	2023 年 2 月第 1 次印刷
开　　本	710 毫米 ×960 毫米　1/16
印　　张	21
字　　数	301 千字
书　　号	ISBN 978-7-5139-3637-8
定　　价	78.00 元

译者前言

Translator's Preface

《动机与人格》是著名心理学家马斯洛的一部重要著作，体现了马斯洛对人的成长规律的认识以及对人本主义心理学的深入研究。该著作论述清晰，表达完整，被学术界称为“心理学史上划时代的著作”。

在遭受了经济危机和世界大战的双重重创后，二十世纪上半叶的美国民众生活在水深火热之中，其旧有的价值体系分崩离析，新生的价值观念正在孕育。目睹并经历了这一切的马斯洛，决定从行为主义的实验室中走出来，致力于对人性的研究，力图证明人类拥有积极的潜能及高贵的品质。马斯洛曾说：“我们时代的根本疾患是价值的沦丧……这种危险状态比历史上任何时候都要严重。”因此，马斯洛的研究活动始终关注着人类社会的发展现实，并力图找到人类存在的本质意义。

马斯洛在《动机与人格》一书中从四个方面提出了他的研究观点：动机理论、心理变态与正常状态、自我实现以及人类科学的方法论。全书比较完整地反映了马斯洛从行为主义学派到精神分析学派，再走向人本主义学派的发展过程。

第一章对传统的行为主义动机理论进行了批评，强调完整的个人、文化影响、环境、多重动机、非动机行为和健康的动机的必要性。第二章和第三章对经典的需要层次论进行了阐述。第四章对弗洛伊德心理学和行为主义心理学进行批判性继承。第五章探讨需要层次中的高级需要与低级需要的差异。第六章拓宽了传统心理学的研究范畴，表达性行为和艺术性行为也属于非动机性行为。第七章讨论了需要在威胁性受挫与非威胁性受挫下的不同表现。第八章指出破坏性并非一种天生的本能。第九章将心理治疗与实验心理学的传统概念相结合。第十章从统计学、习惯和文化的角度对心理正常的主要含义进行了探讨。

第十二、十三章对自我实现者进行了调查，其中着重强调爱情和创造性这两个方面。第十四章讲述了马斯洛运用新方法研究心理学时出现的一系列问题。第十五、十六章对心理学进行了科学的解释，并强调科学并非发现真理的唯一道路，过分强调方法中心是不可取的。第十七章详细区分了陈规化认知与真正的认知这两种思维方式的不同，并论证了哪一种更为合理。第十八章强调人类的行为是一个复杂的整体，研究时不可将其简化为简单的部分。同时引入“人格症候群”这一概念，具体讨论这一研究途径的不同含义。

马斯洛的《动机与人格》被公认为20世纪50年代心理学领域最重要的成就，其对人性、人的价值等问题的研究之深入，也被誉为是近代西方最重要的心理学名著之一。不仅如此，这部著作的中心思想早已渗透到企业管理、市场销售、教育、心理治疗等多个领域，在我们的日常生活中愈发常见。马斯洛的心理学是积极的，他激励我们成为一个人、一位思考者，在此，我衷心地希望他关于心理学和人类潜能的理论能够对您有所触动，引领您走向更幸福的生活。

作者前言
Author's Preface

在这次修订中，我试图融入自己16年以来的经验、教训，这些经验和教训是非常重要的。虽然我只修改了部分内容，但本书的主题因此在某些方面得到了重要修正，因此这不失为一次实质性的扩充的修订，下文我会就修改的部分逐一进行阐述。

当本书在1954年诞生时，它实质上是想在当时已有的经典心理学的基础上进行发展，而非否定它们或建立另一种与之对立的学派。它试图通过探索人性的“高级”层次，来扩展我们对人性的认知（我本打算将这本书命名为《人性的更高境界》）。如果我必须把这本书的主题浓缩成一句话，我会说，除了那个时代各个心理学派对人性所下的定义外，人还有一种更高级的本性，它的性质是类本能[1]的，是人性的一部分。如果我能多说一句，我会强调人性深刻的整体论的性质，这种整体论的性质与行为主义心理学和弗洛伊德心理学的分析的、解剖的、原子论的、牛顿式的方法是针锋相对、互不相容的。

换句话说，我接受实验心理学和精神分析学的现有资料，我在它们的基础上进行研究。我欣赏实验心理学的经验主义和实验精神，赞成精神分析学

1　类本能是马斯洛提出的一个概念，其含义有两层：（1）人性的高层内容是内在的、本然的，就像人的本能一样；（2）这些高层的心理运作机制类似于但不完全等同于本能。——译者注

对真实的揭露和对内心深度的探索，但我无法接受它们塑造出来的人的形象。也就是说，本书将代表一种不同的人性哲学，一种崭新的人的形象。

在我当时看来，这只不过是一场心理学内部的争论；可后来的事实证明，这是一种新的时代精神的局部表现，一种新的全面的生活哲学。这种新的“人本主义的”世界观以一种更有希望、更令人振奋的方式来架构人类知识的每一个领域（包括经济学、社会学、生物学等）、每一个行业（包括法律界、政界、医学界）以及每一个社会机构（包括家庭、教育、宗教等）。在修订本书时，我秉承着这种信念，在本书提出的心理学理论中写下了如下看法：这是一种更广阔的世界观、更具有包容性的人生哲学的一个侧面，它已得到初步验证，至少已经可以自圆其说，因此必须被认真地对待。

令人气愤的是，这是一场真实发生的革命，它赋予人、社会、自然、科学、终极价值、哲学等全新的形象，但它至今仍被知识界的大多数人所忽视，特别是被那些掌握着传播媒介、能够影响知识分子及青年的人所忽视。（基于这一原因，我将此次革命称为“不被关注的革命”。）

社会中的不少人提出了一种以极度绝望和愤世嫉俗为特征的观点，这种观点甚至会堕落成腐蚀性极强的恶意和残忍。事实上，他们否认了改善人性和社会的可能性，否认了发现人类内在价值的可能性，否认了热爱生命的可能性。

他们不相信诚实、敏锐、慷慨、友爱是真实存在的，当与那些被他们嘲笑为傻瓜、“童子军”、守旧派、“榆木脑袋”、无辜者、空想家或盲目乐观者相处时，他们超越了合理的怀疑主义和批评态度，变得无法克制自己，进而演变成一种实际上的敌意。这种实际的攻击、憎恨和伤害远远超出了轻蔑的范围。有时，他们似乎是在进行一种愤怒的反击，针对一些他们认为是愚弄、阻碍、嘲笑他们的伤害性行为。我认为，精神分析学家可以从中看到他们对于过去的幻灭和失望，以及从中产生的发泄和报复的动力。

这种关于绝望的子文化，这种“比你更损”的态度，这种只相信弱肉强食、悲观绝望的而不相信善意的观点，无疑是反道德的、反人本主义心理学的，也无疑是与本书以及参考文献中所认同的观点背道而驰的。尽管我们仍要对肯定人性中“善”的前提十分谨慎（见本书第七章、第九章、第十一章、第十六章），但我们已经可以彻底否定人性在根本上是堕落的、邪恶的这种绝望的观点。这样的观点不再仅仅是喜爱和偏好的问题了，要想继续坚持这一观点，必须死守着愚昧和无知的态度不放，并且拒绝考虑事实。因此，这种绝望的观点只能说是一种自我的投射，而不是一种理性的哲学或科学态度。

本书的前两章和附录B中提到的人本主义和整体论的科学观，已经在过去十几年的发展中得到了有力确证，特别是得到了迈克尔·波兰尼的著作《个人的知识》的有力证实。我的著作《科学心理学》中也提到了类似观点。这些著作与现今仍在广泛流行的古典、传统的科学哲学存在较大分歧，它们为与人相关的科学研究提供了一个更加完善的科学哲学替代物。

本书始终秉持整体论的方法，附录B更是对整体论进行了更为深入，甚至是有些费力的叙述。整体论显然是正确的——毕竟，宇宙是一个相互关联的整体，有着其内在的联系；社会是一个相互联系的整体，有着其内在的联系；每个人也是一个相互联系的整体，有着其内在的联系……然而，作为一种观察世界的方法，整体论在实践的过程中并不是一帆风顺的。最近，我越来越倾向于认为，原子主义的思维方式是某种形式上的轻微的心理变态，或者至少是认知不成熟症候群的一种症状。整体论的思维和观察方式似乎更容易为健康的、自我实现的人所接受；而对于那些不那么成熟、不那么健康的人来说，这一接受过程似乎异常困难。当然，到目前为止，这只是我个人的一种印象，之所以在此提及，是因为我觉得有必要将它作为一种假设来进行验证，而这一点应该是比较容易办到的。

我在本书的第三章至第七章中提到了动机理论，也可以说本书在某种程度上始终都在阐述动机理论。这一理论有一段十分有趣的历史。它最初是在1942年向一个心理分析学会提出的，它试图将我在弗洛伊德、阿德勒、荣格、D. M. 列维、弗洛姆、霍妮和戈德斯坦等人的理论中所看到的部分真理纳入一个单一的理论体系中。我从自己零散的治疗经验中得知，上述每一个论者都有正确的时候，都能对一些患者做出正确的诊断。我的问题实际上是一些临床问题：哪些早期的剥夺会导致神经症？哪种心理医学可以治愈神经症？哪种预防措施可以预防神经症？对各种心理医学的需要有哪些轻重缓急？哪些是最有效的？那些事最基本的？

公平地说，这一理论从临床的、社会的、人格学的角度来看颇为成功，但从实验室和实验的角度来看还有待提升。它符合大多数人的个人经验，并向他们提供了一种有结构的理论，帮助他们更好地了解自己的内心生活。对于大多数人来说，它具有一种直接的、个人化的、主观的合理性。然而，它仍然缺乏实验的验证和支持。我尚未想出一个好的办法在实验室里对它进行检验。

道格拉斯·麦格雷戈将这种动机理论应用到了工业环境中，从而解开了这个谜题的部分答案。他发现不仅这种理论对整理资料和观察结果非常有用，而且这些数据可以反过来作为验证这种理论的资料。现在我们所有的经验性证据都是来自这一领域而不是来自实验室。（我的著作年表中有一部分这类报告。）

我从这件事以及从生活的其他领域中学到：当我们谈论人类的需求时，我们谈论的其实是他们生活的本质。我们怎能将这种本质放在动物实验室或试管中进行检验呢？显然，它需要我们观察完整的人在社会环境中的生活情况。

第四章的内容来源于临床治疗，主要找寻神经症的致病原因，而不重视那些不会给心理治疗师惹麻烦的动机，如惯性和惰性，感官享受，对感官刺激和活动的需要，单纯的生活热情或缺乏生活热情、易于产生希望或易于失望，在恐惧、焦虑、匮乏的情况下易于退化等；更不用说那些同时也是促动因素的人类最崇高的价值：美、真理、卓越、完善、正义、秩序、连贯、和谐，等等。

在我的著作《存在心理学》的第三章、第四章、第五章，《优心态管理》中有关低级牢骚、高级牢骚和超级牢骚的章节，以及《超越性动机理论：价值生活的生物学基础》中，我对本书的第三章和第四章进行了必要的补充。

如果不考虑人生的最高渴望，便永远不可能理解人生本身。成长、自我实现、对健康的追求、寻找自我和独立、对卓越的向往（以及对“向上”奋斗的其他表达方式），这一切都必须作为一种广泛的、或许是普遍性的人类趋势被接受下来。

然而，其他退步的、恐惧的、自我萎缩的倾向也依然存在，只不过我们（特别是涉世不深的年轻人）很容易陶醉于“个性的成长”，从而忘记它们。我认为，对精神病理学和心理分析学的全面了解是预防这种幻觉的必要措施。我们必须意识到，很多人做出的选择不仅不明智甚至可以说是相当糟糕；成长通常是一个痛苦的过程，有的人会因害怕而逃避成长，我们对那些机会既喜爱又不自觉地感到恐惧，我们都会对真理、美、美德又爱又怕。对人本主义心理学家而言，弗洛伊德的作品仍然是必读书目（读他的事实，而不是他的玄学）。我还想推荐一本霍加特的著作，这本书会帮助我们理解并同情他所描写的那些受教育程度较低的人，理解庸俗、琐碎、廉价和虚假的东西对他们的吸引力。

第四章和第六章“基本需要的类本能性质”，在我看来，它们构成了人类内在价值系统和利益系统的基础，这些价值和利益本来就是自身意义的明证，不需要进一步的证明。这是一种分层次的价值系统，这种价值系统是存在于人性的本质之中的。这种价值系统不仅是全人类都渴望和需要的，而且可以用来避免一般疾病和心理病变。换句话说，这些需要和超越性需要也是内在的强化因素和无条件的刺激因素，在此基础上，可以建立各种工具性学习和适应。也就是说，为了获得这些内在利益，动物和人类愿意学习任何技能。

尽管在此没有足够的篇幅来进一步阐述我的观点，我还是要说，把类本能的基本需要和超越性需要不单单看作一种需要，并且看作一种权利，这样既合情合理又大有裨益——就像承认人有权为人，猫有权为猫一样。要想具有完整的人性，满足这些基本需要和超越性需要是必需的，我们也可以把它当作一项天赋权利。

这种分为各个层次的需要和超越性需要系统，从另一个方面来说也对我有所帮助。它就像一顿自助餐或一盘大杂烩，人们可以根据自己的口味随意挑选。也就是说，在判断一个人的行为动机时，也要考虑到判断者的性格因素。他会基于自己普遍化的乐观或悲观主义去选择某些动机，然后将行为归因于这些动机。我发现，人们在今天往往会选择悲观的动机，这种选择过于普遍，以至于我有必要把这种现象命名为“对动机的贬低”。简单地说，这是一种倾向，一种宁愿选择低级需要而不愿意选择中级需要、宁愿选择中级需要也不愿意选择高级需要的倾向。宁愿选择纯物质主义的动机，也不愿意选择社会性动机或超越性动机或这三者的混合物。这是一种妄想狂似的猜疑，是一种对人性的贬低。我经常看到这种情况，但据我所知，学界对这种情况还没有比较充分的描述。我认为，任何关于动机的理论都必须包括这个额外的变量。

当然，研究思想史的学者会在不同文化和不同时代的背景下，轻而易举地找到许多例子，以此来说明抬高或贬低人类动机的普遍倾向。目前，我们文化中的倾向显然是普遍贬低的。出于解释的目的，低级需要被过度滥用，而高级需要和超越性需要却很少为人所提及。在我看来，产生这种倾向的原因是先入为主的偏见，而不是经验性的事实。我发现，高级需要和超越性需要的作用远比病人想的要大得多，也比如今知识界敢于承认的大得多。这显然是一个极具经验性和科学性的问题；同样，这个问题太重要了，以至于不能把它留给某个派系或内部集团自行解决。

在论述满足理论的第五章中，我增加了一节关于满足的病理学的内容。当然，这是我们在15或20年前没有预料到的事情。当一个人已经达到了他一直想要达到的目标，也就是应该带来幸福的目标之后，病态的后果就会随之而来。我们从奥斯卡·王尔德身上学到的是：要警惕我们的愿望——因为在愿望实现的同时往往会发生悲剧。这种事无论在物质的、人际的还是超验的层次上，都是有可能发生的。

从这个出人意料的发现中可以得知，满足基本需要并不会自动地产生一套人们可以寄托信仰并为之献身的价值系统。相反，基本需要得到满足后，其后果很有可能是无聊的、漫无目的的，甚至是反社会常态的。显然，当我们为自己所缺乏的东西而奋斗时，当我们希望得到我们没有的东西时，当我们为实现愿望而积蓄力量时，我们的工作效率是最高的。满足的状态不一定是快乐、幸福、愉悦的状态，而很有可能是一种摇摆的、未决的状态，满足的状态在解决问题的同时也会提出新的问题。

对许多人来说，这一发现意味着，他们对有意义的生活所能想到的唯一定义就是“缺少某种不可或缺的东西并为之奋斗”。但是我们知道，那些自我实现的人，即使他们所有的基本需要都已得到满足，他们也觉得去探索生活或者说去感知活着的状态才是更有意义的，可以说他们生活在存在的王国中。因此，普世价值观下对于有意义的生活的看法是错误的，至少是不成熟的。

对我来说同样重要的是，如今人们已经越来越深刻地领悟到我所说的“牢骚理论”。简而言之，根据我的观察，需要的满足只会带来短暂的快乐，而这种快乐很快就会被一种更高的不满所代替。因此，人类对永恒幸福的追求是永远无法实现的。当然，幸福确实来过，它是实实在在的、可以得到的。但我们似乎必须接受它的变幻无常，尤其是当我们更多地关注它强烈的形式时。巅峰体验不会持续也不可能持续很久，强烈的幸福是偶发性的，而不是持续性的。

但是，这相当于是对影响了我们三千年的幸福理论进行一次修正，这种幸福理论决定着我们的各种概念，如天堂、伊甸园、美满生活、美好社会、完善的人的概念。传统的爱情故事的结尾总是“他们从此幸福地生活在一起”，社会改良和社会革命的理论也是如此。对社会中虽然真实但十分有限的改良所做的宣传，我们早已听腻了，我们在激动不已后又感到大失所望。我们过分相信工会主义、妇女选举权、参议员直选、累进所得税以及其他宪法修正案能给我们带来的好处。我们认为每一个变革都能带来一个黄金时代，带来永恒的幸福，带来所有问题的最终解决方案，但结果往往是虚妄的幻灭。然而，幻灭意味着曾经有过幻想，我们期待改进的发生，这是合情合理的；但如果我们还期待着完美生活的到来，期待永久幸福的实现，那就有些荒诞了。

而且大家还要认识到一个现今存在的普遍现象：我们所得到的福祉，在这些福祉被剥夺前，慢慢地我们会认为它是理所当然的，直到它被忘记、从意识中消失，最后甚至不再被珍惜。例如，当我在1970年1月写这篇前言的时候，美国的文化特征是：过去150年间美国取得的无可厚非的成绩和进步，被一些轻率或肤浅的人抛在一边，他们认为这些成绩和进步是虚假的、毫无任何价值的，不值得去珍视、去保护。而他们之所以这样认为，仅仅是因为这个世界仍是不完美的。

以目前为妇女“解放”所做的斗争为例（我可以举出十几个其他的例子），我来向大家指出有多少人倾向于以一种一分为二的分裂方式来看待这个世界，而不是以一种分层次的、按等级的整体式思维来进行思考。一般说来，在我们今天的文化中，少女的梦想——一个她自己看不到的梦想，通常是一个男人爱上她，给她一个家和一个孩子。在她的幻想中，她从此过上了幸福的生活。但事实是，无论一个人多么渴望一个家、一个孩子或者一个爱人，她迟早会对这些福祉感到厌烦，会把一切都视为理所当然，开始感到不安和不满，觉得生活仿佛还缺些什么，必须要获得更多的东西。于是，她们开始把家庭、孩子和丈夫视为一种束缚甚至是奴役，然后用一种非此即彼、不求兼顾的方式获取更高的需求和满足，比如专业工作、自由旅行、自立的生活，等等。

然而，认为上述一切都是互相排斥、不可兼容的，这本身就是一种不成熟、不明智的表现，也是不满理论和分层次、按等级的整体需要论的主要观点。这个心怀不满的女人希望抓住她所拥有的一切，与此同时又像工联分子一样，期望得到更多的东西。也就是说，她通常会希望保留所有的既得利益，同时获得额外的利益。但在这一点上，我们似乎还没有领悟这个永恒的教训：无论她渴望的是什么，事业还是其他，一旦这些被实现，整个过程就会再次重复。在经历了短暂的幸福、兴奋和满足后，她会不可避免地认为一切都是理所当然的，并再次变得焦躁、不安和不满。

我时常会想，如果我们能充分意识到人类的这些特性，如果我们能放弃对永恒的、连续的幸福的幻想，如果我们能够接受我们只有短暂的满足、随后会不可避免地陷入不满和抱怨的泥潭、愤愤不平地要求更多东西这一事实，那么，我们就有可能使广大民众了解那些懂得自我实现的人是如何生活的，即为自己已得的幸福而感到庆幸，避免跌入左右两难的选择陷阱。一个女人可能会得到女性所特有的全部满足（被爱、家庭、孩子），然后，在不放弃任何一种既得满足的情况下继续向前发展，直到超越女性的天性，同男人共享全面的人性，她的智力、她可能拥有的才能、她独特的天赋等各个方面都可以得到更全面的发展。

第七章“心理病理的起源”的宗旨已经发生了相当大的转变。过去十年，遗传学有了巨大进展，迫使我们相较于15年前更加承认基因的决定性作用。我认为对心理学家来说，这些发现中最重要的是X和Y染色体可能发生的各种情况：二倍体、三倍体、缺失，等等。

第八章“破坏性是本能的吗？”也根据这些新发现做了相当大的修改。

也许这些遗传学上的进展有助于进一步表明我的立场，但目前这方面的工作做得还不够。目前，关于遗传和环境作用的争论几乎和过去50年一样简单。一边倒的情况依然没有改变，不是倒向简单化的本能理论，即动物身上的那种本能；就是倒向环境论，即完全否定整个本能观点。这两种观点都很容易被驳倒，而且在我看来都站不住脚，可以说是非常愚蠢。与这两种两极分化的观点相比，第六章及后面的各个章节给出了截然不同的第三种观点，即人身上残存的本能非常微弱，几乎没有什么可以被称为动物意义上的纯粹本能。这些本能残留和类本能倾向是如此之弱，以至于可以轻而易举地被文化和学习去除，也就是说，文化和教育的力量要强大得多。事实上，精神分析学说和其他揭露疗法的治疗方法（更不用说“对自我的找寻”）是一项非常困难且微妙的任务，它们要通过学习、习惯和文化的表层去发现我们残存的本能或类本能倾向，去弄清楚我们的本性到底是什么。总而言之，人有一种生物的本性，但这种本性非常微妙，需要特殊的手段才能发现；因此，我们必须个别地、主观地去发现我们的动物性和物种属性。

由此得出的结论是：人性具有极强的可塑性。文化和环境虽然不能创造，甚至也不能增强遗传性潜能，但却可以轻而易举地彻底消灭或削弱这种潜能。就社会而言，我认为这是一个非常有力的论据，以证明世界上每一个婴儿的机会都是绝对平等的。既然人的潜能很容易在恶劣的环境中丧失或毁灭，那么这种论点在倡导一个健全的社会方面也就特别有力。这完全不同于已经提出的一个论点：人是人类的一员，那么仅仅根据这一事实，个体也足以得到做一个完整人的权利，即实现人类可能有的全部潜能。做人，在生而为人的意义做人，同时也必须从成长为人的角度来加以界定。从这个意义上来说，婴儿只是一个潜在的人，他必须在社会、文化、家庭中成长为人。

这一观点迫使我们要更加严肃地对待同类的身份以及个体差异。我们必须学会以一种新的方式来看待它们，相信它们：（1）可塑性强、极为表面化、易被改变、易被消灭，但会由此产生各种微妙的病变，这就需要完成以下微妙的任务，即（2）设法发现每个个人的性情、素质和隐藏的个性，以便使他不受束缚地在自己的风格中成长。否认自己的真实性格会造成微妙的心理以及生理上的代价和痛苦，这些痛苦并不一定能被认识到，且不容易从外表看出，但这种态度需要心理学家更多地给予关注。反过来，这又意味着在各个年龄阶段都要对"良性成长"的实用意义给予更多关注。

最后，我必须指出，如果我们放弃"社会是不平等的"这个借口，那么其后果是令人战栗的。我们越是不断地消灭社会不公，就越发现它们会被"生物的不平等"取而代之，因为从婴儿出生时就有着不同的遗传潜能。如果我们能够为每个婴儿的优势潜能提供充足的机会，那就意味着我们同时也要接受他们的劣势潜能。如果一个婴儿出生时心脏有毛病，或者肾脏功能不健全，或者有神经系统缺陷，那么我们该怪谁呢？如果这一切只能怪大自然，那么这对那些受到大自然"不公平"对待的人来说，他们的自尊又意味着什么呢？

在这一章以及其他一些论文中，我介绍了"主观生物学"的概念，我发现它在弥合主观与客观、现象与行为之间的鸿沟时，是一个非常有用的工具。我发现人们能够且必须对自身的生物学进行内省的、主观的研究，我希望这一发现对他人特别是对生物学家也能有所裨益。

论述破坏性的第九章做了很多修订，我把它归入了范围更广的邪恶心理学范畴，希望通过详细论述邪恶的一个方面，来证明整个问题在经验上和科学上是可以解决的。对我来说，把它置于经验科学的范畴之下意味着我们可以满怀信心地期待我们的了解会稳步增长，而这总是意味着有可能就此采取某些措施了。

我们已经知道，攻击性是由基因和文化共同决定的。而且我们还认为，区分健康的和不健康的攻击性是非常重要的。

正如不能把进攻性完全归咎于社会或内在的人性一样，有一点也已经十分清楚了，邪恶既不只是一种的社会产物，也不只是一种心理的产物。这听起来实在太明显了，简直不值一提，但今天仍有许多人选择相信一些站不住脚的理论，甚至用这些理论来作为自己行动的依据。

我在第十章“恢复正常和健康的方法”中介绍了协调化控制的概念，即一种不但不会危及满足反而会加强满足的理想化控制。我认为这一概念对理论心理学和应用心理学来说都是极其重要的。它使我能够区分（病态的）冲动和（健康的）自发性，这种区别在今天尤为重要，特别是对青年人以及其他许多认为任何控制都必定是压抑和邪恶的人来说尤为重要。我希望这种见解对其他人也有所帮助。

我没有把这一概念应用到解决自由、伦理、政治、幸福等老问题上，但我认为，对任何一个在有关领域进行严肃思考的人来说，协调化控制的现实意义和巨大威力都是显而易见的。心理分析学家会注意到，这在一定程度上与弗洛伊德对快乐原则和现实原则的整合相一致。我认为，如果能将其中的类似之处和不同之处琢磨透彻，那么这对心理动力学的理论家们来说，会是一种获益匪浅的实践。

在关于自我实现的第十一章中，我将这个概念明确局限于年长一点的人，从而排除了一个造成混乱的因子。根据我使用的标准，自我实现不会出现在年轻人身上。至少在我们的文化中，年轻人的个性或独立性尚不完备，他们不曾有足够的时间来体验一种持久的、忠贞不渝的、超越了罗曼蒂克阶段的爱情关系，他们还没有找到自己的使命，一个自己甘愿为之奉献的祭坛。他们没有形成自己的价值观，没有足够的经历（对他人的责任、悲剧、失败、成就、成功）使自己摆脱完美主义的幻想并变得现实，不能心平气和地对待死亡，不懂什么是忍耐精神；他们对自身和他人的邪恶没有足够的了解，以至于不懂何为怜悯；他们所经历的短暂岁月还无法使他们超越对父母和长辈、对权力和权威的矛盾心理；他们一般也没有足够的知识和教养以展现出获得智慧的可能性；他们一般也还没有足够的勇气不随波逐流，不对坚守道德感到羞愧；等等。

在心理学中，最好将成熟的、完全具备人性的、自我实现中的人的概念与存在于任何年龄层次的健康概念区分开来。我发现，这能使他转化成“健康成长趋于自我实现”这一非常有意义和值得研究的概念。我对大学年龄阶段的青年人做了很多的调查，结果证明，将“健康”和“不健康”区别开来是有可能的。在我的印象中，健康的青年男性、女性往往仍在继续成长，他们讨人喜欢，可爱且没有恶意，怀着善良和助人为乐的精神（但很不好意思说出来），私下里喜欢那些值得他们尊敬的长辈。青年人对自己没有信心，因在同龄人中处于少数者的地位而感到不安（他们私下的见解和品味都比较规矩、直接、受超越性动机的促动，即比一般人更有道德）。他们私下对年轻人有时表现出的残酷、卑鄙和暴民精神状态等感到不安。

当然，我不确定这种症状是否会不可避免地发展为自我实现——我所描述的年长一点的人的自我实现。只有纵向的研究才能确定这一点。我曾把自我实现这一主题描述为超越民族意识的，我甚至认为他们超越了阶级和等级。我的经验已经证明了这一点，前提是富裕和社会尊严会使自我实现变得更有可能。

在我的第一份报告中，我没有预料到的另一个问题是：这些人是否只能与“善良”的人生活在一个美好的世界里？在我的记忆里，自我实现的人本质上是灵活的，他们可以很现实地适应任何人、任何环境。我认为，他们有能力以适当的方式同好人相处，也有能力以适当的方式同坏人相处。

我对“牢骚”和贬低已达到的需要满足，甚至诋毁以及抛弃这种满足的普遍倾向进行了研究，从中得出了对自我实现人的另一点补充性描述。相对来说，自我实现的人可以幸免于承受人类的普遍不幸。他们具有“感恩”的能力，在他们的意识中，他们始终为自己的幸福心怀感恩。奇迹即使接连发生也是奇迹。他们意识到，对天恩不能受之无愧，对好运决不可认为是理所当然；这种意识确保他们一直珍惜生活，永不厌倦生活。

我对自我实现的人的研究非常成功——我必须承认，这让我松了一口气。毕竟，这是一场伟大的赌博，顽强地追求一种直觉上的信念，甚至在研究过程中对科学方法和哲学批评的某些基本法则置之不理。然而，那些是我自己相信并接受过的法则，我简直如履薄冰。因此，我的探索是在焦虑、冲突和自我怀疑的背景下进行的。

在过去的几十年里，我在这方面已经积累了足够的证据和证明（见《著作年表》），所以已经没有必要再有这种根本性的担心了。但我非常清楚，我们现在仍然面临这些根本性的方法论和理论问题。已完成的工作只是个开始，我们现在准备用更客观、被广泛认同的、不掺杂个人因素的协作方法来选择自我实现（健康、自主、具有完备人性）的人进行研究。交叉文化的研究必不可少。追踪研究，从摇篮一直到坟墓，将会提供唯一真正令人满意的确证——至少我是这样认为的。除了像我一样选择奥运会金牌得主外，抽样调查总人口显然也是必要的。我不认为我们能够理解人类所有的罪恶，因为即使是我们所能找到的最优秀的人，他的身上也有“不可治愈的”罪恶和缺点。

我相信，这些研究将改变我们对科学、伦理、价值、宗教、工作、管理、人际关系、社会及其他一些观念的根本性看法。此外，一旦我们能够教育我们的青年放弃他们不切实际的尽善尽美的愿望，使他们不再要求有尽善尽美的人、社会、教师、父母、政治家、婚姻、朋友、组织等，因为它们根本不存在，也根本不可能存在——除了巅峰体验和完美融合的短暂片刻外，那么我想巨大的社会和教育变革也几乎会立刻发生。即使我们所知甚少，也非常明白上述尽善尽美的期望只不过是幻想，因此它会不可避免地、严酷无情地造成幻灭，并随之带来厌恶、愤怒、压抑和报复。“现在就来一个极乐世界”的要求本身就是邪恶的主要来源。如果你要求一个完美的领导或一个完美的社会，你也就放弃了在更好和更坏之间做选择的权利。如果把不完善定义为邪恶，那么世上就没有不邪恶的东西了，因为事物总是不完善的。

从积极的方面来说，这一新开辟的伟大研究领域最有可能成为我们了解人性固有价值的源泉。这里存在着价值体系、宗教替代物、理想主义的满足和标准的人生观，没有这些，人类就会变得丑陋、卑鄙、粗俗和琐碎。

心理健康不仅能在主观上给人一种良好的感觉，而且是正当、真实、实在的。从这个意义上来说，它比病态更"好"、更优越。它不仅正当、真实，而且洞察力更强，既能观察到更多的真理，也能观察到更高一层的真理。也就是说，缺乏心理健康不仅给人一种可怕的感觉，而且属于某种形式上的盲目，某种认识上的病态，一种道德和情感上的缺失。此外，它还是某种形式的残疾，是能力的丧失，是行动能力和成就能力的降低。

健康的人虽然不多，但终归还是存在的。既然健康及其所具有的一切价值——真、善、美等——都被证明是可能存在的，那么，从原则上来说，它们也是可以实现的。对于那些向往光明而不愿失明、希望感觉良好而不希望觉得难受、追求完整而不愿有残缺的人，可以建议他们去寻求心理上的健康。说到这里，我想起了一个小女孩。当被问及为什么善良比邪恶好时，她回答说："因为它更美好"。我认为我们可以有更好的答案：无论是基于生物的、医学的、达尔文式的生存价值观，还是基于主观和客观上的成长价值观，生活在一个"健全的社会"里（有兄弟情谊、同心协力、互相信任、Y理论）比生活在一个弱肉强食的社会里（X理论、极权统治、互相敌视、霍布斯式的社会）要好得多。同样的思路可以证明，好的婚姻、好的友谊、好的父母也是如此。它们不仅是人们所期望的（首选的、所喜爱的），而且在特定的意义上也是"理想的"。我知道这可能会给专业的哲学家们带来很大的麻烦，但我相信他们会处理好。

这证明了优秀的人是可能并且确实存在的——尽管他们的数量很少且极其脆弱，但这已经足以给我们勇气、希望，给我们继续战斗的力量，使我们相信自己，相信自己有成长起来的可能性。同时，只要我们还对人性怀有希望，无论这种希望多么清醒、多么克制，都能帮助我们走向友爱和怜悯。

我决定删去本书第一版的最后一章"走向积极的心理学"，因为在1954

年正确率高达98%的东西，今天或许只有2/3的正确率了。今天，一种建设性的心理学尽管还没有得到广泛运用，但至少是已经存在、可以运用的了。人本主义心理学、新型的超越心理学、存在心理学、罗杰斯心理学、经验心理学、整体心理学、价值寻求心理学等都是蓬勃兴起的、可供人使用的，至少在美国是这样的。但不幸的是，大部分的大学心理学专业还没有开设这方面的课程，心理学的大部分领域还没有出现这样的局面，对这方面感兴趣的研究者必须刻意寻找，或只能碰运气。对于那些想要亲自品读的读者来说，我认为在穆斯塔卡斯、塞弗恩、布根塔尔、苏拉奇和维奇等人的读本中可以很容易地找到有关人物、观点和资料的出色实例。至于相关的学校、刊物、学会的通信地址，可以参见我的著作《存在心理学探索》附录中对优心态系统的介绍。

对于那些希望能获取更多知识的研究生，我仍然推荐第一版的最后一章，在大多数大学的图书馆可能都能找到这一章。基于同样的原因，我还推荐我的《科学心理学》。对于那些愿意认真对待这些问题并为之付出努力的人来说，则可以读一下这个领域的著作——波兰尼的《个人的知识》。

本书是对传统的无价值科学的否定，或者更确切地说，是对徒劳地学习一门无价值科学的否定。它比过去更为坦白地恪守规范，更有信心地肯定科学是寻求价值的，科学家们是在价值的激励下进行探索的。我敢肯定，这些科学家们能够发现人性本身的结构中那些内在的、终极的、属于整个种类的价值。

对某些人来说，这似乎是对他们所热爱和尊崇的科学（也是我所热爱和崇敬的科学）的一种攻击，我承认，他们的担心不无道理。有许多人，尤其是在社会科学领域，认为旗帜鲜明的政治立场是无价值科学的唯一替代物，并且两者是互相排斥的。对他们来说，接受一种必然意味着排斥另一种。

这种简单的二分法是浅薄无知的。规范性的热情（做好事、帮助别人、努力创造一个更好的世界）同科学的客观性并不矛盾，甚至可以使一种更完善的科学成为可能。通过扩大客观性的概念，使这一概念不仅包括“旁观者的认识”（放任的、不涉及自身的、有关外界、来自外界的认识），还包括经验知识和我所谓的爱的知识或道家的知识，我们可以建立一种更为强大的科学。

道家学说关于客观性的简单模式来源于一种现象学，一种对他人的存在不掺杂任何私心和杂念的爱和欣赏。例如，我们对自己的孩子、朋友、职业、自己的“问题”的爱都有这样的彻底性和接受性，这种爱绝不会起到干涉和妨碍作用。也就是说，我们喜欢它原来的样子、未来的样子，没有改变它或改善它的冲动。对于任何事物，我们都需要极大的爱才能听其自然、维持它的原样、任其发展。一个人可以单纯地爱他的孩子，让他成为他想成为的人，这也是我论点的重点——一个人可以像爱他的孩子一样热爱事实，从而相信它的发展。一个人甚至可以在孩子还没降生之前就热爱他，屏息静观，满心欢喜地等待，期待着他会变成什么样的人，并且现在就爱上那个未来的他。

预先给孩子制订计划，对他抱有奢望，给他规定好应负担什么责任，为他预设无数种未来可能的角色，希望他们成为这样或那样的人——这一切都是不符合道家理念的。这意味着孩子只能成为家长期望的样子，这样的孩子一出生就穿上了紧身衣。

同样，热爱并信赖未来还没有发生的事实不是没有可能；当它的本性展现在我们面前时，我们感到高兴和惊奇，这也不是没有可能。我们可以相信，一种没有受到污染、操纵、强迫的事实是非常美好、纯洁、真实的事实，相比之下，同一个事实，一旦我们强迫它顺应一种预先的期望或当前政治的需要，它将会变得截然不同。事实也可以一出生就穿着紧身衣。

规范性的热情可能被错误地理解，预先的要求会扭曲即将出现的事实，然而一些科学家正是这样做的，实际上他们是为了政治而放弃了科学。但对于具备道家思想的科学家来说，他们不会这样做。他们热爱尚未诞生的真理，并设想它是最好的结果；他们对未来的事实放任自流，任其发展；因为他们的规范性热情，这一切都显得顺其自然。

我也相信这一点：真理越纯粹，越少受那些先入为主的教条主义者的污染，也就越有利于人类的未来。我相信，将会使世界得益更多的不是我今天所奉行的政治信念，而是将来的事实。我对将来的认识比对我的认识更值得信赖。

这是“服从的是上帝的意愿，而不是我的意愿”的一种人本主义科学的翻版。我对人类的担心和希望、对行善的渴望、对安宁和友情的追寻——我认为这一切都会有最好的结果，只要我对一切都抱有一种豁达的态度，只要我对于一切事实都保持客观、不掺杂任何个人色彩，只要我一直坚信所知越多裨益越大。

在这本书以及此后的发表的诸多论文、论著中，我假定一个人是否能够实现他的真实潜能，取决于他身边是否具有能够满足他基本需要的人，取决于“生态学”的所有因素，取决于他的周围是否具有“健康的”文化，甚至取决于整个世界的处境，等等。一个“有利的先决条件”的复杂分类系统，能够使得我们向自我实现和完整人性方面进行发展。这些物理、化学、生物、人际、文化的条件对一个人来说至关重要，以至于它们能够决定，一个人是否能够获得人类最基本的必需品和基本的“权利”，只有拥有这些必需品和基本的“权利”，他才能成为一个有能力掌控自己命运的人。

一旦对这些先决条件进行探讨，我们不免会感到悲伤，因为人类的潜能不费吹灰之力就可以被摧毁、被抑制；因此，一个具有完整人性的人看起来就像是一个奇迹，这样一个人的出现真是太稀罕了，不禁让人肃然起敬。但同时，我们也会感到振奋，因为自我实现的人是存在的，而且是可能存在的。诸多的挑战并非无法完成，终点线也并非难以逾越。

在这里，调查人员肯定会受到人际关系和心理问题的种种责难，这些责难是人与人之间的，也是心灵与心灵之间的；不是责怪他过于“乐观”，就是责怪他过于“悲观”——这主要取决于人们目前关注的焦点。同样，人们还会指责他鼓吹遗传，或是指责他鼓吹环境。各种政治团体会根据当时的政治需要，给他们强行贴上这样或那样的标签。

当然，科学家将抵制这种“全有或全无”的二分法和标签化的倾向，将继续分层次、按层级地思考问题，整体把握许多同时起作用的决定性因素。他会竭尽全力地去接受各种资料，并将它们与自己的愿望、希望和恐惧区分开来。现在很清楚，这些问题——什么样的人是一个好人，什么样的社会是一个健全的社会——完全属于经验主义科学的范畴，我们可以满怀信心地希望在这些领域内促进认识的发展。

同第二个问题——什么样的社会能够造就具有完整人格的人——相比，本书更多地着眼于第一个问题，即具有完整人格的人本身是什么样子。自从1954年这本书第一次出版以来，我已经就这一问题写了很多文章，但我并不想把这些研究成果收到修订版中。相反，我将推荐读者阅读我关于这一主题的文章，同时，我想着重强调，有必要熟悉一下关于规范性社会心理学（有时它还被称为组织发展、组织理论、管理理论等）的大量研究文献。在我看来，这些理论、病例报告和研究的意义十分深远，因为它们确实提供了一些切实可行的方法，和马克思主义理论、民主和极权理论以及其他现有的社会科学理论一样可供人们选择。我一次又一次地感到惊讶，竟然很少有心理学家知道诸如阿吉里斯、本尼斯、利克特和麦格雷戈等人的著作，而他们都是刚刚提到的这一领域的知名人物。无论如何，想要认真对待自我实现理论，就必须要十分认真地对待这种新型的社会心理学。如果让我为那些想要了解这一领域最新发展的人推荐一本期刊，我会选择《应用行为科学学报》，尽管它的名称容易让人们产生误解。

最后，我想说，这本书是我们走向人本心理学（它已经被称为“第三势力”）的过渡，尽管从科学的角度来说它还不够成熟。人本心理学为我们打开了一扇门，一扇研究那些被称为超越的和后人本的心理现象的大门；反之，行为主义和弗洛伊德学说的哲学局限性会将这些资料封闭起来。在这些现象中，我所包括的不仅是意识和人格的各种高级和积极的状态，即对物质主义、身穿紧身衣的自我、对“原子—分割—割裂—敌对”观点的超越，还包括价值（永恒的真理）是大大扩充了的自我的组成部分这样一种认识。一份新的刊物《后人本心理学》已经开始发表这方面的文章了。

现在，我们可以开始就超人类这一主题进行思考，这是一种超越人类本身的心理学和哲学。它尚未出现，但即将出现。

马斯洛

致谢

Acknowledge

首先，我要感谢比尔·劳克林和劳克林慈善基金会，感谢他们给予我常驻奖学金，为我完成《动机与人格》一书的修订本提供了时间和条件。这方面的理论工作、深层次的思考问题需全力投入，如果没有这份奖学金，我很难从事这项工作。我还要感谢福特基金会于1967—1968年向我提供的奖学金。我用这一年的时间研究了人本主义的教育理论。

凯·本提乌斯夫人不仅完成了本书涉及的所有秘书工作，而且还帮助我完成了书目、编辑、校对和许多其他工作。她充满热情和智慧，且永远是如此的高效，我要为她的辛勤工作表示感谢。我还要感谢我在布兰代斯大学的前秘书希尔达·史密斯女士，早在我离开大学之前她就协助我开始了这项工作。玛丽琳·莫瑞尔夫人慷慨地帮我整理了文献目录，感谢《Harper & Row》杂志的乔治·米登多夫最早建议我修订这个版本。

我已经在我的其他著作和这本书的文献目录中坦言，我的知识来源以及现今存在的不足之处，这里不再重复。我要感谢许多朋友——不胜枚举，他们通过倾听、交谈和辩论帮助了我。我对于理论难题的洞悉常常来自朋友们的启迪。我的妻子伯莎每天都和我进行深入探讨，在这里我要感谢她的帮助以及她对我惊人的耐心。

目录
Contents

第三部分 自我实现

第四部分 人类科学的方法论

附录 马斯洛的生平与学说

第一部分 *Part one*

动机理论

第一章　动机理论引言

这一章介绍关于动机的17个命题，任何一个合理的动机理论都应包含这些命题。这些命题中有些真实得近乎平庸，但我认为有必要重新强调它们；还有一些命题争议较多，也许不会被轻易接受。

一、作为一个整体的个人

我的第一个命题是，个人是一体化的、有组织的整体。有的心理学家常常表面上同意这个理论上的声明，然后在实际的实验中轻易忽视它。只有认识到它是实验上和理论上的现实，合理的实验和动机理论才会成为可能。在动机理论中，这一命题包含许多要点。例如，受到促动的是一个完整的个人而非个人的某个部分。在有效的理论中，不存在肚子、嘴或生殖器的需要，只有这个人的需要。是约翰·史密斯要吃东西而不是他的肚子要吃东西。并且，感到满足的是整个人而不仅仅是他的一部分，食物消除了约翰·史密斯的饥饿感，而不是只消除了其肚子的饥饿感。

如果仅仅把约翰·史密斯的饥饿感当作其肠胃系统的功能，实验者们就会忽视这样的事实：当一个人感到饥饿时，不仅他的肠胃功能会有所变化，而且在许多方面，甚至他具有的大部分功能都会发生变化：他的感觉改变了（他会比其他任何时候都更容易发现食物）；他的记忆改变了（他会比其他任何时候都更容易回忆起一顿美餐）；他的情绪改变了（他会比其他任何时候都更紧张、更激动）；他思想活动的内容改变了（他更倾向于考虑获得食物，而不是解一道数学题）。这些表现可以扩大到生理和精神方面的所有其他的官能、能力和功能。换句话说，当约翰·史密斯感到饥饿时，他会被饥饿主宰，从而成为一个不同于其他时候的人。

二、作为动机状态典型的饥饿

选择饥饿作为所有其他动机状态的典型，无论在理论上还是在实践上都是不合理、不明智的。通过更严密的分析，我们可以看到，饥饿驱力是特殊的而非一般的动机的实例。它比其他动机更孤立（以格式塔派和戈德斯坦派的心理学家的方式使用“孤立”这个词）；比其他动机更少见；最后，它与其他动机的不同之处还在于它有一个已知的躯体基础，这对于动机状态来说是少有的。那么，更直接、更常见的动机有哪些呢？通过对日常生活过程的反思，我们很容易就能发现它们。在我们的意识中往往有对友谊、交际、衣服、汽车、赞扬、名誉以及类似事物的欲望。习惯上，这些欲望被称为次级的或文化的驱力，并且与那些真正“值得重视的”或原始的驱力（生理需要）各属于不同的等级。实际上，对我们来说，它们更重要，也更常见。因此，把它们其中之一而不是把饥饿冲动当作典型才是最恰当的。

一般的设想是：所有驱力都会效仿生理驱力。我可以断言，这是不可能的。绝大多数驱力都不是孤立的，不能把它们部位化，也不能把它们看作当时机体内发生的唯一事情。典型的驱力、需要或欲望不会并且可能永远不会与一个具体的、孤立的、部位化的躯体基础有关。典型的欲望更加明显的是整个人的需要。选择这类冲动作为研究的范例会好得多，比如，选择对金钱的欲望、对爱的欲望，而不是选择单纯的饥饿驱力或更具体的局部目标。从我们掌握的全部证据来看，不管我们对饥饿冲动有多么深的认识，我们都无法全面地理解爱的需要。事实上，一个更有力的断言极有可能成立，即透彻研究饥饿冲动与全面了解爱的需要相比，我们更能通过后者去了解普遍的人类动机（包括饥饿驱力本身）。

从这一点来看，我们可以联想格式塔心理学家经常对单一性概念所做的批判性分析。从长远来看，饥饿驱力看似比爱的驱力简单，其实并非如此。通过选择相对独立于机体整体的孤立的活动可以获得单一性的显现；也可以轻而易举地证明，一个重要的活动几乎与个体身上所有其他重要的方面都有着动力关系。那么，为什么要选择在这个意义上根本不普遍的活动呢？仅仅是因为用通常的（未必是正确的）分离、还原的实验技术更容易对付它，或者它对于其他活动更具独立性，我们就选出这种活动并加以特别注意吗？假如我们面临这样的选择：（1）解决实验上简单却意义不大的问题；（2）解决实验上极为困难却非常重要的问题。当然，我们应该毫不犹豫地选择后者。

三、手段和目的

如果我们仔细审视日常生活中的普通欲望，就会发现，它们至少有一个重要的特点，即它们通常是达到目的的手段而非目的本身。比如，我们需要钱，目的是买一辆汽车。因为邻居有汽车而我们又不想低人一等，所以我们也需要买一辆车以维护自尊心并得到他人的爱与尊重。当我们分析一个有意识的欲望时，我们往往可以究其根源，即追溯这个人其他的、更基本的目的。换句话说，我们面临一个与心理病理学中的症状的作用十分相似的状况，这些症状的重要性并不在于它们本身，而在于它们最终的目标或结果是什么，在于它们要干什么，或者在于它们的作用可能是什么。研究症状本身并没有多少价值，但是研究症状的动力意义十分重要，它能使心理治疗成为可能。谈到一天中数十次在我们的意识中闪过的特定欲望，它们所代表的东西、它们导致的后果以及我们通过更深入的分析所了解到的它们的最终意义，这些往往比它们本身更重要。

这种更深入的分析有个特点，它会导向一些我们无法继续追究的目标或需要（即导向一些需要的满足）。这些需要的满足似乎本身就是目的，不必再对其进一步证明或辩护。在一般人身上，这些需要有个特点：不能被我们直接看到，但却是繁杂的有意识欲望的一种概念的引申，也就是说，动机的研究在某种程度上必须是人类的终极目的、欲望或需要的研究。

四、无意识动机

上述这些事实意味着合理的动机理论的又一个必要性。既然这些目的在意识中不易直接见到，那么我们就不得不立即解决无意识动机的问题。如果仅仅仔细研究有意识动机的生活，就会经常遗漏许多与意识中看到的东西同等重要或更重要的方面。精神分析学曾反复论证，一个有意识的欲望与其下面潜藏的最终的无意识目标之间的关系完全不必是直接的。的确，就像在反应形成中所表现的那样，这种关系可能是否定的。那么，我们可以断言，合理的动机理论不能忽视无意识的生活。

五、欲望与文化

现在，有充足的人类学证据表明，全人类的基本或最终欲望并不完全像他们有意识的日常欲望那样各不相同。其主要原因在于，几种不同的文化可能提供几种完全不同的方法来满足某一特定的欲望。我们可以以自尊心为例来说明这个问题。在一个社会里，如果一个人是靠成为好猎手来满足自尊心，而在另一个社会里却要靠当一个伟大的医生、勇猛的武士或一个铁石心肠的人来满足自尊心。因此，如果我们从根本上考虑问题，或许认为这个人想要成为好猎手的欲望与那个人想要成为好医生的欲望有着同样的原动力和根本目的。这样，我们就可以断定，把这两个看起来风马牛不相及的有意识欲望归于同一范畴而不是仅仅根据行为将它们分为不同的范畴，这一发现将对心理学家极为有益。很明显，目标本身远比通向这些目标的道路更具普遍性，因为这些道路是由特定的文化的局部决定的。

六、复杂多样的动机

精神病理学使我们了解到一个有意识的欲望或一个有动机的行为具有与我们刚才讨论的特性同出一源的另一个特性，即这个欲望或行为可能只是一种渠道，通过这个渠道，其他意欲得以表现自己。我们可以从几个方面证明这一点。众所周知，性行为与有意识的性欲所暗含的、无意识的目的可能是极为复杂的。甲的性欲可能是想确立自己男子自信的欲望的表现，而其他人的性欲则或许根本上代表了吸引注意力的欲望，或者对亲密感、安全、友谊、爱的欲望，或者这些欲望中的任何一种组合。在意识里，所有这些人的性欲可能都具有相同的内容，而且他们可能都会错误地以为自己追求的仅仅是性满足。但是我们现在知道，这样认为是不对的。我们也懂得，认真对待这个性欲和性行为根本上所代表的东西，而不是该人在意识中认为它们所代表的东西，对于理解这些人是有益的（这既适用于预备行为，也适用于完成行为）。另一类同样可以证明这一点的证据是，人们发现，一个单一的精神病理学症状可以同时代表几种不同的甚至是相对立的欲望。一只患癔症麻痹的胳膊可能象征着同时存在的报复、怜悯、爱和尊重的愿望的满足。如果我们单纯地根据行为方式来考虑第一例中的有意识愿望或第二例中的表面症状，那么就意味着我们武断地拒绝了完整地理解个人行为和动机状态的可能性。我们要强调一点：如果一个行动或有意识的愿望只有一个动机，那么它就是不正常的，而不是普遍性的。

七、促动状态

在一定意义上讲，几乎有机体的任何一个事态本身都是一个促动状态。如果我们说一个人失恋了，是指什么呢？静态心理学会满足于在这句话后面加个句号。但是动力心理学会以丰富的经验通过这句话来表达更多的含义。这种感情会在整个机体的肉体和精神两方面引起反应。例如，它还意味着紧张、疲惫和不愉快。而且，除了当时与机体其余部分的关系之外，这样的状态自然地、不可避免地导致许多其他情况的发生：各种形式的自卫努力、重新赢得感情的强硬欲望，以及故意的增长，等等。那么很显然，如果我们想要解释“此人失恋了”这句话暗含的状态，就必须加上许多描述，来说明此人由于失恋而遭遇了什么。换句话说，失恋的感情本身就是一个促动状态。目前流行的关于动机的概念一般是或至少出自这样的假设：动机状态是一个特殊的与众不同的状态，与机体内发生的其他情况界限分明。其实，我们应该这样设想合理的动机理论：动机是连续不断的、无休止的、起伏的、复杂的。这也几乎是一切机体状态的普遍特点。

八、满足产生新的动机

人是一种不断需求的动物，除了短暂时间外，人极少能达到完全满足的状态。一个欲望满足后，另一个欲望就会迅速出现并取代它的位置；当这个欲望满足了，又会有一个欲望站到突出的位置上。人似乎总是在期望着什么，这是一个贯穿人类一生的特点。这样，我们就有必要研究所有动机之间的关系，同时，如果我们想在研究中取得广泛的成果，就必须放弃孤立的动机单位。内驱力或欲望的出现、它激起的行动以及因目的物的获得而引起的满足，这些加在一起，也仅仅给我们提供了一个来自动机构成单位的总体合成物的人为的、孤立的、单一的例子。实际上，这种动机的出现取决于整个有机体可能具有的其他所有动机的满足或非满足状态，即取决于这样或那样的优势欲望是否已经达到相对满足的状态。当人需求某种东西时，本身就意味着他已存在其他需要的满足。假如在大部分的时间里我们都是饥肠辘辘的状态，假如我们不断地受干渴困扰，假如我们接连受到一个始终迫在眉睫的灾难的威胁，或者，假如所有人都怨恨我们，我们就不会去谱曲、发明数学方法、装饰居所或装扮自己。

动机理论的创立者们对以下两个事实从未有过适当的尊重：第一，除了以相对的或递进的方式外，人类从不会感到满足；第二，需求似乎是按照某种优势等级自动排列的。

九、不可能列出内驱力一览表

我们应该彻底放弃为内驱力或需要制作分解式表格的意图。由于种种原因，从理论上讲，这样的表格是不合理的。

第一，它们意味着表内各种内驱力的均等，即在力量的强度及出现的可能性上的均等。然而这是不正确的，因为任何一种欲望浮现于意识中的或然性，取决于其他更具优势的欲望的满足或不满足状态。不同特定的内驱力出现的或然性之间有着极大的差别。

第二，这样的列表意味着这些内驱力中的每一种都与其余内驱力毫不相干。事实上，它们不以任何一种这类的形式相互孤立。

第三，既然这样的一览表通常是以行为为基础制定的，那么它也就完全忽视了我们所了解的内驱力的全部动力性质。例如，它们的意识和无意识两方面可能是不同的，一种特定的内驱力实际上可能是几种欲望表达的途径，等等。这样的列表其荒谬之处还在于，表中的内驱力并不是按孤立、分散的数字的算术之和的形式排列的，而是按具体特征排列的。也就是说，一个人在表内列上多少个内驱力完全取决于他对这些内驱力进行分析的程度。而实际的情况并不像很多依次排列的木棒，而是更像一套木箱，一个大木箱内装三个小木箱，这三个木箱子又各自装有十个木箱，这十个木箱再各自装有五十个更小的木箱，以此类推。或者可以再做一个比喻，对一块个体组织的剖面进行各种倍数的放大。这样，当我们谈到某种要求的满足或平衡的需要时，可以明确地说是吃的需要，再具体些就是填满肚子的需要，再具体些是对蛋白质的需要甚至对某种特定蛋白质的需要，等等。我们现在掌握的一览表，大都不加区别地包括了在不同放大倍数上的需要。由于这种混淆，一些一览表可能包括三种或四种需要，另一些一览表则可能包括数百种需要。如果我们愿意，我们可以有这样一种内驱力一览表，它包括从一到一百万中任何一个数量的内驱力，其数值大小完全取决于我们分析的具体程度。我们应该认识到，如果试图讨论基本的欲望，就应该将它们清楚地理解为分属不同的系列、不同的基本类型或基本范畴。换言之，这样一种基本目标的列举应该是抽象的分类，而不是编成目录的一览表。

此外，所有已公布的内驱力的一览表似乎都显示出各种内驱力之间的相互排斥。事实上，它们不但没有相互排斥，反而相互重叠，我们甚至无法完全清楚、严格地把一种内驱力同其他内驱力分开。在对内驱力理论的所有评论中也应指出，内驱力概念大多出自对生理需要的过分关注。在对待这些需要时，区别刺激物、有动机的行为和目的物是非常容易的。但是，当我们谈到爱的欲望时，想要区分内驱力和目的物却并不容易。在这里，内驱力、目的、欲望、主动性似乎都是一回事。

十、按照基本目标为动机分类

任何动机生活分类的基础都是基本的目标或需要，而不是任何一般的刺激物意义上的内驱力一览表（是“吸引”，而非“推动”）。在心理学的理论建设中，动力原则强调不断变化，而在这种不断变化中，只有基本目的可以保持不变。

既然我们已经看到有动机的行为可以表示很多内容，它自然就不是分类的良好基础。同理，特殊的目的物也不是分类的良好基础。一个对食物有欲望的人，他会以适当的方式来获取食物，然后再吃和咀嚼食物，这一系列的行为实际上可能是在寻求安全而非食物。一个正在经历性欲、求爱、完成性行为的全部过程的人，也许实际上是在寻求尊重，而非性的满足。内省地出现在意识中的内驱力、动机行为，甚至被明确追求的目的物或结果，它们没有一个可以作为人类动机生活的动力分类的坚实基础。但愿我们仅靠逻辑的排除过程，最后留下主要为无意识的基本目的或需要，以此作为动机理论分类的坚实基础。[1]

十一、动物资料不足以说明问题

学院派的心理学家在研究动机领域时主要依靠动物实验。不言而喻，白鼠不是人，然而，不幸的是，我们还须再次强调一遍，因为动物实验的结果经常被人们当作研究人性理论所依据的基本材料。[2]毋庸置疑，动物资料是有用的，但我们必须谨慎、明智地利用它。

我主张动机理论必须以人为中心，而不是以动物为中心。下述内容都与此论点相关。首先让我们讨论本能的概念。本能可以确定地解释为一个动机单位，在这个动机单位里，内驱力、有动机的行为以及目的物或目标效果都是由遗传决定的。当我们沿着种系阶梯上升时，本能会产生逐步消失的倾向。比如，对于白鼠，按照我们的定义，可以公正地说，它们有饥饿本能、性本能、母性本能。至于猴子，按照我们的定义，可以说其性本能已确定消失了，饥饿本能在各方面已减弱，仅存在母性本能。对于人类，这三种本能都已消失，在它们的位置上只留下遗传反射、遗传内驱力、自发学习、有目的的行为中的文化学习以及目的物选择中的文化学习等的混合物（见第四

1　参见默里的《人格探索》以及其他人对这些观点更为详细的讨论。

2　例如P. F. 杨武断地从动机理论中排除了目的或目标概念，因为我们无法问白鼠有什么目的，那么在这里还有必要指出我们可以问人的目的是什么吗？但是，与其因为无法问白鼠就排除目标和目的概念，还不如排除用白鼠来做实验。

章）。我们仔细观察人类的性生活会发现，纯粹的内驱力是由遗传决定的，但是，对象的选择以及行为的选择却一定是在生活中获得或者通过学习取得的。

当我们沿着种系阶梯上升，饥饿变得越来越不重要，口味却变得越来越重要。对于食物的选择，白鼠要比猴子的变易性少得多；而猴子又比人的变易性少得多。

最后，当我们沿种系的阶梯上升，本能会逐渐减退，对作为适应工具的文化的依赖将越来越大。那么，假如我们不得不使用动物方面的研究资料来认清这些事实。例如，撇开别的原因不谈，如果仅仅因为我们人类更像猴子而不是白鼠，我们就宁愿选择猴子而非白鼠作为动机实验的对象，就像哈洛和许多其他灵长目研究者所做的那样。依赖动物资料会使我们从动机理论中武断地排除掉目的或目标概念。因为我们无法问白鼠有什么目的，还有必要指出我们可以问人的目的是什么吗？但是，与其因为无法问白鼠就排除目标和目的概念，还不如排除用白鼠来做实验。

十二、环境

到目前为止，我们只说到有机体本身的性质，现在有必要哪怕只是简单地讨论一下有机体所处的情境或环境。我们必须承认，如果不与环境和他人发生联系，人类动机几乎不会在行为中实现。任何动机理论都必须重视这一事实，也就是说，它不仅包括有机体本身，还应包括环境，包括文化的决定作用。

一旦承认了这一点，就应该继续告诫理论家，不要过分注重外部、文化、环境或情境。毕竟，我们的中心研究对象是有机体或性格结构。情境理论很容易走这样的极端，使有机体仅仅成为情境中的附加物体，大概等同于一个障碍物，或这个机体试图获得的某个对象。我们必须记住，个人在一定程度上给自己制造了障碍物和有价值的对象。这些障碍物和对象的一部分必须由情境中的机体所规定的方式来界定。我从未听说过有一种方法，可以在泛泛地确定或者描述一个情境时抛开在其中活动的特定的机体。事实是，当一个孩子想要得到对他有价值的对象但却遭受某种阻力时，他不仅决定了这个对象有价值，而且决定了这个障碍成其为障碍。在心理学中没有障碍这码事，只有试图达到某种目的的具体的人的障碍。

一个强调恒定的基本需要的理论证明，这些需要是相对长久的，并且独立于机体所处的特殊情境。因为，理解一个地理环境怎样变成一个心理环境的唯一一个令人满意的方法是，去理解这个心理环境的组织原则，也就是去理解处于这个特殊环境中的机体的现有目标。

因此，合理的动机理论必须考虑情境，但纯粹的情境理论绝不可取。除非我们为了理解机体所生活的世界，明确愿意放弃探索机体固定不变的性质。为了避免无谓的争执，我要强调我们现在关心的是动机理论而不是行为理论。动机和环境力量共同决定了行为，对动机的研究不意味着取消或否定对情境决定因素的研究，反之，前者是对后者的补充。它们在一个更大的结构中各有各的位置。

十三、整合作用

任何动机理论都必须考虑到这一点，即机体通常表现为一个整体，但有时却不是这样。这是因为，还有一些值得重视的、特殊的、孤立的条件作用和习惯，以及各种局部的反应、我们所了解的分裂和欠整合现象。在生活中，正如我们有时可以同时做几件事，机体甚至也可能以非一元化的方式做出反应。

很明显，当机体成功面临一次极大的欢乐、一个创造性的时刻或一个重大的问题、一个威胁或一个紧急情况时，它在整合作用方面的步调最为一致。但是，当某个威胁具有压倒性的优势而机体又太虚弱或孤立无助、不能控制这个威胁时，机体便趋于分裂。总之，当生活轻松、顺利时，机体可以同时做许多事，可以同时向很多方向发展。

我相信，相当一部分看起来特殊、孤立的现象，实际上并非如此。我们往往可以通过更深入的研究来证实，这些现象在整个结构中占据着十分有意义的位置，转变性歇斯底里症就是其中的一例。我们眼中的表面的非整合作用，也许仅仅反映了我们的无知。不过，我们现在可以肯定，孤立、局部、分裂的反应在一定的情况下是可能的。并且，我们越来越清楚，这类现象不一定是虚弱的、病态的或不好的，相反，它们经常被看作机体的一个最重要的能力的证明，即机体以不完整的、独特的或分散的方式对付局部的、熟悉的事或容易解决的问题。这样，机体的主要能力就可以用来解决更具挑战性或更重要的问题。

十四、无动机的行为

并非所有行为或反应都是有动机的，至少并非所有行为或反应都是一般意义上的对需要满足的追求，即寻求需要的或匮乏的东西。成熟、成长、表现以及自我实现等现象都违背了普遍的动机理论法则。我们最好将这些现象看成表达性的，而不是应对性的。我们将在第六章详细讨论这些现象。

另外，N. 默尔唤起了人们对一种差别的注意。弗洛伊德派论者经常提及这个差别，但从未将其弄明白。大多数神经病症或倾向都是基本需要满足的扭曲。这些冲动不知为何，或受阻，或找错了出口，或用错了手段，或与其他需要混淆。其他症状则相反，它们不再寻求满足，而仅仅保护或防御。它们的目的是防止进一步遭受伤害、威胁或挫折。两类症状的区别就像两个斗士，其中一个希望获得最后的胜利，另一个则丝毫不抱获胜的希望，只尽可能地使自己不要受到伤害。

由于认输和绝望肯定与治疗中的预后、学习的前景甚至可能与长寿都有着相当的联系，因此任何明确的动机理论都必须讨论这种区分。

十五、达到目的的可能性

杜威和桑代克强调了动机的一个重要方面，即可能性。然而，大多数心理学家却完全忽视了这方面。总的来说，我们有意识地渴望一切可能获得的东西。也就是说，关于愿望，我们可能比心理分析学家想象的要现实得多——他们总是专注于无意识欲望。

当一个人的收入增加后，他的希望会活跃起来，并且会积极地为几年前连做梦都不敢想的愿望而奋斗。一般的美国人希望有汽车、电视、冰箱，因为获得这些东西的确是可能的事，他们没有获得游艇或飞机的奢望，因为这些东西实际上距离美国的普通人太远了，而且他们的无意识中很可能根本不存在这样的渴望。

重视达到目的的可能性这个因素，对于理解我们文化中各个阶级、各个等级之间的动机差别，理解不同的国家和文化在动机上的差别是至关重要的。

十六、现实和无意识

与此问题相关联的是现实对无意识冲动的影响。在弗洛伊德看来，一个本我冲动是一种分离的存在，不与世界上任何其他事物存在内在的联系，甚至不与其他本我冲动存在联系。

我们可以把本我当作一种混乱的状态，把它当作一口沸腾着兴奋物的大锅……这些本能给本我以能量，但是本我没有组织，也没有统一的意志，只有与快乐原则相一致的追求本能需要满足的冲动。逻辑规律——首先是矛盾律——不适合本我的进程。相互矛盾的冲动并列存在，不相互抵消或分离，它们最多只是在强大的经济压力下折中起来，释放它们的能量。因此，绝不能将本我比作虚无。我们惊异地发现，本我还违背了哲学家们的断言，即时间和空间是心理活动的必要形式……

显然，本我不懂得价值、善恶、道德。与快乐原则紧密相关的经济或数量的因素控制了本我的全部进程。本能的精力投入寻求发泄——按我们的观点，这就是本我的全部内涵。（弗洛伊德：《新精神分析引论》，1933年，第103~105页）

只要现实条件控制、减弱，或阻止了这些冲动的发泄，它们就成为自我而不是本我的一部分了。

可以说，自我是本我的一部分，它会因接近外部世界并受其影响而减弱。它接受外界刺激并保护机体不受伤害，犹如包住微小的生命物质的外皮层。与外界的这种关系决定了本我。它起到为本我描绘外界并保护本我的作用。因为只有这样全然不顾外界的优势力量而盲目地极力满足自己本能的本我，才能避免被毁灭的命运。在执行这一职能的过程中，自我必须观察外部世界并在感知所留下的记忆中保留一幅外界的真实画面，它必须通过检验现实来排除这幅外界画面中来自兴奋的内部源泉的因素。自我为本我控制了通向自动力的路，它在欲望和行动间插入思考这个延误因素。在我们思考的过程中，自我利用了记忆中的点滴经验。就这样，自我废除了对本我进程有着毋庸置疑的影响的快乐原则，并且以现实原则取而代之。现实原则为本我的进程提供了更大的保障和成功的可能。（弗洛伊德：《新精神分析引论》，1933年，第106页）

然而杜威的论点是：成年人的所有冲动，至少特有的冲动，是与现实相结合并受现实影响的。也就是说，他认为本我冲动是不存在的。言外之意是，假如有本我冲动，那么它们在本质上就是病态的，是不健康的。

尽管目前还没有经验上的解决方法，我在这里仍然想特别提到这个矛盾，因为这是一个至关重要的、针锋相对的矛盾。

我们看到，问题不在于弗洛伊德描述的本我冲动是否存在。任何一个精神分析学家都可以证明，不顾常识、不顾现实、不顾逻辑，甚至不顾个人利益的幻想冲动随时可能出现。问题在于，这些幻想冲动究竟是疾病，是退化的证据，还是健康人最内在的精髓的展现？在生命史中，初期幻想从什么时候开始被对现实的感知所塑造？这个时间点对神经病患者和健康人是否都是一样的？工作效率高的人是否能完全避免这种影响而保持其动机生活的某个隐秘的角落？或者假如大家都有这些完全源于机体内部的冲动，那么我们就必须要问：它们将在何时出现？将在什么条件下出现？它们一定会像弗洛伊德设想的那样制造麻烦吗？它们必须要与现实对立吗？

十七、健康人的动机

我们关于人类动机的大部分知识并非来自心理学家，而是来自治疗病人的精神治疗家。这些病人既是实用资料的来源，也是谬误的来源，因为很显然，他们代表了人口中质量较低的那部分人。甚至在原则上，也不应该让神经病患者的动机生活成为健康动机的范例。健康并不仅仅是没什么大病或根本就没有病。任何值得关注的动机理论除了讨论有缺陷的人的防御手段外，还必须讨论健康、强健的人的最高能力。同时，还必须解释人类历史上最杰出、最伟大的人物所关心的全部最重要的事。

仅仅从患病者那里我们是永远不可能取得这种认识的。我们必须将注意力转向健康人。动机理论必须具有更积极的研究倾向。

第二章　人类动机理论

这一章试图系统地阐述一个积极的动机理论。它将满足前一章列举的理论要求，同时符合临床的、已知的、观察的，以及经验的事实。但它主要还是由临床经验直接导出的。我想，这个理论不仅符合詹姆士和杜威的机能主义传统，并且与韦特海默、戈德斯坦和格式塔心理学的整体论，以及弗洛伊德、霍妮、赖希、弗洛姆、荣格和阿德勒的心理动力学相融合。这种融合或综合可以称为整体动力理论。

一、基本需要的层次

1. 生理需要

通常作为动机理论基点的需要是所谓的生理驱力。最近的两项研究使我们有必要修正对这些需要的看法。这两项研究是：（1）体内平衡概念的发展；（2）发现口味（对食物进行优先选择）非常有效地指明了体内实际的需要或匮乏。

体内平衡是指身体维持血液的经常和正常状态的一种无意识的努力。坎农描述了这一过程，其内容包括：（1）血液的含水量；（2）含盐量；（3）含糖量；（4）蛋白质含量；（5）脂肪含量；（6）含钙量；（7）含氧量；（8）恒定的氢离子标准（酸碱平衡）；（9）血液的常温。很明显，其内容还包括其他无机物以及维生素、荷尔蒙，等等。

对口味与身体需要之间的关系的研究，杨做了如下概括：如果人体缺乏某种化学物质，那么人就会趋向于（以一种不完善的方式）发展出针对那种缺少的食物成分的专门口味或癖好。

那么，似乎不可能也没必要罗列出基本的生理需要。因为，只要我们愿意，它们的数字就可任意增大或缩小，这完全取决于描述的专门性程度。我们不能确定，是否所有的生理需要都是满足体内平衡的需要。现在尚未证实性欲、困倦、单纯的运动、活动以及动物身上的母性行为是否是体内平衡的。而且，这种罗列将不会包括各种感觉上的快意（如嗅觉、味觉、搔痒，抚摩等），这些快意很可能是生理上的，并可能成为动机行为的目标。我们也无法解释这一事实：有机体在趋向于呆滞、懒惰和懈怠的同时，仍有对活动刺激和兴奋的需要。

上一章中已经指出，这些生理驱力或需要应看作独特的而非典型的，因为它们是可以孤立的，在身体上是可以定域的。也就是说，它们既彼此相对孤立，又相对独立于其他层次的动机，也相对独立于作为一个整体的机体。其次，在许多情况下都可能为这种驱力找到一个局部的、潜藏的躯体基础。这并没有想象中的普遍准确（困倦、疲劳、母性反应等就是例外），但是对饥饿、性欲以及渴望的情况却是准确的。

应当再次指出的是，任何生理需要同时都起着疏导其他种种需要的作用。比如，一个人认为自己饿了，也许实际上更多的是正在寻求依赖或安慰，而不是为了满足自己对蛋白质或维生素的需要。反之，他也有可能通过其他活动，比如喝水、吸烟等方式来部分地满足饥饿感。也就是说，这些生理需要是相对独立的，但不是彻底独立的。

毋庸置疑，这些生理需要在所有需要中占绝对优势。具体点说，假如一个人在生活中的所有需要都没有得到满足，那么生理需要而不是其他需要最有可能成为他的主要动机，一个同时缺乏食物、安全、爱和尊重的人，对食物的渴望可能最为强烈。

如果所有需要都未得到满足，且机体因此而受到了生理需要的主宰，那么，其他需要可能就会全然消失或退居其次。这时我们就可以公正地说，整个有机体的特点就是饥饿，因为意识几乎完全被饥饿控制了。此时，他会将全部能力都投入到满足饥饿的行动中去。这些能力的状态几乎完全被满足饥饿这一目的所决定。感受器、效应器、记忆、智力、习惯，现在，这一切都仅仅是满足饥饿的工具。对于达到满足饥饿这一目的毫无用处的能力会暂时隐蔽起来或处于休眠状态。在这种极端的情况下，诸如买汽车的欲望、写诗的冲动、对美国历史的兴趣、对一双新鞋子的需求等，都将被忘记或退居二线。对于一个处在饥饿边缘且达到危险程度的人来说，除了获取食物，其他任何兴趣都不存在。他记忆里是食物，梦里是食物，思想活动的主旨是食物，感情的对象是食物。在组织平稳地进食、饮水或进行性行为的过程中，通常与生理驱力融合得更为微妙的决定因素现在彻底被吞没了，以至于我们可以在此时（仅仅是在此时）带着解除痛苦这一绝对目的来谈论纯粹的饥饿驱力和行为。

当人的机体被某种需要主宰时，它还会显出另一个奇异的特性：人关于未来的人生观也会发生变化。对于一个长期处在极度饥饿状态下的人来说，乌托邦就是一个食物充足的地方。他往往会这样想，假如确保他余生的食物来源，他会感到绝对幸福并且不再有任何其他奢望了。此时，对他来讲，生活的意义就是吃，其他任何东西都不重要。爱、自由、公众感情、尊重、哲学，这些都被当作无用的奢侈品弃置一边，因为它们根本不能填饱肚子。可以说，这种人仅仅是为了吃而活着。

这类情况确实存在，但并不十分普遍。几乎可以肯定的是，危急情况在正常运行的和平社会里是罕见的。人们之所以会忘记这个明显的道理，主要有两个原因：其一，老鼠除了生理动机外很少有其他动机，既然已经在动物身上做了这么多有关动机的研究，那么就很容易将老鼠的情况转用在人的身上。其二，人们认识不到文化本身也是一种适应性工具，它的主要功能之一就是使生理上的危急情况越来越少。在大多数已知的社会里，经常处于危急状态中的极度饥饿是不常见的，也是不普遍的。至少在美国是这样。当一个普通的美国公民说“我饿了”，其实他是在感受食欲而非饥饿。他只可能偶然遭遇生死攸关的饥饿，且一生中只有那么几次。

显然，遮掩高级动机对人的能力和本性持片面观点的一个有效方法就是使机体长期处于极度的饥饿和干渴中。如果有人想使危急情形典型化，运用“人在极度的生理匮乏时期的行为”来衡量人的全部欲望和目标，那么他一定对很多事实视而不见。“人只靠面包活着”并不是谬论——但这只有在没有面包时才能成为事实。那么，当面包充足并且人们长期不曾感到饥饿时，欲望又会发生怎样的变化呢？

2. 需要层次的动力学

在这种情况下，其他（更高级）的需要会立刻出现，这些需要（不是生理上的饥饿）开始控制机体。当这些需要满足后，就会有新的（更高级的）需要出现了，依次类推。我们说人类基本需要组成一个相对的优势层次，说的就是这个意思。

这句话的重要含义之一是：在动机理论中，满足与匮乏是同样重要的概念。因为它将机体从相对更强于生理需要的控制下解放出来，从而允许更社会化的目标出现。生理需要以及它们的局部目的在长期得到满足时，不再是行为活跃的组织者和决定因素，而只以潜能的方式存在，即如果遭受挫折，它们会再次出现并控制机体。然而满足了的要求不再是要求。机体的控制者和行为的组织者只能是未满足的需要。饥饿一旦得到满足，它在人目前的原动力中就会变得无足轻重。

这种说法可以作为后面更加详细的讨论的假设：正是那些某种需要一直得到满足的人最能忍受将来可能产生的这种需要的匮乏，然而，过去一直被剥夺这种需要满足的人，对目前需要满足的反应则与他们不尽相同。

3. 安全需要

如果生理需要相对得到了充分满足，就会接连出现新的需要，我们可以将其大致归类为安全需要（稳定、安全、依赖、免受恐吓，焦躁和混乱的折磨；对法律、界限、体制、秩序的需要；对保护者实力的要求；等等）。上面谈到的生理需要的所有特点同样适合这些欲望，只不过程度稍弱。它们同样可以完全控制机体，成为行为的唯一组织者，调动机体的全部能力来为它们服务。因此，我们可以将整个机体当成一个寻求安全的机制，效应器、感受器、智力以及其他能力都是寻求安全的工具。正如在饥饿者那里表现的一样。这个压倒一切的目标不仅对其目前的世界观、人生观，甚至对其未来的世界观、人生观都是强有力的决定因素。一切都不如安全重要（甚至有时包括生理需要，因为它们已经被满足了，所以现在不再受到重视了）。如果这种状态表现得足够严重，持续的时间足够长久，那么就可以说，处于这种状态中的人仅仅是为了安全而活着。

在这一章里，我们的兴趣主要在成年人身上。但是我们可以通过观察婴幼儿和儿童的行为来有效地获得对成年人的安全需要的理解，因为安全需要在他们身上要简单得多、明显得多。婴幼儿对威胁或危险的反应更加明显，因为他们根本无法抑制这个反应，但成年人会不惜任何代价地压抑它。因此，当一个成年人感觉到自身安全受到威胁时，我们是无法在表面上看出这点的。假如幼儿突然受到干扰，或受到高声喧闹、闪电等其他异常的感官刺激的惊吓，或跌倒，或在母亲怀中失去支持，或受到粗鲁的对待，或感到饥饿，等等，他们会全力以赴地做出反应，仿佛遇到了危险[1]。

我们还能在婴幼儿身上看到其对各种身体不适的更直接的反应。有时，这些不适似乎马上就有本质上的威胁，使幼儿感觉到自身不安全。例如，呕吐、腹痛或其他剧烈的疼痛会使孩子用不同的方式来看待世界。经历这类痛苦的时刻，在孩子看来，仿佛整个世界突然从阳光高照变得暗无天日，什么都可能发生，一切过去曾是稳定的东西在他们眼里都变得不稳定了。比如，一个因吃了不好的食物而致病的孩子，他会有一两天感到害怕，夜里做噩梦，并且还会出现一种他病前从未出现过的情况，即要求保护和一再的保

1　随着孩子的成长，完备的知识、对周围环境的熟悉以及运动神经的发展，使这些危险变得不那么可怕，并且越来越容易控制。可以说，教育的一个最重要的目的就是通过知识来使危险的事物安全化，比如我从不害怕打雷，因为我知道打雷这一现象产生的原因。

证。最近，一些论述外科手术对儿童心理影响的著作充分证明了这一点。

儿童的安全需要还表现在他喜欢安稳的程序或节奏，他似乎需要一个可以预见的有秩序的世界。例如，父母方面的不公正、非正义或相互矛盾会使孩子感到焦虑不安。与其说这种态度是来源于不公正本身（或由不公正造成的某些痛苦），不如说这样的待遇是世界变得不可靠、不安全，以及不可预见的凶兆。在一种至少有一种骨架轮廓的系统里，儿童似乎能更茁壮地成长。在这种系统里，不管是对现在还是对将来，都有某种程序和常规，都有某些可以依靠的东西。儿童心理学家、教师和心理治疗家们发现，儿童更欢迎和需要有限度的许可而非不受限的许可。也就是说，儿童需要有组织、有结构的世界，而不是无组织、无结构的世界。

父母在正常家庭结构的中心地位是无可争辩的。家庭内部的争吵、动手、殴打、分居、离婚、死亡都属于非常可怕的事情。同样，父母对孩子大发脾气，吓唬孩子说要惩罚他，粗声粗气地对他讲话，对他进行谩骂，粗暴地对待他或体罚他，这一切都会使孩子惊慌失措、惶恐万分。因此，我们可以设想下，这其中包含的绝不仅仅是皮肉之苦。的确，在某些孩子身上，这种恐惧同时也是害怕失去父爱或母爱的表现；然而，它也可以发生在被完全抛弃的孩子身上，这样的孩子依附于父母似乎不是出于对爱的希望，而纯粹是为了寻求安全和保护。

让一个普通的儿童面临新的、陌生的、奇特的、无法对付的刺激或情况，常常会引起威胁或者恐惧的反应，例如从父母身边走失，和父母短暂分离，面对陌生的面孔、新的情况或新的任务，看到奇特的不熟悉的或应付不了的事，遭遇疾病、死亡，等等。当孩子面对这些情形时，会发疯似的依附于父母，这就有力地证明了父母作为保护人的作用（更不用说父母作为食物提供者和爱的提供者的作用）[1]。

1　在一组有关安全感的试验中，可以让儿童面临如下情况：一个小爆竹的爆炸声，一张长满胡子的脸，一次皮下注射，让母亲离开房间，让一只老鼠向他爬去，将他放在一张高高的梯子上，等等。当然，我并不建议故意采用这类试验，因为它们很可能会伤害到接受试验的儿童。但是此类或类似情形在儿童的日常生活中经常发生，我们可以很容易观察到。

从这些观察以及其他类似的观察中，我们可以归纳出一点：社会中的普通儿童及成年人一般更喜欢一个安全的、可以预料的、有组织的、有秩序的、有法律的世界（在后者身上不甚明显）。这个世界是他可以依赖的。在这个世界中，出人意料、无法应付、混乱不堪的事或危险的事是不会发生的；而且在这个世界里，无论他遇到什么情况，强大的父母或保护人都可以使他免于遭难。

在儿童身上我们很容易就能观察到这些反应，从某个方面来说，这也证明了我们社会中的儿童都有极强的不安全感（或者说他们没有被抚养好）。在一个没有威胁、洋溢着爱的家庭里，成长的儿童通常不会有上文所描述的那些反应。在这类孩子身上，大部分威胁反应往往起因于连成年人也觉得危险的事物或情况。

在我们的文化中，健康或幸运的成年人在安全需要方面享有很大程度的满足。安全、稳定、运转顺利、健全的社会通常会使自己的成员感觉不到来自野兽、严寒酷暑、谋杀、强奸、动乱、暴政等的威胁。因此，从非常现实的意义上来看，安全需要不会成为他的有效动机。正如一位吃饱了的人不会再感到饥饿。如果我们想直接、清楚地观察到这些需要，就必须把目光转向神经质的或接近神经质的人，转向经济上和社会上的穷途潦倒之人，或者转向革命、社会动乱或权威的崩溃。在这两个极端之间，我们只能在下列现象中观察到安全需要的表现。例如，人们一般都愿意找有保障的、可以终身任职的工作，渴望有一个银行户头和各类保险（医疗、失业、残疾、养老保险等）。

寻求安全和稳定还有更广的范畴，这点多见于极为常见的偏爱：偏爱熟悉的事物而不是不熟悉的事物；或者偏爱已知的事物而不是未知的事物。那种想用某种宗教或世界观把宇宙和宇宙中的人组成某种令人满意的和谐、有意义的整体的倾向，多少也是出于对安全的寻求。在这里，我们同样可以认为一般科学或哲学是部分地由安全需要促成的（我们在后面将会看到，科学、哲学或宗教方面的努力还有其他的促动因素）。

否则，只有在真正的危机状态中，才能将安全需要看作调动有机体潜能的活跃因素和支配因素，这些危机状态包括：疾病、战争、犯罪浪潮、权威的崩溃、自然灾害、社会解组、精神变态、脑损伤、长期恶劣的形势，等等。

在社会里，一些患神经病的成年人在对于安全的渴望上和感到不安全的儿童一样，只是这种现象在成年人身上表现得更为特殊罢了。他们的反应往往是由巨大的、心理上的威胁引起的，这些威胁存在于被他们认为是敌对的、势不可挡的、充满威胁的世界中。这种人的一举一动都表现得好像随时会大难临头，也就是说，他们随时都像是在对危急情况做出反应。他们的安全需要具有独特的表达方式，往往会寻求一位保护人或一位可以依赖的比自己更强大的人，或许是一位搞独裁的“元首”。我们有必要将神经病患者描述为保留着童年时代世界观的成年人。也就是说，一个患神经病的成年人，其一举一动都好像是真的害怕要被打屁股，或惹母亲不高兴，或被父母抛弃，或被抢走食物。他孩子般的惧怕心理和对一个危险世界的恐惧反应已经转入地下，丝毫没有受到长大成人和接受教育过程的触动，现在又随时被一些能让儿童担惊受怕、威胁重重的刺激因素诱导出来。在这方面，霍妮写了不少有关基本焦虑的好文章。

在一种类型的神经病中，对安全的寻求表现得最为明晰，那就是不由自主的、如痴如醉型的神经病[1]。这类神经病的患者发疯似的想使世界秩序化、稳定化，以确保不会出现无法预料、无法控制或不熟悉的危险状况。他们用各种各样的礼节仪式、清规戒律和程式将自己围护起来，以应对各种各样的偶然事变，同时阻止新的偶然事变的发生。他们同戈德斯坦描述过的脑损伤病例非常相似。这类病人总是想尽办法来保持心理平衡，例如，通过避免所有奇特、陌生的事物；通过将他们有限的世界整理得一板一眼、井井有条，避免任何事情出格。他们试图将世界安排得不可能发生任何意外。如果真的发生了什么意外，且这一意外不是他们的过错所致，那么他们会表现得惊慌失措，似乎这个意外的事变对他们造成了非常严重的威胁。我们在健康人身

1　并非所有的神经症患者都有不安全感。神经症也可能出现在一个通常感到安全的人身上，它之所以出现在非神经症人身上，是因为他的感情需要和尊敬需要受到了挫折。

上看到的强烈的偏爱，例如对熟悉的事情的偏爱，到了不正常的人身上就成了一种生死攸关的需要。对于新奇和未知事物的健康趣味，在一般神经病患者身上是缺乏的，或只在最低的限度上存在。

在存在着对法律、秩序、社会权威的真实威胁的社会环境中，对安全的需要可能会变得非常急迫。混乱或极端的威胁会使大部分人出现退化现象：从高级需要向更加急迫的安全需要退化。一个常见的、可以预料得到的反应是，人们更容易接受独裁或军事统治。这一点对所有人，包括健康的人，都是成立的。因为人们在对危险做出反应时，更倾向于现实主义地向安全需要的层次退化，以准备进行防御。但这似乎最有可能发生在生存在安全线附近的人身上。对权威、合法性、法律的象征的威胁特别令他们感到不安。

4. 归属和爱的需要

如果生理需要和安全需要都很好地得到了满足，那么爱、感情和归属的需要就会产生，并且会以此为中心，重复着已经描述过的整个环节。对爱的需要包括感情的付出和接受。如果这一点无法得到满足，个人就会空前强烈地感到缺乏朋友、爱人、妻子或孩子。这样的人渴望同别人建立一种充满深情的关系，渴望在其团体和家庭中占有一席之地，他将为达到这个目标而做出努力。他希望在其团体和家庭中获得一个位置，胜过希望获得世界上任何其他东西，他甚至会忘记：他在饥饿时把爱看得不现实、不必需、不重要。此时，他强烈地感到孤独、被抛弃、被拒绝、举目无亲，他尝到了浪迹人间的痛苦。

关于归属需要，我们掌握的科学资料很少，尽管在诗歌、小说、自传、戏剧及新兴的社会问题文学中，它是一个常见的主题。借助文学作品我们大致了解了工业化社会导致的人类频繁迁徙、漫无目标、流动性过大给儿童身心带来的严重损害。儿童变得没有根基或蔑视自己的根基、蔑视自己的出身、蔑视自己所在的团体；他们被迫与亲朋好友分离，被迫与父母姐弟分离，尝尽作为过客和初来乍到者的辛酸，他们丝毫体会不到作为本地人的优越感。我们还低估了乡土、族系、同类、同阶层、同伙、邻里、熟人、同事等种种关系所具有的深刻意义。我们已经在很大程度上忘记了我们要结群、要加入集体、要有所归属的动物本能[1]。

我认为，社会的流动性，家庭的分崩离析、代沟，传统团体的瓦解，持续不断的都市化、消失的淳朴乡情、美国式友谊的肤浅加剧了人们对接触、亲密、归属的渴望以及对战胜目前迅速蔓延的孤独感、疏离感、异化感的需要。这一切又不同程度地导致训练小组、个人成长组织、专门性社群的迅速发展。我强烈地感觉到，有相当一部分青年反叛组织——我不知道有多少或到了什么程度——缘于极度渴望集体感、渴望接触、渴望面对共同的敌人以及渴望真正地团结在一起；无论面对什么样的敌人，它仅仅通过设置一个外来的威胁，就能形成一个亲善的组织。类似的情形曾发生在士兵之间，他们被共同的外来危险推动形成一种非同寻常的、亲密无间的兄弟关系，他们往往一生都会紧密相依。如果一个好的社会要发展、要健全，它就必须满足人的这一渴望。

在我们的社会中，从适应不良和更严格的病理学的案例来看，这些需要的挫折是最普通的、最基本的核心。爱、情感，以及它们在性方面的表现，一般是被暧昧看待的，并且习惯上包括许多限制和禁忌。实际上，所有精神病理学家都强调，在适应不良的情况下，对于爱的需要的阻挠是造成适应不良情况的根本所在。因此，在临床研究方面，有许多关于爱的研究，除了生理需要外，我们对它的了解也许比对其他需要了解得更多。苏蒂对我们的“温柔禁忌”做了非常精彩的分析。

需要强调的是，爱和性并不同义。性可以作为一种纯粹的生理需要来研究。一般的性行为是由多方面决定的，也就是不仅由性需要决定，也由其他需要决定，其中主要是爱和感情的需要。爱的需要既包括给予别人的爱，也包括接受别人的爱。

1　阿德瑞的《必须服从的土地》（1966）会引起我们对这一切的注意。这本书大胆、直率的表达使我获益匪浅，因为它强调了我平时疏忽的问题并迫使我对此认真考虑。也许此书对广大读者也能起到同样的效果。

5. 自尊需要

除了少数病态的人之外，社会上绝大多数人都有一种获得对于他们的稳定的、牢固不变的、通常较高的评价的需要或欲望，有一种对于自尊、自重和来自他人的尊重的需要或欲望。这种需要可以分为两类：一类是对实力、优势、成就、权能、胜任，以及自信、独立和自由的欲望[1]；一类是对于名誉或威信（来自他人对自己的尊敬或尊重）的欲望，对地位、声望、荣誉、支配、注意、公认、重要性、高贵或赞赏的欲望。这些需要更被阿德勒及其拥护者所强调，更容易被弗洛伊德所忽视。然而在今天，它们的重要性越来越引起精神分析学家和临床心理学家们的注意。

自尊需要的满足导致一种自信的感情，使人觉得自己在这个世界上有位置、有价值、有力量、有能力、有用处和必不可少。然而这些需要一旦遭受某种挫折，人就会产生自卑、弱小及无能的感觉。这些感觉又会使人丧失其最基本的信心，使其要求补偿或者产生神经病倾向。从对严重的创伤性神经病的研究中，我们很容易明白基本自信的必要性，并且深切地认识到，如果没有自信，人们是何等的无依无靠。

从神学研究者关于骄傲和傲慢的讨论，从弗洛姆关于一个人对自己性质的虚假的自我知觉的理论，从罗杰斯关于对自我的研究，从类似兰德这样的随笔作者及其他来源那里，我们越来越认识到基于来自他人的看法而不是基于自己的真实能力、潜力、胜任某项任务和与此相适的自尊的危险性。最稳定和最健康的自尊是建立在当之无愧的他人的尊敬之上的，而不是建立在外在的声望、名声以及无端的奉承之上的。即使在这里，将基于单纯的意志力量、决心和责任感所取得的实际的胜任情况和成就，与凭借真正的内在天

1　我们还不知道这一特殊的愿望是否带有普遍性。关键在于，特别是现在，那些命中注定要被奴役与统治的人会感到不满并萌生反抗意识吗？临床数据显示，我们可以认为一个已经知道真正的自由为何物的人（这种自由并不是以放弃安全感为代价得来的，而是建立在充分的安全感之上的）是绝不会自愿或轻易地允许他人剥夺自己的自由的。但对于那些生而为奴的人来说情况是否也相同，我们对此并无确切了解。请参考弗洛伊德（1941年）有关这一问题的讨论。

性、素质、遗传基因或者天分（或者如霍妮所说，依靠人的真实自我而不是理想化的虚假自我）非常自然、轻松地取得的成就区分开来是很有帮助的。

6. 自我实现的需要

即使这些需要都得到了满足，我们可以经常（假如并非总是）预期：新的不满足和不安又将迅速发展起来，除非个人正在从事着适合他干的事情。一位画家必须绘画，一位作曲家必须作曲，一位诗人必须写诗，否则他始终都无法安静下来，一个人能够成为什么，他就必须成为什么，他必忠实于自己的本性。这一需要我们就可以称为自我实现的需要。关于自我实现的更充分的描述请看第十一章、第十二章、第十三章。

“自我实现”这一术语是戈德斯坦首创的，本书将在一种更加特殊和有限的意义上运用它。它指的是人对于自我发挥和自我完成的欲望，也就是一种能够使其潜力得以充分开发的倾向。这种倾向可以说成是一个人越来越成为独特的那个人，成为他所能成为的一切。

在满足这一需要所采取的方式上，每个人都是不同的，有的人可能想成为一位理想的母亲，有的人可能想在体育上有所作为，还有的人可能想在绘画或创造发明上有所建树。[1]在这一层次上，人和人之间的差异是很大的。自我实现需要的共同之处在于：它们的明显出现，通常要依赖于前面所说的生理、安全、爱和自尊需要的满足。

7. 满足基本需要的先决条件

基本需要的满足有一些直接的先决条件，包括在无损于他人前提下的行

1　显而易见的是，创造性行为（例如绘画）与其他任何行为一样，都是由多种因素决定的。在有天赋的创造者身上，我们可以看到他们是否满意、是否幸福、是否饥饿。而且创造性活动显然是有偿活动，有改善作用，或者说有纯粹的经济效益。我的印象是（当然是通过非正式的实验），通过仔细观察，完全可以区分基本满足的人们的艺术与智慧的成果与基本不满足的人们的艺术与智慧的成果。无论如何，这里我们还必须以积极的方式将外显行为与其形形色色的动机或目的区分开来。

动自由、言论自由、表达自由，寻求信息的自由、调查研究的自由、防卫自由，以及集体中的公平、正义、诚实、秩序，等等。这些条件不是目的本身，但它们接近目的本身，因为他们与基本需要的关系太密切了，而显然基本需要本身就是唯一的目的。这些条件之所以受到保护，是因为没有它们，基本需要的满足就不可能完成，或至少会受到严重的威胁。

假如我们始终记得，认识能力（感性和理性学习）是一整套适应性工具，它们除了其他功能外，还有满足我们的基本需要的作用。很明显，它们遭遇的任何威胁、任何剥夺或阻碍都会直接威胁到基本需要本身。这个观点部分地解决了这样一些普遍的问题：好奇心，对知识、真理和智慧的追求，解释宇宙之谜的强烈欲望。保密、新闻审查、不诚实、对交流的阻碍等威胁着所有这些基本需要。

二、基本的认知需要

1. 认识和理解的欲望

我们对于认知冲动，对于它们的动力以及病态了解甚少的主要原因在于，它们在临床上并不重要，在由医疗传统（旨在消除疾病的机构）主宰的诊所里也是如此。在这里，没有传统神经症病例中纷繁的、使人激动的谜一样的病状。认知心理病理学苍白无力，容易被忽略，人们往往认为认知的精神病态是正常的，并不迫切地需要治疗。结果，我们在心理治疗和心理动力理论的伟大创立者弗洛伊德、阿德勒和荣格等的著作中全然找不到与这个主题有关的论述内容。没有一个人系统地尝试过创立认知心理疗法。

希勒是我知道的唯一一个在其著作中从心理动力学的角度谈好奇心和认

识的精神分析学家[1]。在学院派心理学家中，墨菲、韦特海默和阿斯奇等人也探讨过这个问题。到目前为止，我们只附带地提到过认识的需要。从某种程度上来讲，获取知识、使宇宙系统化是在世界上获得基本安全的方法，或者对于智者来说，是其自我实现的表达方式。另外，探究和表达自由也被作为满足基本需要的前提来详细论述。尽管这些论述有一定的作用，但并没有构成对好奇、学习、推究哲理、实验等的促动角色作用等问题的最终答案。它们最多是不完整的答案。

我们知道，获取知识有一定的消极决定因素：焦虑、恐惧等负面情绪。但除此之外，我们还有合理的理由假设一些根本上是积极的冲动：满足、好奇心、了解、解释、理解，等等。

（1）我们很容易在高级动物身上观察到类似人类好奇心的东西。比如，猴子会把东西撕碎，把指头捅进窟窿里，在各种情境中进行探索，在这些情境中，不大可能有饥饿、害怕、性欲、安抚等情况存在。哈洛的实验以一种可接受的实验方式充分证实了这一点。

（2）人类面对特大威胁时会追根寻源并尽可能做出解释，甚至对危及生命的情况也不例外。对此，人类历史为我们提供了大量的实例。无名的“伽利略”一直层出不穷。

（3）对于心理健康者进行的研究表明，作为这一类人的特征，他们着迷于神秘的、未知的、杂乱无绪的或没有答案的事物。这一点似乎正是吸引人的地方；这些领域本身就非常有趣。相比之下，他们对众所周知的事情感到索然无味。

（4）试图从心理病态出发进行外推或许是可行的，如强迫性神经病患者（在临床观察上）都显示出强硬而急切地固守熟悉的事物，害怕不熟悉的、

1 然而，人类对于世界、行动、实验有着与生俱来的兴趣。当他们勇敢前行时，他们在这一过程中得到了深切的满足。他们并不感到现实对生存构成威胁。机体，特别是人体对这个世界怀有与生俱来的安全感。只有在特殊情况下才会产生威胁和匮乏，即便在这种情况下，机体也会认为困难和危险是暂时的，最终会导致一个与世界沟通的新的安全保障。（希勒，1942年）

无规则的意外的事物，害怕无秩序状态的倾向。另一方面，有些现象也许又会显示出相反的可能性。这些现象包括非自然的违抗习俗，顽固地反对任何权威，行为狂放不羁，渴望使人震惊，等等。这些都可能在一些神经病患者以及处于反文化适应过程中的人身上出现。

（5）当认知需要受挫折时，极有可能产生真正的心理病态的结果。下面的临床印象也是的确存在的：我见过几个实例，它们清楚地告诉我，一些变态现象（兴味索然，自我厌恶，对生活失去热情，压抑身体的功能，逐步破坏理性生活和各种趣味等）[1]产生于那些感到生活乏味、工作枯燥的智者中间。我这里至少有一个实例证实了适当的认知治疗有消除这些症状的可能性，这个治疗包括恢复业余研究，寻找一个需要更多脑力的工作，以及进行观察、顿悟。我见过很多聪明、富裕、无所事事的妇女逐渐发展了这些智力营养缺乏的症状。常常有些人按照我的劝告埋头做一些与他们相称的事情，结果他们自身的症状明显有所好转或痊愈，这足以使我清楚地感到认知需要的存在。在那些消息、新闻、事实的来源被切断的国家，在那些官方的理论与明显的现实相矛盾的国家，至少有一部分人采取玩世不恭的态度，他们不相信任何价值，对事物不抱任何希望，甚至怀疑不言而喻的东西，丧失道德，人与人之间的一般关系彻底瓦解，等等。另一部分人似乎采取更被动的方式：顺从、沉默、丧失主动性，丧失能力和与世隔绝。

（6）了解和理解的需要在幼年晚期和童年期就表现出来了，并且可能比在成年期表现得更强烈。不仅如此，无论怎样解释，这似乎是成熟的自然产物而非学习的结果。孩子没有必要让人教他怎样去好奇，但是却可能被收容教养机关教导着不要去好奇，比如戈德法布的研究。

（7）最后，满足认知冲动使人主观上感到满意，并且产生终极体验。虽然人们注重所得的成果，注重学习，忽视洞察和理解的这一方面；然而，不能否认的是，在任何人的生活中，洞察常常是一个令人感到欢快、幸福、激

1　这个综合症状与里波特（1896年）和后来的迈尔森（1925年）称之为“缺乐症”的现象极为相似，但是他们将后者归于其他起因。

动的时刻，甚至可能是人一生中的一个巅峰时刻。以上论及的那种克服困难的现象，那种一旦遭受挫折便出现的变态的现象，一些普遍的（跨人种的、跨文化的）现象，那种永不消失（虽然微弱）的持续的压力，满足这些需要的必要性（作为全面发展人类潜力的一个前提），在个人早期历史中自然出现的现象，所有这一切都指向一个基本的认知需要。

但是，这种假设并不全面，即使在我们认识到了之后，我们仍在不断地受到激励，一方面要使认识越来越细致入微，另一方面又要朝着某种宇宙哲学、宇宙神学的方向发展，以使认知领域越来越开阔、博大。我们获得的事实如果是孤立的或原子式的，它们终究要被理论化，不是被组织就是被分析，或二者兼而有之。这个过程被一些人称为寻求意义的过程。那么我们再来假设一些欲望：系统化的欲望，理解的欲望，分析的欲望，组织的欲望，寻找联系和意义的欲望，创立一个价值系统的欲望。

一旦允许讨论这些欲望，我们会发现它们也组成了一个小小的层次系列，其中了解的欲望优先于理解的欲望。我们曾描述过的优势层次集团所具有的一切特征似乎也适用于这个小集团。

我们必须提防将这些欲望与前面提到的基本需要相分离的倾向，即在认知需要和意动需要之间采取绝对的两分法。了解和理解的欲望本身就是意动的，即它们具有力争的特点，并且如同基本需要一样，也属于人格需要。此外，正如我们所知，这两个集团是相互关联的，不是彼此分离的；并且下面我们将会看到，它们既是彼此协作的，又是相互对抗的。有关这一部分中的论点的进一步讨论，参见我的另一部著作《存在心理学探索》。

2. 审美需要

我们对审美需要的了解比对其他需要的了解要少，但是历史、人类美的属性和美学家的证据不允许我们回避这个令人不快（对科学家来说）的领域。我曾以经过选择的人为对象，在临床-人格学的基础上努力尝试研究这种现象并且至少能说服我自己，在某些人身上的确存在真正的基本的审美需要。丑的事物会使他们表现出某种病态，美的事物会使他们痊愈。他们积极地渴望着，只有美才能够满足他们的这种渴望。几乎在所有健康儿童的身上都可以发现这种现象。关于这种冲动的证据在所有文化、所有时期都可以找到，甚至可以追溯到穴居时代。

审美需要与意动、认知需要的重叠太多了，以至于我们不可能将它们完全分离开来。秩序的需要、对称性的需要、闭合性的需要、规律性的需要、行动完美的需要、结构的需要，都可以归于认知的需要、意动的需要或审美的需要，甚至可以归于神经症的需要。

三、基本需要的特点

1. 需要层次中的例外

到目前为止，我们把这个层次集团说成仿佛是一个等级固定的集团，然而实际上它并不完全像我们想象的那样刻板。的确，我们研究的大多数人的这些基本需要似乎都是按照已经说明过的等级排列的。但是也有一些例外情况。

例如：

（1）对于有些人来说，自尊似乎比爱更加重要。层次序列中的这种最普通的等级颠倒通常因为这样的观念：最有可能获得爱的人是一个意志坚定或有权威的人，他们令人尊敬或敬畏，充满自信或敢作敢当。因此，缺乏爱并且寻求爱的人可能竭力表现得具有进攻性和自信心。然而实质上，他们寻求高度的自尊以及自尊的表现方式与其说是为了自尊本身，不如说是将它作为一种达到目的的手段，他们的自我表现是为了爱，而不是出于自尊本身。

（2）另有一些显然是有创造天赋的人，他们的创造驱力似乎比其他任何一种反向决定因素都重要。他们做出创造性行为，不是作为由于基本需要的满足释放出的自我实现，而是作为不顾基本需要满足的匮乏的自我实现。

（3）有些人的志向水平可能永远处于压低或者压抑状态，也就是说，在层次序列中占劣势的目标可能干脆被丢失，并且可能永远消失，结果，这个处在很低的生活水平上（如长期失业）的人，可能余生仅仅满足于获取足够的食物。

（4）所谓心理变态人格是永久丧失爱的需要的另一个例证。根据掌握的权威材料来看，这些人从生命的头几个月开始就缺乏爱的哺育，现在已经完全丧失了爱的需要以及给予、接受感情的能力（就像动物因出生后并未立即锻炼而丧失吸吮或啄食的反应能力一样）。

（5）等级颠倒的另一个原因是，当一种需要长期得到满足时，其价值有可能被低估。比如，从未经历过长期饥饿的人就很容易低估它的效果，并将食物看成无足轻重的东西。如果他们被高级需要控制了，这个高级需要的重要性似乎已经压倒了一切。那么极有可能（且确有其事）他们为了高级需要而使自己陷入无法满足某种更基本的需要的困境。我们可以预料一下，在这种更基本的需要长期匮乏之后，就会出现重新估价这两种需要的倾向。这样，优势需要将会在曾经将它轻易放弃的人的意识中占据优势地位。例如，一个为保其自尊而失去工作的人，在经历了约六个月的饥饿后很可能愿意找回工作，甚至不惜牺牲尊严。

（6）对于表面的等级颠倒还有一个不完整的解释：我们一直从意识中的需要或欲望的角度而没有从行为的角度来讨论层次优势。观看行为本身可能给我们带来错误的印象。我们的观点是：当一个人同时缺乏两种需要时，他会想要其中更基本的一个，这并不意味着他一定按照自己的欲望行事。让我们再次强调，除了需要和欲望，决定行为的还有许多其他因素。

（7）也许比这些例外都重要的是那些涉及理想、高尚的社会准则、价值观，等等。具有这类价值观的人会成为殉道者，他们可以为了追求某个理想或价值放弃一切。至少在某种程度上，我们可以根据一个基本概念（或假设）来理解这些人。这个概念可以称为由于早期的满足而增强的“挫折承受力”。在生活中，基本需要一直得到满足，特别是在早年得到满足的人似乎拥有一种经受这些需要在目前或将来遭到挫折的罕有力量，这完全是因为他们具有作为基本满足的结果的坚固健康的性格结构。他们是坚强的人，面对不同的意见或对立观点时，能够泰然处之。他们能够抵挡公众舆论的潮流，能够为坚持真理而牺牲个人，正是那些给予了爱并且获得充分的爱、与很多人都建立深厚友谊的人能够在面对仇恨、孤立、迫害时岿然不动。

以上所述内容抽掉了这样一个事实：在所有关于挫折承受力的全面讨论中还包括一定数量的习惯问题。例如，那些习惯于长期忍受饥饿的人也许因而能够在一定程度上忍受食物的匮乏。对于形成习惯的倾向，如以往的满足哺育了现在的忍受挫折能力的倾向。那么，我们应该如何在二者之间保持平衡呢？这仍旧有待于进一步的研究。同时我们可以假设两种倾向都在发挥作用，二者并行不悖，因为它们并不互相冲突。说到增强的挫折承受力这种现象，最重要的满足似乎极有可能是在生命的头两年中提供的。也就是说，在生命的早年就被培养成坚强、有信心的人在后来面对威胁时仍旧保持这样的性格。

2. 满足的不同程度

到目前为止，我们的理论性讨论可能给你这样一种印象，这五个层次需要似乎是按照以下关系排列的：一旦一个需要得到满足，另一个需要就会随之产生。这个说法极有可能造成这样的虚假印象：只有当一个需要百分之百地得到满足后，下一个需要才会出现。事实上，对于大多数正常人来说，其全部基本需要都部分地得到了满足，同时又都在某种程度上未得到满足。要想更加真实地描述这个层次序列，就应该在这个优势层次序列中逐级减小满足的百分比。例如，为了说明情况，我可以任意假定一组数字，可能一般公民大概满足了85%的生理需要，70%的安全需要，50%的爱的需要，40%的自尊需要，10%的自我实现需要。

至于说到一个新的需要是在优势需要满足后出现的这一观点，这种出现并不是突然的、跳跃的现象，而是缓慢地从无到有的过程。比如，如果优势需要A仅满足了10%，那么需要B可能还没有出现；当需要A得到25%的满足时，需要B可能只显露出5%；当需要A满足了75%时，需要B也许会显露出50%；等等。

3. 无意识的需要

这些需要既不一定是有意识的，也不一定是无意识的。然而从整体来看，在一般人身上，它们常常是无意识的。在这一点上，我们没有必要查找一大堆证据来表明无意识动机的绝对重要性。目前单纯以优先为根据，我们可以推测，无意识动机总的来说比有意识动机重要得多。我们称之为基本需要的东西通常大部分都是无意识的，虽然某些富有经验的人借助恰当的方法，可以把它们变为有意识的。

4. 需要的文化特性

基本需要的分类还试图重视具体的欲望在不同文化中的表面差异背后的相对统一性。当然，任何具体文化中的某个人的有意识动机的内容通常会与另一个社会中某个人的有意识动机的内容迥然不同。然而，人类学家的共同经验是：在人与人之间，甚至是不同社会中的人与人之间的相近程度，远比我们首次与他们接触时产生的印象大得多。并且，随着我们对他们了解的逐渐深入，我们会发现越来越多的共同点。于是我们认识到，最惊人的差异是表面的而不是根本的，例如发型和衣服款式的不同，对食物的偏好不同，等等。我们对基本需要的分类在某种程度上就是试图解释文化与文化间的表面多样性背后的统一性。但是我们无意强调这种统一性对所有文化来说都是绝对的。我们的观点仅仅是，相对来说，它比表面的意识欲望更重要、更根本、更普遍，并且更接近人类共同的特性。基本需要与表面的欲望或行为相比，更加为人类所共有。

5. 行为的多种动机

这些需要绝不能被理解为某种行为的唯一的或者单一的决定者。例如，任何看起来是由生理需要促动的行为都有可能带有多种动机，比如吃东西、性享乐等行为。长久以来，临床心理学家发现，任何行为都可能是多种冲动发泄的渠道。或者说，绝大多数的行为都是由多种动机促成的。在动机决定因素的范围内，任何行为都往往由几个或全部的基本需要同时决定，而不是只由其中的某个需要决定。由一种动机决定的情况往往是例外情况。吃东西部分是为了消除饥饿感，部分是为了安抚其他需要、改善其他需要的状况。一个人进行性行为，不仅是为了发泄性欲，还可能是为了确立男性的自信；或者是为了一次征服的快感，获得强者的感觉；或者是为了赢得更基本的感情。作为说明，我想指出的是，如果不是在实践上，至少是在理论上对某人的单一行为进行尽可能详细的分析，从中发现生理需要、安全需要、爱的需要、尊重需要和自我实现需要的表现。这一点与特质心理学中较幼稚的一派形成了鲜明对比。后者用一种品质或一个动机来解释一种行为，即一种进攻性行为的根源仅仅是一种进攻性的特质。

6. 非动机行为

表达性行为与应对性行为（机能性的努力与目的性的追求）之间有着本质区别。表达性行为并不试图做什么，它只是人格的反映。愚蠢的人之所以言行愚笨，是因为他就是他，而不是因为他想要或试图这么做，他也不具有这样的动机。我说话时用男低音而不用男高音、女高音也是同样的道理。一个愉快的人独自一人时脸上露出的笑容，一个健康的孩子的漫不经心的动作，健康者走路时轻快的脚步和他笔直的姿态，这些都属于表达性行为，而不属于机能性行为。此外，一个人在言谈举止方面体现出的风格，无论有无动机，几乎都是表达性的。

那么，是否所有行为都能表现或反映性格结构呢？答案是否定的。生搬硬套的、机械的、习惯的、随俗的行为也许能，也许不能。与刺激物相关的行为就属于这种情况。

最后有必要进行强调的是，行为的表现性和行为的目的性并非两个相互排斥的范畴，一般的行为通常兼容两者（这一问题会在第六章进行更详细的讨论）。

7. “以动物为中心”和“以人为中心”

这个理论以人类为出发点，而不以任何低级的、可能更简单的动物为出发点。我们在动物身上获得的很多发现被证明，这些发现只适于动物而不适于人，研究人的动机要先从研究动物的动机开始是毫无道理的。对于隐藏在这种貌似简单、普遍的谬误背后的逻辑，或者更确切地说，对逻辑的背离，哲学家、逻辑学家以及科学家都已经在各自的领域内做了足够的揭露。就像研究地质学、心理学或生理学不必先研究数学一样，研究人也不必先去研究动物。

8. 动机和病理学

日常生活中有意识的动机，根据其与基本目的的接近程度，都有各自的重要性。对冰激凌的欲望实际上可能是对爱的欲望的间接表达。如果真的是这样，那么这种对冰激凌的欲望就成了极其重要的动机。但如果只将冰激凌当作爽口的食品，或者说它仅仅引起了偶然的食欲，那么相对来说这种欲望就不那么重要了。日常有意识的欲望应该被看作是一种征兆，是更基本的需要的表面指示物，假如我们只承认这些表面欲望的表面价值，就会使自己处于一种完全混乱的状态。这种状态永远不可能被解除，因为我们忙于认真处理的是征兆而不是潜伏在征兆背后的事物。

挫伤不重要的欲望不会导致心理病理后果，但挫伤根本上重要的需要却肯定会导致这种后果。因此，任何一种心理病理理论都必须以合理的动机理论为基础。冲突或挫折不一定会致病，只有当它们威胁到基本需要或与基本需要紧密相关的局部需要时才会致病。

9. 满足的作用

上文已多次指出，新的需要通常在占优势地位的需要得到满足后才会出现。因此，满足在动机理论中具有重要作用。不仅如此，需要一旦满足，就不再起积极的决定作用或组织作用。

举例来说，一个基本需要得到满足的人不再有尊重、爱、安全等方面的需要。如果我们的兴趣仅仅在于有什么东西正在促动我们，而不在于什么东西已经、将要或可能促动我们，那么一个已经满足了的需要就不再是促动因素了。我们必须把它看作不再存在、完全消失了的。这一点应该受到强调，因为在我所了解的每一种动机理论中，它不是被忽视了就是被弄反了。完全正常、健康、幸运的人没有性、饥饿、安全、爱、名誉或自尊的需要，只有当他们面临短暂威胁的偶然时刻，这些需要才会出现。如果要做进一步的补充，我们也必须断言，人人都有完整的病理反应能力，例如巴宾斯基的研究，因为一旦人的神经系统遭到破坏，这些反应就会出现。

正是基于这些考虑，我们提出这个大胆的假设：任何基本需要受到挫折的人都有理由被设想成一个病人。这相当于我们把缺乏维生素或无机物的人称为病人。谁会说维生素的匮乏比爱的匮乏更重要呢？我们了解爱的匮乏的致病作用，谁能说医生在诊断和治疗糙皮病或坏血病时比我们求助于价值问题的方式更科学、更符合逻辑呢？如果允许这么做，我可以干脆地说，健康人的主要动力来自充分发展和实现自己潜能的需要。如果一个人在任何活跃的、长期的意义上具有任何其他的基本需要，那么他无疑是一个不健康的人，就像一个人突然缺盐或缺钙就会生病一样。如果我们可以在这种意义上使用“病态”一词，那么就应该面对人与其社会之间的关系方面的同样的问题。既然一个基本需要满足匮乏的人应该被看作病人，既然这种基本需要满足的匮乏是个人力量之外造成的，那么我们可以说，个人的疾病完全来源于社会。因此，所谓良好社会或健康社会，就是通过满足其成员的所有基本需要来使其出现最高目的的社会。

如果你认为这一论点不同寻常或似是而非，你可以认为它只是在我们不断变换方式考察人类更深层的动机时要出现的许多似是而非的论点之一。当我们探索人究竟想从生活中得到什么时，我们就接触到了人的本质。

10. 功能自主

高级基本需要经过长期的满足后，可能变得既独立于它们更强有力的先决条件，又独立于它们本身的满足[1]，也就是说，对于一个爱的需要在其生命早期就得到满足的成年人，在安全、归属及爱的满足方面，他比一般人更为独立。我倾向于将性格结构看成是心理学中功能自主的重要例证。正是那些健康、坚强、自主的人最能经受得住爱和声望的损失。然而，在社会中，在这种坚强和健康通常是因安全、爱、归属和自尊的需要在早年长期得到满足的结果。也就是说，这类人的这些方面在功能上已具有自主性，即独立于曾产生这些方面的满足本身。

1 奥尔波特已经详细地叙述并总结了这一原理：达到目的的手段可能最终成为满足本身，等到那时，它们与最初的起源只有历史的联系。人们可能最终会需要它们本身。这一关于在有目标的生活中学习与变化的重要性论点，给以往每一件事都附上一层复杂性。在这两套心理学理论原著之间并不存在矛盾，它们是相互补充的。通过这种途径所获得的需要是否可以根据我们目前的标准被看成是基本需要，这是有待进一步研究的课题。

第三章　基本需要的满足

上一章我们对人类动机做了探讨，这一章我们将考察这一探讨的部分理论结果，并以此作为对当前片面强调挫折和病理状态的一个积极健康的平衡。

我们已经看到，人类动机生活组织的主要原理是基本需要按照优势或力量的强弱排成等级。给这个组织以生命的主要动力原则是：健康人的优势需要一经满足，相对弱势的需要便会出现。生理需要在尚未得到满足时会主宰机体，同时迫使所有能力为其服务并组织它们，以使其达到最高效率。相对的满足平息了这些需要，使下一个层次的需要出现。后者继而主宰、组织这个人。结果，他刚从饥饿的困境中跳出来，现在又要为安全担忧。这个原理同样适用于等级集团中其他层次的需要，即爱、自尊和自我实现。

还可能出现这样的情况：高级需要也许不是偶尔在低级基本需要的满足后才出现的，而是在有意剥夺、强迫、放弃或压抑低级基本需要及其满足后出现的（比如禁欲主义、理想化、迫害、排斥、约束、孤立等的强化作用）。这些情况在某一文化中是普遍存在的，但我们对其性质以及发生的频率却知之甚少。不管怎样，这类现象与本书的论点并不矛盾，因为我们并未宣称满足是力量或其他心理急需物的唯一源泉。

满足理论明显是一个特殊的、有限的、不完整的理论，它不能单独存在，不具有独立的合理性。只有在与下列理论结合的情况下，它才可能具备合理性：（1）挫折理论；（2）学习理论；（3）神经病理论；（4）心理健康理论；（5）价值理论；（6）约束理论；等等。

行为的心理因素与主观生活、性格结构组成了一张复杂的网，这一章只想探索贯穿其中的一条线索。在这个过程中，我们不是要描绘一幅更完美的图画，而是任意假定除了基本需要的满足之外还有其他的决定因素，假定满足与匮乏各自都有合意与不合意的后果，假定在重要方面的基本需要的满足与神经病需要的满足不同。

一、满足一个需要所产生的一些后果

任何需要的满足所产生的最根本的后果就是这个需要被平息，一个更高级的需要出现[1]。其他后果则是这一基本事实的附带现象。这些从属的后果有：

（1）对于旧的满足物和目的物的独立，对于旧的满足物和目的物不同程度的轻视，同时，又隶属于迄今一直被忽视、不被需要或只是偶然被需要的新的满足物和目的物。这种新旧交替的现象会产生很多第三级的后果。这样，在兴趣方面就有了变化。一些现象开始第一次变得有趣，而旧有的现象则变得乏味甚至令人厌恶。其实这就等于说人的价值观发生了变化。一般来讲，往往会出现这些情况：（a）在更高估价尚未满足的需要中，力量最强的那种需要的满足物；（b）轻视其中力量较弱的需要的满足物（同时轻视这些需要的力量）；（c）轻视甚至贬低已经得到满足的需要的满足物（同时贬低这些需要的力量）。这种价值观的改变伴随着一个从属的现象：在一

1　所有这些论述只适用于基本需要。

个可以粗略断定的范围内重新建立关于未来、天堂和地狱、乌托邦、美好生活以及个人无意识愿望的满足状态的人生观。一句话，我们倾向于把已经拥有的看成是理所当然的，特别是当我们不必再为它们努力奋斗时。食物、安全、赞赏、爱、自由等一直存在着的、没有被渴望过的、没有缺乏过的东西倾向于：不仅不会被人们注意到，甚至有可能被嘲笑、被贬低甚至被诋毁。当然，这种不把已有的东西当回事的现象是非现实主义的，因而可以被看成是一种病态的表现。在绝大多数的情况下它很容易被治愈：只需经历一下适度的剥夺或匮乏（比如贫困、饥饿、痛苦、孤独、遗弃、歧视）就可以了。相对来说，这种被忽视的满足遗忘和贬低的现象具有非常巨大的潜在力量和重要性。在笔者的《优心态管理笔记》一书的“论低级牢骚、高级牢骚和超级牢骚”一章中，对此做了进一步的探讨。没有其他方法能使我们理解这种令人迷惑的方式：通过它，经济和心理上的宽裕能使人性向更高层次成长，也是通过它，我们刚刚暗示过的、并且出现在近年来的报纸中的价值病理学的各种形式也成为可能。多年前，阿德勒等人在许多著作中都谈到了“生活的奢侈形式”这一词汇，或许我们应该用这个词汇把致病的满足同必要的满足、健康区分开来。

（2）以此为前提，认识能力发生了变化。由于机体有了新的兴趣和价值观，注意力、感觉、记忆、遗忘、学习、思维——这一切同样在一个可被粗略估计的范围内被改变了。

（3）这些新的兴趣、新的满足物和新的需要，他们不仅更新，而且更高级（参见第七章）。当安全需要得到满足后，机体被解放出来去寻求爱、独立、尊重、自尊等需要。将机体从较低级和自私的需要的束缚中解放出来的最简单的办法就是满足这些需要（当然还有其他方法）。

（4）任何需要的满足，只要是真正的满足，即对基本需要而不是对神经病需要或虚假需要的满足，都有助于决定性格的形成（见下文）。不仅如此，任何真正的需要的满足都有助于个性的改进、巩固和健康发展。也就是说，任何基本需要的满足（只要我们能够孤立地谈论这个满足），都是背离神经病的方向而向健康的方向迈进了一步。毫无疑问，戈德斯坦就是从这个意义出发，将任何特定需要的满足都看成是在长远意义上向自我实现前进了一步。

（5）除了这些一般后果外，特定需要的满足和过分满足还有一些特殊的后果。例如，如果其他因素相同，安全需要的满足会额外产生一种主观上的安全感，比如更安稳的睡眠、危险感消失、更大胆、更勇敢，等等。

二、学习和需要的满足

探讨需要满足的意义的一个首要结果，是对研究者过分夸大联合学习作用的不满的增长。

一般而言，满足后的现象，如在饱餐后食欲消失，在满足安全需要后防御的类型和数量有所改变等，都说明了两点：（1）增长的练习、重复、使用、实践的消失；（2）增长的报偿、满足、赞扬、强化的消失。此外，不仅诸如列在本章末尾的表中的那些满足现象轻视联想的规律（尽管他们自身是在适应中获得的变化），而且检验也证实了除了第二位的方式外，其他联想是不包括在内的。所以，如果学习的定义只强调刺激和反应之间的变化，那是远远不够的。

需要满足的任务几乎完全限制在内在地欣赏满足物之内。在漫长的过程中，除了对非基本需要外，可能没有其他偶然的和任意的选择。对于爱的渴求，可能只有一种名副其实的长久的满足物，即诚实以及令人满意的感情。对于那些处于性饥饿、食物饥饿或极度干渴的人来说，只有性、食物或水对他最适用。在这里，没有什么偶然的搭配或意外的、任意的并置，也没有什么信号、前兆或与满足物有关的东西起作用。

对联合学习、行为主义学习理论的批评的实质是，它完全把机体的目的（意图、目标）看成理所当然的事。它彻底解释了不明确目的的手段的熟练问题。作为对照，这里还提出了基本需要理论关于机体最终目的和价值的看法。这些目的存在于机体内，对机体来说具有内在的价值。因此，为了达到这些目的，机体会做任何有必要做的事，甚至学习一些任意的毫不相关的、烦琐的、微小的步骤。这些步骤也许就是实验者可能提出的达到目的的唯一途径。当这些方法不再获得内在满足物（或内在强化物）时，它们就会被牺牲、抛弃。

那么，似乎很清楚了，我们不可能只靠联想学习规律来解释第五章中列出的行为和主观变化。的确，它很可能只是扮演次要角色。假如一位母亲经常亲吻自己的孩子，那么相应的内驱力就会消失，孩子不再渴望被亲吻。大多数涉及人格、态度、物质、品味的当代作家把它们称为习惯积累，认为它们是由于联想学习规律而获得的，但是现在似乎应该重新思考和矫正这一用法了。

甚至在获得洞察和理解（格式塔式的学习）这种更值得捍卫的意义上，也不能认为性格特征就是学习的结果。在某种程度上讲，这种广泛的学习方法由于对心理分析家的发现所表现的冷静而显得较为中肯。但是，由于它理性地强调认识外部世界的本质结构，因而显得太过狭隘。我们需要在人体内的认知和意动过程间建立强有力的关联，要比联想学习或格式塔式学习所能提供的关联更强[K. 勒温的著作（1935年）对解决这一问题很有帮助]。

我在这里不打算做任何详细的讨论，只是试图提出一些可称为性格学习或内在学习的概念，它们以性格结构为中心，而不以行为为中心，其主要内容是：（1）独特的（非重复性的）和深刻的体验的教育作用；（2）由重复的体验引起的感情变化；（3）由满足-挫折的经历而引起的认知的变化；（4）某几类早年经验引起的显著的态度、希望甚至人生观的转变；（5）在机体对任何体验的选择性同化中，不同的同化结构所起的决定性作用。

这样考虑指向一个在学习的概念和性格形成间更和睦的关系。我相信，最终将典型的、模范的学习解释为性格形成上的变化，即走向自我实现及其超越的运动，对心理学家来说可能是最富有成效的。

三、需要的满足和性格的形成

前面的一些思考只是将需要的满足与一些（也可能是许多）性格品质的发展牢固地联系在一起。这种理论不过是挫折与心理病理之间早已公认的关系在逻辑上的必然对立物。

如果轻易地把基本需要的挫折视为敌意的一个决定性因素，那么就很容易把挫折的反面（即基本需要的满足）接受为敌意的反面（即友善）的一个前提性决定因素。两者都能明显地从心理分析的发现中引申出来。而且，尽管还没有明确的理论体系，但心理治疗的实践却以它对于毫无保留的保证、支持、允许、赞同、许可的强调，即对于患者的安全、爱、保护、自尊、价值等需要的绝对满足的强调，承认了我们的假设。对于儿童的爱、独立、安全等的匮乏常常立即给予直接的替代治疗或满足治疗，即给予爱、独立或安全的满足，其效果非常明显。

令人遗憾的是，在这方面的实验资料太少了。不过现有的资料已经给人留下了深刻的印象，例如列维的实验。这种实验一般会取一组刚出生的动物，比如幼犬，使它们的某种需要（如吸吮需要）得到满足或遭受一定程度的挫折。

这类实验包括婴儿的吸吮行为、小鸡的啄食行为以及各类动物的行为。在实验中我们发现，一个被充分满足的需要遵循自己特定的发展过程，然后可能会全然消失，比如吸吮行为；或者是在实验对象的以后生活中维持适度的低水平，比如活动性。在那些某种需要受到挫折的动物身上出现了各种半病理现象，其中与我们的讨论最相关的是：第一，在超过了正常情况下它应消失的时刻后，这种需要仍然继续存在；第二，这种需要的活跃程度大大增强。

列维所做的关于爱的研究显示出了幼年时期所得到的满足与成年性格形成之间的完整联系。似乎很明显，健康的成年人的很多典型品质都是童年时期对爱的需要得到满足的积极后果，例如，这些品质包括忍受爱的匮乏的能力、给予被爱者以独立自主的能力、爱但又不放弃自主性的能力，等等。

如果我想尽可能明确并直截了当地描述这种理论的反对意见，可以这样说：充分热爱孩子的母亲在孩子身上（以奖励、强化、重复等方式）培养了孩子在以后的生活中对爱的需要的强度减弱的倾向，例如较少亲吻、更少恋母，等等。教会孩子从各个方面寻求感情，并对感情永远怀有渴望的最好途径是在一定程度上拒绝给他们爱。这是机能自主性原理的又一个例证，它曾使奥尔波特怀疑当代学习理论。

在谈到对孩子的宽容或让孩子自由选择的实验时，心理学教师总是将性格品质说成是训练的结果。“如果孩子从梦中醒来后，你就把他抱起来，那么，他不就学会了在想要人抱的时候哭喊吗（既然你鼓励了这种哭喊）？”“假如孩子要吃什么你就给什么，难道他不会被宠坏吗？”“如果你注意孩子的滑稽举动，他不就学会了以装疯卖傻的方式来吸引你的注意了吗？”“如果你迁就孩子，他不就会放任自流了吗？”仅仅用学习理论是不能回答这些问题的。我们还必须求助于满足理论和机能自主理论。

在能够直接观察到的令人满意的临床效果中，可以获得另一类支持有关需要满足与性格形成之间关系的论点的资料。任何与人直接打交道的人都能获得这类资料，并且可以确信，它们几乎在每次治疗接触中都会出现。

要认识到这一点，最简易的方法就是检查基本需要满足所产生的立竿见影的效果。检查从力量最强的需要开始。就生理需要而言，在我们的文化中，我们不会将食物或水的满足视为性格品质，虽然在其他的文化中，我们可能有不同的态度。然而，即使在生理需要的层次上，我们也遇到了对于我们的论点来说难以抉择的两种可能。如果我们能够谈论休息和睡眠的需要，当然也能够谈论它们的挫折及挫折的效果（比如疲劳、困乏、精力不济、萎靡不振、懒惰、嗜睡等）和满足及满足的效果。这就是简单需要得到满足后的直接后果。这些即便不是公认的性格品质，也至少对人格的研究者有明确的意义。虽然我们尚未习惯这样考虑问题，但这个观点也适合于性的需要，比如性压抑，以及作为其对照的性满足的范畴。不过，对此我们还没有恰当的词语来描述。

无论如何，我们在谈论安全需要时要肯定得多。担心、害怕、恐惧、紧张、焦虑、不安和极度不安，这些都是安全需要受挫的结果。同类的临床观察清楚地显示了安全需要满足的相应效果（对此，我们也缺乏恰当的词语来表述），比如焦虑紧张的消失，具有安全感，对未来有把握、有信心，感到安全，等等。无论使用什么词语，感觉安全的人与终日觉得仿佛是在敌国做间谍的人在性格上有着本质区别。

其他基本的情感需要，比如爱、归属、尊重、自尊等需要也是如此。这些需要的满足引发了诸如自尊、自信、深情、可靠等特性。

从需要得到满足后产生的这些直接的性格特征再进一步，就是一些普遍性的特征：仁慈、无私、慷慨、宽宏大量（与偏狭相对）、沉着平静、愉快满意以及其他诸如此类的品质。这些品质似乎是一般需要满足的间接后果，也是心理生活状况不断得到改善的间接后果。

显然，无论是以狭义的形式，还是以广义的形式，学习对这些及其他性格品质的出现起到了重要的作用。现有的资料不允许我们下“它是否是更强有力的决定因素”这样一个结论，这通常被当作徒劳无益的问题而被人们忽视。然而，偏重强调两方中任何一方所产生的后果都是相当明显的，我们至少要意识到这个问题。性格教育是否能在课堂上进行？演讲、书本、问答式教育及劝诫是最好的工具吗？讲道、全日制学校能否造就出好人？或者相反，好的生活能否造就出好人？爱、友谊、温暖、尊重及善待儿童对儿童后来的性格结构是否具有重大的影响？这些都是因坚持两种不同的性格形成理论而提出的两种不同的问题和观点。

四、满足和健康

举例来说，甲已经在一个危险的丛林中生活了几个星期，他靠偶然发现的食物和水勉强维持生存。在同样的环境中，乙除了能维持自身生存外还有一支枪和一个入口可以关闭的秘密山洞。丙除了具备以上条件外，身边还有两个人。丁比他们多了一个亲爱的朋友。戊也身处同一丛林，他除了拥有上述所有条件外，还是这几个人组成的小群体里很受尊重的领导者。简而言之，我们可以依次称这些人为：勉强维持生存者，安全需要得到满足者，归属需要得到满足者，爱的需要得到满足者，尊重需要得到满足者。

随着基本需要越来越多地得到满足，心理健康水平也会不断提高[1]。很明显，在其他因素相同的条件下，一个安全、归属、爱的需要得到满足的人，比安全和归属需要得到满足，但在爱的情感上遭受拒绝、挫折的人更健康（根据任何合理的定义）。假如除此之外他又获得了赞赏和尊重，进而发展了自尊心，那么他就更加健康了。

因此，需要满足的程度与心理健康的程度似乎有着确定的联系。我们能否进一步证实这种联系的极限，即证实完全的满足等于理想的健康呢？满足理论至少可以暗示这样一种可能。尽管这一问题的答案有待进一步研究，但仅仅是对这样一种设想的简单陈述，也会让我们的目光转向被忽视了的事实，使我们重新提出这个古老的、悬而未决的问题。

例如，我们确信一定还有其他通往健康的途径。那么，我们现在就有理由提出这样一个问题：放弃基本需要的满足，通过约束、苦行、挫折、悲剧和经受不幸的锻炼而获得健康的实例究竟有多少？也就是说，以满足或幸福为基础的健康，以及以苦行主义或挫折、不幸为基础的健康，它们出现的频率是怎样的？

这种理论还向我们提出了一个敏感的问题，正如韦特海默和他的学生们提出的一样，他们将所有需要都看成是利己的、以自我为中心的。的确，戈德斯坦及本书都是在高度个人主义的程度上解释自我实现这个最终需要的，但是，通过对健康的人的经验研究表明，他们既是极有个性的，又是能与社会融洽一致的。关于这一点，我们将在本书的第十一章进行详细讨论。

当我们设立满足健康（或幸福健康）这一概念时，我们无疑与戈尔茨

1　后面进一步指出，这个需要满足程度不断增加的连续体也可以作为人格分类的基础。作为成熟或个人成长趋于自我实现的步骤或阶段，贯穿于个体的一生，它提供了一个发展理论的图式，大体上并列地相当于弗洛伊德和艾里克森的发展系统。（艾里克森，1959年；弗洛伊德，1920年）

坦、荣格、阿德勒、弗洛姆、罗杰斯、安吉亚尔、梅、霍妮等人站在了一起。而且，那些假定有机体内有一种向更全面的方向发展的具有积极倾向的人，也会不断加入我们的行列。

因为，如果我们假定一个典型健康机体的需要得到满足，他摆脱了束缚去追求自我实现，那么，我们就等于假设这个机体是根据内在的发展倾向从内部发展的，是柏格森意义上的发展，而非行为主义环境决定论意义上的外部发展。患神经症的机体是缺乏某些满足的机体，那些满足只能来自环境。因此，它更多地依赖环境而极少具有自主性和自决性。也就是说，它在更大的程度上是由环境的性质而非由自身的内在本质塑造的。在健康人身上发现的对环境的相对独立性并不意味着其与环境缺乏来往，只意味着在这些接触中，人的目的是根本的决定因素，环境不过是自我实现的手段。这才是真正的心理上的自由。

五、满足和病态

近几年来，随着生活水平的提高，我们逐渐认识到由物质富裕导致的疾病，其症状包括厌倦感、自以为是、自私自利、“理所当然”的优越感、对一种不成熟的低水平的固恋、对社区感的破坏，等等。显然，在社会发展的任何阶段，物质生活或低级需要的生活本身都不能给人们带来满足。

现在我们还面临一种新的、由心理富裕导致病态的可能。也就是说，病的起因是因为患者得到无微不至的关怀、爱护，被宠爱、崇拜、欢迎所包围，被膜拜到忘情的地步，被推到舞台的中心，他们拥有忠诚的仆人，无论在什么地方，他们的各种欲望都能得到满足，甚至成为人们为之自我牺牲和自我克制的对象。

诚然，我们对这些新现象知道得并不多，更谈不上进行科学研究。我们根据强烈的怀疑、普遍的临床印象以及儿童心理学家和教育家逐渐形成的观点推测：单纯的基本需要满足是不够的，对于儿童来说，他们还必须去体验坚强、挫折、隐忍、约束、限制等感受。或者换一种说法，基本需要的满足最好能被细化到重新定义，否则它很容易被误解为无限度的溺爱、无条件的应允、自我克制、过分的保护及奉承，等等。对儿童的爱和尊重至少要与对自己作为家长或普通意义上的成年人应得到的爱与尊重相协调。儿童是人，但他们不是有经验的人。必须将他们看作对很多事物不了解、对大多数事物一无所知的人。

由满足引起的病态还可能部分地表现为“超越性病态”，即生活中缺乏价值感、意义感和充实感。许多人本主义者和存在主义心理学家确信——虽然他们没有充足的依据——全部基本需要的满足并不能自动解决归属感、生活目的、价值体系、人生意义等问题。至少对某些人，特别是年轻人，这是在基本需要满足以外需要解决的问题。

最后，我再次提到很少有人能够理解的事实：人类似乎从来没有长久地感到心满意足过——与此密切相关的是，人类容易对自己的幸福熟视无睹，忘记幸福或认为它是理所当然的，甚至不再认为它有价值。对许多人来说——具体数目未知——即使是最强烈的快乐最后也会变得索然无味，失去新鲜感。只有体验了丧失、威胁、困扰、甚至是悲剧的经历后，才能重新认识到它的价值。对于这类人，特别是那些对实践没有热情、意志薄弱、死气沉沉、无法体验神秘感情、对享受人生、追求快乐具有强烈抵触情绪的人，让他们去体验失去幸福的滋味，从而重新认识身边的幸福，这样做是十分必要的。

六、需求满足理论的应用

下面简单列举几个满足理论提出的比较重要的假设。其余的将在下一节中列出。

1. 心理治疗

也许可以认为，基本需要的满足在实际治疗或改进的动力中起根本作用。由于它一直被忽视，我们必须承认它至少是这类因素中的一个，并且还是极为重要的一个。我们将在本书的第九章“作为良好人际关系的心理治疗”中更充分地讨论这个论点。

2. 态度、兴趣、趣味、价值观

上面列举了需要的满足和挫折决定兴趣的几种方式。对此，我们可以参看麦尔的著作。对这个问题进行更深入的研究是极有可能的，最终必然包括对道德、价值、伦理的讨论。当然，其范围必须超越礼仪、礼貌及其他社会风俗。目前的做法是将态度、趣味、兴趣甚至各种价值观看作与当地文化相关联的学习的结果，似乎除此之外没有其他的决定因素，即它们完全是由机体外的环境力量所决定的。然而，我们已经看出，内在的需要和满足机体需要的效果也起着一定的作用。

3. 人格的分类

如果我们将基本的感情需要层次的满足看作一个直线型的连续体，那么我们就有了一个进行人格分类的有用（虽然不完美）工具。假如大多数人都有类似的机体需要，那么在这些需要得到满足的程度上每个人都能与其他人进行比较。这是整体性的或有机的原则，因为它根据一个单一的连续体来对完整的人进行分类，而不是根据大量的、互不相关的连续体来将人的各个部分或各个方面进行归类。

4. 厌烦与兴趣

除去过分满足外，究竟什么是厌烦？在这里，我们又可以发现尚未解决和觉察到的问题。为什么与某幅画作、某首乐曲、某位朋友的屡次接触会产生厌烦？为什么与另一幅画作、另一首乐曲、另一位朋友的屡次接触能产生更大的兴趣和快乐？

5. 愉快、高兴、满意、欢欣、狂喜

需要的满足在积极、健康情绪的产生中起了什么作用？情绪的研究者们过多地局限于研究挫折在感情上的效果。

6. 社会效果

后面的部分内容列举了满足似乎产生了良好社会作用的各种方式。我们提出的有待将来调查研究的论点是：满足人的基本需要（以平等为前提，抛开一些令人费解的例外，暂时略去匮乏和约束的有益效果），不仅改善了人的性格结构，还改善了他作为国内和国际环境中的公民与周围的关系。这一点在政治、经济、历史、教育及社会学上的意义可能是非常巨大的和明显的。

7. 挫折水平

也许看起来很荒谬，但在一定意义上，需要的满足是需要的挫折的决定因素。这是因为甚至要等到较低的优势需要得到满足之后，较高的需要才会在意识里出现。从某种意义上来看，需要尚未出现之前是无所谓挫折的。一个勉强维持生存的人是不会为高级事物费心的。选举权、城市的好名声、几何学的研究、尊重、价值等不会成为他焦虑的中心，他主要关心的是更基本的物质。只有当一定量的低级需要的满足使他自己开化到一定的程度，他才会在个人、社会和智力的更广阔范围内感受到挫折。

作为一种推论，我们可以认为，虽然绝大多数人注定要追求他们还不具有的东西，但是为大众的更大的满足而工作还是有益的。这样，我们同时又学会不指望任何一种单一的社会改革，如妇女的选举权、无记名投票、免费教育、工会、良好的居住条件、直接选举等会产生奇迹，但又不会低估缓慢发展的现实。

假如人一定要感觉挫折或焦虑，那么与担心感冒或挨饿相比，为战争的结束而焦虑对社会更有意义。明确提高挫折的层次（假如我们可以谈论高级挫折和低级挫折），不仅具有个人意义，而且具有社会意义。犯罪和羞耻心

的层次大体上也是这样的。

8. 娱乐性、无目的性和随意性行为

由于长期以来哲学家、艺术家、诗人的议论，这一行为领域始终被科学心理学家所忽视。这可能是因为“所有的行为都有动机”这一广泛公认的教条在作怪。我认为这是个错误，但在这里不想争论。下面的观察结果是铁一般的事实，即一经满足，机体立即放弃压迫、紧张、危急等感觉，允许自己懒散、松弛、被动起来，他们允许自己享受阳光，玩耍嬉戏，或装饰擦洗盆盆罐罐，他们允许自己观察微不足道的事物，遇事漫不经心，往往无意中习得而不是有意追求，等等。简而言之，就是变得相对地无动机了。需要的满足导致非动机行为的出现（详细讨论见第六章）。

9. 高级需要的功能自主

尽管就一般规律而言，我们只有在低级需要满足后才能转向高级需要的满足，但值得观察的现象是：人们在满足了高级需要，并获得价值和体验后，高级需要会变得具有自治能力，不再依赖于低级需要的满足。人们甚至会蔑视与摒弃使他们得以过上“高级生活”的低级需要的满足，就像第三代的富人为第一代的富人感到羞耻，受过良好教育的移民后代会为他们从未受过教育的父母感到羞耻一样。

七、满足的影响

下面列举一些主要取决于基本需要满足的现象。

（一）意欲-感情

（1）肉体充分满足和厌腻的感觉，包括性、食物、睡眠等方面，以及一些附带后果，如健康、精力充沛、欢欣、幸福、身体惬意，等等。

（2）感到平静、安全、有保障，危险和威胁感消失。

（3）有归属感，感到自己是集体中的一员，认同集体的目标和胜利，有接纳感、位置感、家园感。

（4）爱和被爱的感觉，值得爱的感觉，爱的趋同作用的感觉。

（5）自我信赖、自信、自尊的感觉，相信自己的感觉；值得尊重，具有声望，具有领导能力以及独立的感觉。

（6）自我实现、自我发挥和自我发展的感觉、越来越彻底地发展和享用自己的资源、潜力的感觉，以及由此产生的成长、健康、成熟及意志自由的感觉。

（7）好奇心的满足，更多地学习和了解的感觉。

（8）对于理解的满足，这种满足越来越哲理化，向着包容性越来越大、范围越来越广、越来越单一的哲学或宗教靠近，对于联系和关系的理解更加圆满和成熟，敬畏，价值信奉。

（9）对于美的需要的满足，使人颤抖的激动，对于美的震惊、狂喜、高兴，对称感、适合感、条理感或完善感。

（10）高级需要的出现。

（11）暂时或长久地依赖和独立于各种满足物，对低级需要和低级满足物的不断增强的轻视和独立性。

（12）厌恶和爱好。

（13）厌烦和兴趣。

（14）价值观的改进，趣味的提高，更好的选择。

（15）愉快的兴奋、高兴、满意、欢乐、幸福、平静、安详、狂喜，它们的强度更大，出现的可能性更大，感情生活更加丰富、健康。

（16）狂喜、巅峰体验、极度兴奋的情绪，意气风发及神秘体验的频繁出现。

（17）抱负水平的改变。

（18）挫折水平的改变。

（19）趋向超越性动机和存在价值的运动。

（二）认知

（1）各类敏锐、有效、现实的认知，能更好地体味现实。

（2）改进了的直觉能力，更加成功的预感。

（3）伴随启发和顿悟的神秘体验。

（4）更多地以现实—对象—问题为中心，更少地投射和以自我为中心，更多超越个人和超越人类的认知。

（5）世界观和人生观的改进（变得更真实、更现实，善待自己和他人，更加全面，更具整体性，等等）。

（6）更具有创造性，更多的艺术性、音乐、智慧、诗意、科学。

（7）更少的刻板的机械习惯，更少陈规陋习，更少强迫性的标签化（见第十七章“陈规化的认知和真正的认知”）；透过人为的范畴和陈规更好地感知个体的独一无二；更少非黑即白的二分法。

（8）许多更基本、更深刻的态度（民主、基本的尊重、对孩子的爱和尊重、对他人的爱、对妇女的尊重，等等）。

（9）更少选择和需要已熟悉的事物，特别是在重要的事情上；更少惧怕新奇和陌生的事物。

（10）无意学习和潜伏学习的更大可能性。

（11）更少需要简单事物，更多以复杂为乐。

（三）性格特质

（1）沉着、镇定、平静、内心安宁（与不安、紧张、不愉快、情绪恶劣相对）。

（2）慈善、友爱、同情、无私（与残忍相对）。

（3）健康的慷慨。

（4）宽宏大度（与卑鄙、狭隘、渺小相对）。

（5）依靠自己，自尊、自信。

（6）安全、宁静感、安全感。

（7）友好（与基于性格的敌意相对）。

（8）对挫折的更大忍受力。

（9）容忍不同的意见，对不同的意见感兴趣，能接受个人差异，不再有成见和一般性的敌意（但仍然具备判断力）；更崇高的手足之情、同志感情以及对他人的尊敬。

（10）更有勇气，更少畏惧。

（11）心理健康及它的所有产物；远离神经症、精神变态人格，也许还有精神病。

（12）更加深刻的民主（没有担忧，无畏值得尊敬的人，发自内心的尊敬）。

（13）松弛，更少紧张。

（14）更加真诚、诚实、正直；更少谎言、更少虚情假意。

（15）更强的意志，更能从责任中得到享受。

（四）人际关系

（1）更好的公民、邻居、朋友、父母、爱人。

（2）政治、宗教、经济、教育方面的进步和开放。

（3）对妇女、儿童、雇员及其他权力较小的少数派或团体的尊重。

（4）更加民主化，更少权威主义。

（5）更少无缘无故地充满敌意，有更多的善意，对他人更感兴趣，更容易趋同他人。

（6）选择朋友、爱人、领导时有更高的趣味，对人有更好的判断力，成为更好的选择者。

（7）更吸引人，更加美丽，更加完美。

（8）更好的心理治疗家。

（五）其他各类

（1）改变了关于天堂、地狱、美好生活、乌托邦、成功与失败等的看法。

（2）走向高级价值，走向高级的“精神生活”。

（3）所有表现性行为的变化，比如微笑、大笑等面部表情，以及风度、步态、笔迹等；趋向于更富有表现性、更少做作和模仿的行为。

（4）活力的更替、安静、倦怠、睡眠、休息、清醒。

（5）充满希望，关注未来（与心情不佳、冷漠、无精打采相对）。

（6）梦幻生活、幻想生活，早期记忆的变化。

（7）基于性格上的伦理、道德、价值观的变化。

（8）摆脱患得患失的生活方式。

第四章　重新考察本能理论

一、重新考察本能理论的重要性

即便仅仅是因为有必要在更基本和不太基本、更健康和不太健康、更自然和不太自然的需要之间做出区分，也致使前面几章概述的关于基本需要的理论提示甚至要求我们要重新考察本能理论。

还有很多其他理论、临床的和实验的研究，它们都一致指出，有必要重新估价本能理论，或者有必要以某种形式恢复它。这些都使我们不由得怀疑当前心理学家、社会学家、人类学家对于人的灵活性、可塑性、适应性以及学习能力的过分强调。人似乎具有远比现代心理学估计的更强的自主和自我调节的能力。

当代的研究者们都强有力地主张，我们的机体远比一般所认可的更值得信赖，有更强的自我保护、自我指导、自我控制的能力（坎农，1932年；戈尔茨坦，1939年；列维，1951年；罗杰斯，1954年；等等）。此外，我们还可补充一点，各种先进理论的发展表明，有必要从理论上假定机体内有某种积极生成或自我实现的倾向。这种倾向不同于机体内自我保存、自我平衡或体内平衡等倾向，也不同于适应外界刺激的倾向。这种生长或自我实现的倾向，曾经由亚里士多德、伯格森和其他许多哲学家以许多种模糊的形式假定过。在精神病学家、心理分析家以及心理学家中，戈尔茨坦、荣格、霍妮、兰克、弗罗姆、罗杰斯也都认为有必要提出这种假设。

然而，也许赞同重新考察本能理论的最重要的影响还是来自心理治疗师的经验，特别是心理分析学家的经验。在这一领域，尽管很多事实看起来有些模糊不清，但事实的必然联系是准确无误的。治疗师不得不把较为基本的愿望同不太基本的愿望（或需要、冲动）区别开来。问题很简单，某些需要遭受挫折会产生病态，另一些需要则不会。某些需要的满足会产生健康，另一些需要却不会。这些更为基本的需要是如此的“顽固”，以至于人们难以应对。它们反对所有的奉承、替代和贿赂，没有任何通融的余地，它们只要求适当的内部满足，人们总是有意无意地去满足这种需要。这些需要表现得恰如顽固的、无法削弱的、不能再分析的终极事实，只能作为既定的事实或不可怀疑的基点。几乎精神病学、心理分析、临床心理学、社会工作或儿童治疗等每一学派（无论它们相互间有怎样的分歧）都假定了某种有关类本能需要的学说，这是无法否认的事实。

这些经验明确地提醒我们，应该考虑到种族的特性，考虑到素质及遗传因素，而不是肤浅地只考虑易于控制的习惯。只要是必须在这两难抉择中做出任何一种选择，治疗者总是宁愿选择本能作为基石，也不愿意选择条件反射或习惯。这当然是不合适的，因为我们将看到，在另外一些居间的、更恰当的可供选择的对象中，我们可以做出更令人满意的选择。也就是说，并非只有两种选择。

然而，根据一般的动力论要求来看，本能理论，特别是麦克杜格尔和弗洛伊德提出的本能理论，具有某些当时未被充分认可的价值。它们未被充分理解，这大概也是因为它们的错误太过明显。本能论承认以下事实：人是自我促动的，人自己的本性和他所处的环境都有助于决定他的行为；人自己的本性给他提供先决的目的、目标或价值体系；在良好的条件下，为了避免疾病，他渴望的常常就是他需要的（对他有益的东西），全人类形成一个独一无二的生物族类；除非一个人理解其行为的动机和目标，否则其行为就是无意义的；并且总的来说，依赖于自身资源的机体经常显示出生物学上的高效能性，这一点有待进一步解释。

二、对传统本能理论的批判

我们的看法是，本能理论家的许多错误尽管根深蒂固、需要抛弃，但绝不是本质上的，也不是不可避免的。而且，不少错误都是本能论者和他们的批评者所共有的。

1. 简化论

20世纪20年代及30年代的大多数反本能论者，比如伯纳德、华生、郭任远等，他们批评本能论的根据是，本能不能根据特定的刺激-反应概念来描述。简而言之，就是指责本能不符合简单的行为主义理论。这是事实，本能的确如此。然而，动力心理学家和人本主义心理学家现在并不看重这种非难。他们一致认为，仅仅用刺激-反应概念是不能解释任何重要的人类完整的品质或完整的活动的。

这样一种企图只能引起混淆。把反射与标准的低等动物本能相混淆就是个典型的例子。前者是纯粹的运动肌的动作，后者除此之外还有更多的特点，例如先定的冲动、表达性行为、应对性行为、对目的物的追求及情感色彩。

2. 非此即彼式的思考方式

我们也没有理由一定得在完全的本能（各部分都充分发展的本能）与非本能之间进行取舍。为什么不能有残存的本能，不能有类本能的某种属于行为的东西，不能有程度的不同，不能有不完全的本能呢？

在学术界，有不少作者不加区别地使用本能这个词来代表行为、知觉、需要、目的、能力、表现、价值及感情的伴随物，有时取其中某项的含意，有时取几项含意的综合意义，结果形成了因用法不精确而导致的大杂烩，正如马莫尔和伯纳德所指出的那样，几乎每一种已知的人类反应都被这个或那个作者描述成本能。

我们主要假设，至少在某种可以察觉的程度上，人的欲望或基本需要是先天给定的。那些与此相关的行为或能力、认识或感情则不一定是先天的，而可能是（按我们的观点）经过学习或引导而获得的，或者是表现性的（当然，人的许多能力或智力是由遗传决定的，比如色觉，但它们与我们这里所讨论的问题无关）。也就是说，基本需要的遗传成分可以看成是简单的意动性缺乏，与任何固有的达到目的行为无关，就像弗洛伊德的本我的盲目、无定向的需求一样（我们将在后续内容中看到，满足这些基本需要的因素，似乎也可以由某种方式确定为内在固有的）。必须学习的是追踪目标（应对性）的行为。

本能论者和他们的反对派的严重错误都在于用非此即彼的两分法而不是按照程度的差异来考虑问题。一整套复杂的反应，怎么能说是完全由遗传决定的呢？或者，怎么能说完全不是由遗传决定的呢？任何一个结构，无论这个结构如何简单，都不可能只具有基因的决定因素，更不用说任何完整的反应了。在另一极端，同样明显的是，没有任何东西能够完全脱离遗传的影响，因为人也是生物族类的一种。

这一站不住脚的两分法导致的一个混乱后果就是出现了一种倾向，只要有任何获得的迹象显露时，就断言这是非本能的；或者相反，只要有一点遗传影响的证据，就判定这是本能的。既然对大多数甚至全部冲动、能力或情感来说，证实这两种看法都是容易的，那么这样的争论就永远不可能有结果。

3. 压倒性的力量

本能理论家使用的范例是动物的本能，这导致很多错误。比如，不去寻找人类独有的本能。然而，从低等动物研究中得到的最有害的经验酿成这样一个原理：本能是强大的、牢固的、不可控制的、不可更改的、不可压抑的。但是，这对蛙、鲑鱼、北极旅鼠来说也许是真实的，对人类来说却并非如此。

我们认为，基本需要具有可以觉察的遗传基础，但假如我们仅用肉眼去寻找本能，并且只有当一种本质显然且的确独立于环境，并且比全部环境力量更强有力时，才认为它是本能，那么，我们就极有可能犯下大错。为什么就不会有虽然是类本能但仍然较容易受压抑或控制的需要呢？为什么就不会有容易为文化压力、习惯、暗示、内疚等掩饰、更改、甚至抑制的需要呢（比如，爱的需要似乎就是如此）？也就是说，为什么就不会有弱本能呢？

也许，推动文化论者攻击本能论的力量主要来自这样的误解，即把本能等同于不可抗拒的力量。任何一个人种学家的经验都与这种看法相抵，所以攻击是可以理解的。但是，假如我们对文化和生物这两种因素都有适当的尊重，并且，假如我们进一步考虑文化是比类本能的需要更强的力量，那么，以下主张就不是谬论而是理所当然的了：如果我们要使柔弱、微薄的类本能需要不被更强的、更有力的文化所吞没，就应该保护它们，而不是与之相反。它们很可能被吞没，尽管这些类本能的需要在另一种意义上来说是强大的，即它们顽强地坚持要求获得满足，一旦受挫，就会产生严重的病态后果。

有一个似是而非的观点有助于确立这一论点。我们认为，揭露、顿悟和深度治疗——这种治疗实际上指除催眠治疗和行为治疗之外的所有治疗——从某种意义来说是要揭露、恢复和加强我们那些被削弱了的和失去了的类本能倾向和本能残余，恢复和加强我们的主观生物学。这一终极目的在所谓的个人成长实习班里表露得最为明显。所有这些——心理治疗和实习班——都需要人们付出痛苦的、长时间的努力和高昂的代价，这种努力需要人一生为之奋斗，并具有无比的耐心和坚韧不拔的精神，即使这样，最终还有可能归于失败。但是，到底有多少狗、猫或鸟需要帮助才能知道怎样去做一条狗、一只猫或一只鸟呢？它们因冲动而发出的声音十分响亮、清晰且不容怀疑，而我们的声音却是微弱的、混淆不清的、容易被忽略的。这样的话，我们就需要借助某种帮助才能听到它们。

这就说明动物的自然性为何在自我实现者那里可以看得最清楚，而在神经症患者或“一般病人”那里却表现得模糊。我甚至可以说，疾病通常意味着一个人动物本性的丧失。这样，就出现了下面这种似乎是矛盾的情况：在那些精神层次最高的、最有智慧的圣人身上，在那些最有理性的人身上，我们可以同时见到最清楚的人类性和动物性。

4. 原始冲动

只注意动物的本能还会导致一个更严重的错误。由于某些也许只有清醒的历史学家才能解释的原因，西方文明已经普遍相信，在我们身上的动物性是一种恶的动物性，我们大多数的原始冲动是贪婪的、自私的、邪恶的、敌意的[1]。

神学家把它叫作原罪或魔鬼。弗洛伊德主义者把它叫作本我。哲学家、经济学家及教育家也赋予它各种各样的名称。达尔文是如此赞同这种观点，以至于他只看到动物界的竞争，而完全忽视了同样普遍存在的合作，没有注意到克鲁泡特金曾轻而易举地观察到了这一点。

这种世界观的表述方式之一，就是把我们的动物性看成与狼、猪、老虎、秃鹫或蛇的本性一样，而不是用稍好些或至少温顺些的动物，比如狗、鹿、大象或猩猩来加以比较。这种表达方式是"将我们的内在本性解释为恶的动物性"，但应该指出的是，如果必须从动物类推到人的话，我们最好选择那些与我们最接近的动物，比如类人猿。

5. 本能 – 理性两分法

我们已经看到，本能与对新事物灵活适应和认知适应的能力，在种系的阶梯上往往是相互排斥的。我们对其中一个发现得越多，对另一个期待的就越少。这样一来，一个致命的甚至是悲剧性的错误（考虑到历史后果）很早以前就酿成了，这种错误把人类的本能性冲动与理解力截然分开。很少有人意识到，对于人类来说，本能性冲动和理解力可能都是类本能的。更重要的是，它们的结果或隐含的目标可能是同一的、合作的，而不是对抗性的。

1　"难道我们不可能驯服甚至改变人类本性中原始的无意识的一面吗？如果真是这样，那么文明就将大祸临头了。""意识具有训练有素的道德秩序和良好的意愿，但在这体面的表层之下潜藏着生命原始的本能力量，像深渊中的魔鬼一样无休无止地繁殖着、吞噬着、争斗着。"（哈丁，1947年）

我们的论点是：认识或理解的冲动也许与归属感和友爱的需要一样，是意动的。

在一般的本能–理性的两分法或对比中，相互对抗是被下错定义的本能和理性。如果按照现代知识来正确地划分，它们就不会被看成是相互对立或对抗的，甚至没有太大的差别。作为今天来定义的健康的理性与健康的类本能的冲动，在健康人那里并不互相排斥，而是指向同一个方向（虽然对不健康的人而言，它们可能是互相对立的）。当前已获得的科学资料指出，爱、宽待、保护、尊重儿童，在精神病学上是合乎需要的。这也正是儿童（本能地）所希望的。正是在这种非常明确的、在科学上可检验的意义上，我们断言类本能的需要和理性是合作的而非敌对的。它们表面的对抗是只注意病人而产生的假象。假如这一论点成立，我们就能解决一个古老的难题：本能与理性，谁才是主人？其实这和另一个问题一样陈腐：在一段良好的婚姻关系中，丈夫和妻子究竟谁才是主人？

6. 本能与社会的对抗

弱势类本能需要一个仁慈的文化来孕育，使它们得以出现、表达和满足。它们很容易被恶劣的文化环境摧残。例如，在社会中，我们必须有相当大的改进，柔弱的遗传性的需要才能得到满足。一个可怕的未经证明的论证前提是，本能和社会之间、个人利益和社会利益之前存在着固有的对抗。它的主要借口是，对于病态的社会和个人来说，实际上就是倾向于这些对抗。但事实并非只能如此。在良好的社会中，这是不现实的。在健康社会状况下，个人利益与社会利益是合作的，而不是对抗的。正是因为在恶劣的个人条件和社会条件下存在对个人利益与社会利益的错误看法，不正确的两分法才得以继续存在。

7. 分离的本能

正如大多数动力理论一样，本能理论的缺陷还在于，它没有认识到冲动是在一个强度有差异的层级序列里能动地互相联系的。如果孤立地对待每一个冲动，各种各样的问题一定得不到解决，很多似是而非的问题就会产生。例如，动机生命在本质上的一元性或整体性被抹杀，形成了罗列动机的无法解决的问题。此外，价值或选择原则也被忽略了，而它们恰恰是我们决定一个需要比另一个需要更高级、更重要、更基本的重要尺度。如果孤立地看待需要，那么我们能做的唯一一件事就是迫切地要求满足，即要求它自生自灭。这给本能敞开了通向涅槃、静寂、死亡、体内平衡、自满、稳定的大门。

这就忽视了一个明显的事实：任何一个需要的满足，随着它的逐渐平息，其他曾被挤到一旁的较弱的需要就会上升到突出的地位，力陈各自的要求。需求永不停息，一个需要的满足会立刻产生另一个需要。

8. 对本能的抑制

人们在将本能解释为恶的动物本能的同时，认为在精神错乱者、神经症患者、低能者、罪犯或孤注一掷的人的身上，这些恶的动物本能会表现得最为明显。他们之所以这样认为，是源于这样的学说：良心、理性以及道德观不过是一种后天的虚饰，与被掩盖的内容在性质上截然不同。前者相对于后者，就如手臂之于罪犯。这个误解使文明及其所有机构，包括学校、法庭、教堂、立法机关等都被说成是抑制恶的兽性的力量。

这个错误十分严重，以至于酿成了各种悲剧。也许，从历史的重要性来看，可以将它与这样一些错误相比：崇信王权神圣，迷信某一宗教的唯一合法性，否认进化论或相信地球是平的。任何一种使人们不自信、不信任他人的想法，任何不现实地对人类各种可能性持悲观态度的想法，都必须对每一次种族对抗、每一次宗教冲突、每一场战争负责。

确认类本能的需要并不是恶的，而是中性的，或者说是好的，那么许多似是而非的问题就会迎刃而解。

举一个例子，对孩子的培养会带来一场革命，在培养他们时甚至不用说一句带有教训意味的恶语。当我们转而承认合理的动物性需要时，会促使我们去满足这些需要，而不是使它们遭受挫折。

在我们的文化里，一个丧失部分天真但尚未被彻底同化的儿童，即那些健康的动物性需要尚未被完全剥夺的儿童，他们总是以自己独特的方式不断要求赞许、安全、自主和爱，等等。对此，复杂的成年人的一般反应是“喔，他不过是在卖弄和炫耀”“他只是想引人注意罢了”。于是，他们把孩子从成年人面前轰走，也就是说，这个诊断通常被认为是一道禁令：不要满足孩子的追求，不要赞许，不要喝彩，不要评论。

然而，如果我们逐渐将这些对爱、承诺以及赞许的恳求视为合理的要求，就像孩子对待饥饿、口渴、寒冷或疼痛的抱怨一样，我们就会很自然地成为满足者而不是挫伤者。这样能给父母和孩子都增添乐趣，能使他们在一起时更愉快，因而也就必然增进了他们之间的感情。

三、类本能理论中的基本需要

基于前面所述的所有考虑，我们不妨提出这样的假设：从某种意义上来说，基本需要在某种可能察觉的程度上是由体质或遗传决定的。目前我们还无法直接证明这一假设，因为实验所需的遗传或神经学技术尚未出现。

为了支持类本能的假设，下面是我们尽力搜集到的一些可利用的资料和理论上的研究。

1. 独特的人类本能

对本能理论的完全理解，要求我们确认人类与动物界之间的连续性以及人类和其他物种之间巨大的差异。虽然在人类和所有其他动物身上发现的任何冲动或需要（如进食、呼吸）都被证明是本能性的，但不能否认一种可能，那就是有些本能性的冲动只能在人类身上出现。就像黑猩猩、鲑鱼、家鸽、猫等物种，它们都有独特的本能。那么为什么人类不能具有自己独特的本能呢？

2. 挫折是致病的

认为本能需要在本质上是类本能的另一个原因是，对本能需要的挫折会导致心理疾患，这是所有临床医生的共识。而对习惯、神经质、上瘾或性别偏好来说，则并非如此。

假如社会创造出价值观念并使人接受它们，那么，为什么某些价值观念只有在受到挫折时才会导致精神疾病？我们学会一日三餐，学会道谢，学会使用刀叉餐具、桌椅等；我们穿着衣服、鞋子，夜晚睡在床上，说英语；我们吃羊肉、牛肉而不吃猫肉或狗肉；我们保持清洁，为了等级参与竞争，对金钱朝思暮想。然而，这一切强大的习惯在受到挫折时可以没有痛苦，甚至偶尔会产生积极的结果。在某些情况下，比如在泛舟或野营时，我们能够呼吸大自然的空气而抛开这一切，承认它们的非本质性质。但对于爱、安全或尊重，却绝不可能如此。

因此，很显然，基本需要占有一个特殊的心理学和生物学的重要地位。它们有与众不同的地方。基本需要必须得到满足，否则我们就会生病。

3. 得到满足是一种健康

基本需要的满足会导致各种各样的后果，产生有益的、良好的、健康的、自我实现的效应。“有益的”和“良好的”这两个词是从生物学意义而不是先定的意义来说的，它们符合可操作性的定义。只要条件允许，健康的机体就倾向于选择并为获取这些结果而努力。

在论及基本需要的满足问题的章节里已经概述了这些心理和身体上的结果，这里没有必要进行进一步考察。但仍需指出的是，这一评判标准并无奥秘或不科学的地方。可以很容易地以实验甚至工程为根据来验证这个标准，我们只需记住，这与为一辆汽车加上合适的汽油并没有太大的差别。假如一辆汽车使用了某种汽油发动得更好，那么对汽车来说，这种汽油就比别的汽油更适用。普遍的临床发现是，当爱、安全及尊重得到满足时，机体就会发挥得更好，感觉更敏锐，智力的使用更充分，思维更敏捷，更能有效地消化食物，更少患各种疾病，等等。

4. 必要性

基本需要满足物的必需性使它们得以与其他需要的满足物区别开来。出于本性，机体自身指明了满足因素的固有范围，这是无可替代的。而这对于习惯需要甚至神经质需要却是可能的。也正是因为基本需要满足物的必需性，最终将需要与满足物联系在一起的是疏导作用，而不是任意的联系。

5. 心理治疗

心理治疗的效果对我们的目的相当有利。在笔者看来，似乎所有主要的心理治疗方式都促进、巩固、培育了我们称为基本的、类本能的需要，同时削弱或彻底消除了所谓神经质的需要，直至它们认为自己取得了成功。

对那些直截了当地宣称使患者复归内在本质的疗法，比如弗洛姆、罗杰斯、霍妮等人的疗法来说，这是非常重要的事实。因为这意味着人格本身具有某种固有的本质，它不是由治疗师创造出来的，而是由他解放出来，以便按它自身的风格成长和发展。如果顿悟和压抑的解除能使反应消失，那么就可以认为这个反应是异质的，而不是内在的、固有的。反之，如果顿悟使反应更加强烈，我们就可以认为它是本质的。就像霍妮推论的那样，假如解除焦虑能使患者变得更富有情感、更少有敌意，那不就表明对于人的本性来说，爱是基本的而敌意不是基本的？

对于动机、学习、价值、自我实现、一般认知、人与人之间的关系、文化适应与反文化适应等理论来说，从原则上讲这里有一批宝贵的资料可供开发利用。

6. 鼓励本能

如果一个人在成长时并不考虑基本需要的这一结构，他的确不会立即折断骨头，也不会立即表现出明显的病态。然而得到大家一致公认的是，或迟或早，或隐或显，病态都将出现。可以引用普通成年人的神经症作为说明早期对机体内在的（虽然很微弱）需求进行蹂躏而造成有害后果的例子，这也是比较准确的。

那么，人出于保护自己的完整性和内在本质而对抗文化习俗就是（或者应该是）心理学及社会学中值得尊重的研究领域。急切地屈服于自己文化中的摧残力量的人（即适应性强的人），在某种意义上来讲，也许还不如那些罪犯、违法乱纪者、神经症患者来的健康，这些人也许正是以自身的反应显示了他们有足够的胆量反抗、折断自己精神脊梁的文化。

而且，从同一个角度考虑，还出现了一个似乎是颠倒黑白的反论。教育、理性、文明、法律、宗教、政府统统被大多数人解释为本质上约束本能的压制力量；但是，假如本能惧怕文明比文明惧怕本能更严重这一论点是正确的，假如我们仍希望出现更完善的人、更美好的社会，我们就应该从相反的角度来看待这个问题：法律、教育、宗教等至少应起到保护、促进、鼓励安全、爱、自尊、自我实现等类本能需要的表达和满足。

7. 两分矛盾的解决

基本需要的类本能性质这一观点有助于解决和超越哲学中很多古老的矛盾，包括天生与习得、主观与客观、生物性与文化、独特性与普遍性之间的矛盾。之所以如此，是因为揭露治疗、自我寻求治疗、个人成长、“灵魂寻求”技术等都是发现自身的客观生物本性、动物性和人类性，即自己的存在。

不管在哪一个学派，大多数心理治疗家都认为，当透过心理病症深入那个一直存在的但被病态的表面所覆盖、掩藏和抑制的核心的时候，他们是在揭露或释放某种更真实的、更实在的、更基本的人格。当霍妮谈到透过虚假自我深入到“真实自我”这一问题时，这一论述清楚地表明了这一点。关于自我实现的论述也强调使一个人已有的状态变得真实或实际——虽然是以一种潜在的形式。对认同的追求与“成为想要成为的那个人”一样，也是同样的意思。使自己成为“充分的人”“机能健全的人”、独一无二的人或真实的自己，其含义也是如此。

显而易见，中心任务就是要意识到，作为一个特殊族类在生物上、气质上和素质上是什么，这正是形形色色的心理分析要做的事，即帮助人们意识到自己的冲动、需要、情感、快乐和痛苦。但这是一种个人内在的生物性、动物性和种族性的现象学，它通过体验生物性而去发现生物性，我们可以将这种生物性称为内省生物性、主观生物性、体验到的生物性，等等。

但是，这就等于是对客观性的主观发现，即对种族所特有的人性特征的发现。它还等同于对普通事物的个人发现，对不受个人影响的超越个人（甚至超越人类）事物的个人发现。用一句话概括就是，我们可以通过“灵魂探索”，通过科学家所做的更为平常的外部观察去从主观和客观两方面研究类本能。生物学不仅是一门客观的科学，也是一门主观的科学。

如果我把麦克利什的那首诗略加诠释，我们可以说：

一个人并不想要成为什么。

他本来就是如此这般。

第五章　需要的层次

高级需要与低级需要均具有不同的特性，但有一点是相同的：两者都必须属于基本的、天定的人的本性，它们不会异于或违背人性，它们是人性的一部分。对心理学和哲学来说，这一结果是革命性的。大多数文明（及其政治、教育、宗教学说等）是建立在与这种信念相抵触的基础上的。总体来说，它们假设，人性中动物和类本能的方面是严格地局限在对食物、性之类内容的心理需要之内的。指向真理、爱、美的高级冲动被假设为是在本质上内在地不同于那些动物性的需要。进而，这两者又被假设为是相互排斥、相互敌对的，并为取得控制权而处于永恒的冲突中。从这样的角度来看，所有的文化及它们的功能机构都是站在高级需要的一边来反对低级需要的。因而，文化不可避免地成了抑制者和挫伤者，至少也是一个不幸的必需物。

一、高级需要与低级需要的差异

这一章将论述“高级的”与“低级的”需要之间存在的真正心理上及作用上的差异。这样做是为了证实有机体自身规定了价值的不同等级。这是科研观察者的记录，而不是他们的创造。很多人仍认为价值不过是作者根据自己的偏爱、趣味、直觉、未经证实或不可证实的假设所做的任意规定，因此，一定有必要将这一问题论证清楚。本章的后半部分将给出论证的结果。

从心理学中排除价值，不仅削弱了心理学，阻碍心理学的全面发展，而且会使人类陷入超自然主义或道德相对论。但如果能证实有机体在强与弱、先与后、高级与低级之间进行着选择，就不能认为一件好事与任何其他好事价值都相同，或者认为在任何恒久的基础上进行选择都是不可能的。基本需要在相对潜力原理的基础上按照确定的等级排列。这样，安全需要比爱的需要就更强烈，因为当两种需要都受到挫折时，安全需要以各种可以被证实的方式支配着机体。在这个意义上，生理需要（它们被安排在更低的层次）强于安全需要，安全需要强于爱的需要，爱的需要又强于尊重的需要，而尊重的需要又强于个人特质的需要——我们称之为自我实现的需要。

这是选择或者说优先的顺序，它同时也是这一章列举的各种其他意义上的由低级至高级的顺序。

（1）高级需要是一种在种系或进化上发展较缓的产物。我们和其他生物一样有进食的需要，也许与高级类人猿一样有爱的需要。而自我实现的需要（至少需借助创造力）是人类独有的。越是高级的需要，就越为人类所特有。

（2）高级需要是较迟的个体发育的产物。任何个体一出生就显示出有生理需要，也许，还以一种不完全的方式显示出有安全需要。例如，个体可能会受到恐吓或惊吓，当个体依靠的世界显出足够的规律与秩序时，个体也许会成长得更好。只有在几个月以后，婴儿才初次表现出与人亲近的迹象以及有选择的喜好感。再过一段时间，我们可以清楚地看到，除了对安全及父母爱的需要外，婴儿还会表现出对成就、独立、自主、尊重及表扬的需要。至于自我实现的需要，哪怕是莫扎特式的人物也要等到三四岁时才会有。

（3）越是高级的需要，对维持纯粹的生存也就越不迫切，其满足也就越能更加长久地推迟，并且，这种需要也就越容易消失殆尽。高级需要不太善于组织、支配及求助于自主性反应和有机体的其他能力。比如，人们对于安全的需要比对于尊重的需要更迫切、更偏执。剥夺高级需要不会像剥夺低级需要那样引起疯狂的抵御和紧急的反应。与食物和安全相比，尊重是一种非必需的奢侈。

（4）生活在高级需要的水平上意味着更长的寿命、更大的生物效能、更少的疾病、更好的睡眠和胃口，等等。心理学家多次证实，害怕、焦虑、爱和优势的缺乏等，除了会造成不良的心理后果外，往往还会造成不良的生理后果。

（5）从主观上来讲，高级需要不像其他需要那样迫切。它们不太容易被察觉，也极容易被搞错，它们容易由于模仿、暗示或错误的信念和习惯而与其他需要相混淆。能够辨清自己的需要即知道自己真正想要什么，是一个重要的心理成就。对于高级需要来说更是如此。

（6）高级需要的满足能引起更合意的主观效果，即更深刻的幸福感、宁静感及内心生活的丰富感。安全需要的满足最多只是产生一种如释重负的感觉。无论如何，它们不能产生像爱的满足所带来的那种巅峰体验、极度幸福、心醉神迷，或宁静、理解、高尚等感受。

（7）追求和满足高级需要代表了一种普遍的健康趋势，一种脱离心理病态的趋势。本书第三章为此提供了证据。

（8）高级需要的满足需要具备更多的前提条件。遗传占优势的需要必须在高级需要的满足之前得到满足，仅此一点就足以说明这一问题。因此，与安全需要相比，友爱的需要在意识中的显露要更多地依赖于满足。从一般意义上来说，在高级需要的层次上，生活变得更复杂了。与寻求友爱相比，寻求尊重、地位的过程涉及的人更多，需要的时间更长，涉及的舞台更大，手段和分段的目标更多，从属步骤和预备步骤也更多。爱的需要与安全需要之间同样存在上述差异。

（9）高级需要的实现要求有更好的外部条件。要让人们彼此相爱，而不仅仅是免于相互残杀，需要有更好的外部环境条件（政治、经济、家庭、教育等）。

（10）那些两种需要都满足过的人通常认为高级需要比低级需要更具有价值。他们愿为高级需要的满足牺牲更多的东西，也更容易忍受低级需要满足的缺失。例如，他们很容易适应禁欲生活，很容易为了维护原则而承担危险，很容易为了自我实现而放弃钱财和名声。熟悉这两种需要的人普遍认为，自我尊重是比填饱肚子更高级、更有价值的体验。

（11）需要的层次越高，爱的趋同范围就越广，受爱的趋同作用影响的人数就越多，爱的趋同的平均程度也就越高。在原则上，我们可以把爱的趋同解释为：两个或更多人的需要融合为单一需要的优势层次。当然，这是程度问题。两个深爱彼此的人会不加区别地对待彼此的需要，因为对方的需要就是他自己的需要。

（12）高级需要的追求与满足是对公众和社会有益的。在一定程度上，需要越高级，就越少有自私心理。饥饿是以我为中心的，它唯一的满足方式就是让自己得到满足，但是，对爱及尊重的追求必然涉及他人且涉及他人的满足。已得到足够的基本满足继而寻求友爱和尊重（而不仅仅是寻找食物和安全）的人，倾向于发展诸如忠诚、友爱及公民意识等品质，并成为更好的丈夫、父母、教师、公仆，等等。

（13）高级需要的满足比低级需要的满足更接近于自我实现。假如我们接受自我实现的理论，那么这就是一个重要的区别。此外它还意味着，对于那些在高级需要层次上生活的人，我们可以期望发现他们有更多趋向于自我实现的品质。

（14）高级需要的追求与满足会塑造出更伟大、更坚强、更真实的个性。这可能显得与前面的陈述有些矛盾。前面的陈述指出，生活在高级需要层次意味着更多的爱的趋同，即更多的社会化。不管听上去是否符合逻辑，它的确是有根据的现实。实际上，生活在自我实现层次的人既是最爱人类的，又是个人特质发展得最充分的。这完全支持弗洛姆的论点，即自爱（不如说是自尊）与爱他人是协作性的，而不是对抗性的。弗洛姆关于个体性、自发性、自动化的见解是非常中肯的。

（15）需要的层次越高，心理治疗就越容易，就越有效。而在最低的需要层级上，心理治疗几乎没起到过任何作用。比如，心理治疗不能止住饥饿。

（16）低级需要比高级需要更实际、更局部化、也更有限度。饥和渴的躯体感与爱相比要明显得多，而爱则依次远比尊重更带有躯体性。另外，低级需要的满足远比高级需要的满足更切实有形、更易于观察。而且，低级需要之所以更有限度，是从它们只需较少满足物就可平息这种意义上来说的。我们吃的食物是有限的，但我们对友爱、尊重及认识的渴求却几乎是无限的。

二、需要层次存在的后果

上述观点可概括为两点：第一，高级需要和低级需要的性质不同；第二，高级需要与低级需要一样，必须归入基本的和给定的人性储备中（而不是不同或相反）。这一定会在心理学和哲学理论上引起许多革命后果。大多数文明同它们的教育、政治、宗教等理论一道，一直是建立在与这一信念正好对立的观点之上的。总的看来，它们假定人性原始的、动物的方面被严格限制在对食物和性之类的生理需要上。追求爱、真理、美的高级冲动被假定为在内在性质上不同于这些动物性需要。而且，这些兴趣被假定为相互排斥、对抗，为了优势地位而不断地发生冲突。人们是从站在高级需要一边反对低级需要这个角度来看待所有文化及其工具的。所以，文化必然是一种控制因素和阻挠因素，充其量是一种不幸的必需品。

能够认识到高级需要恰如对食物的需要一样是类本能的和动物性的，这必然会产生很多影响，我们不妨列举如下。

（1）也许，最重要的是明白认识和意动的两分法是错误的，是必须予以澄清的。对理解的需要、对知识的需要、对生活的需要、对哲学沉思的需要、对理论参照系统的需要、对价值系统的需要，这些本身都是意动的，是我们原始的动物本性的一部分（我们是非常特殊的动物）。

既然我们知道我们的需要并不完全是盲目的，知道它们可以被文化、现实及可能性所更改，那么我们可以进一步推出，认识在它们的发展中扮演了一个值得注意的角色。约翰·杜威主张，需要的真实的存在和界限是依照对现实、对满足的可能或不可能的认识而设定的。

（2）现在，我们必须重新对待一些古老的哲学难题。它们中有些甚至可以被看成是建立在对人类动机生活误解基础上的假难题。例如，包括自私和不自私这两个概念的尖锐区别之类的问题。例如，我们类本能的爱的冲动，使我们比起自己吃东西更能从看孩子吃东西中感到“自私的”愉快，那么，我们该怎样解释“自私”呢？我们该怎样把它与“不自私”区别开来呢？假如对真理的需要和对食物的需要同样具有动物性，那么，为真理冒生命危险的人会比为食物冒生命危险的人会更少一些“自私”吗？

假如从食物、性、真理、爱或尊重的满足中能同等地得到动物性快感、自私的愉快和个人的愉快，那么快感理论显然需要改正了。这意味着，在低级需要快感衰落的地方，高级需要的快感很可能继续坚持下去。古典浪漫主义的酒神与太阳神的对立必定能得到解决。至少就它的某些形式来说，它同样是建立在不合理的动物的低级需要与反动物的高级需要的分裂之上的。与此同时，我们必然要对理性与非理性的概念、理性与冲动之间的对比，以及作为本能生活对立物的理性生活的一般概念进行大幅度的修正。

（3）伦理哲学家可以从对人的动机生活的严密审查中学到很多东西。假如我们最高尚的冲动不是被看作勒马的缰绳，而是看作马本身，或者相反，假如我们的动物性需要被看作具有与我们最高的需要一样的性质，那么，它们之间明显的分歧又怎么能继续维持下去呢？我们怎能继续相信它们可以有不同的来源呢？

进一步说，假如我们清楚而彻底地认识到，这些高尚而美好的冲动，它们的存在和日益强大从根本上说是首先满足更迫切的动物性需要的结果，我们当然应该更少谈到自我控制、禁忌和纪律，而更多地谈到自发性、满足及自我选择。在责任的威严与享乐的愉悦之间，对立似乎比我们预料的要少得多。

（4）我们的文化概念以及关于人与文化之间的关系的概念必须沿着R. 本尼迪克特称之为“协同作用”的方向进行改变。文化应该是自我需要的满足者，而不是自我需要的禁锢者。此外，它不仅是为人类的需要而创造的，也是由人类的需要创造的。我们需要重新审视文化–个体的二分法，更少强调它们的对抗，而更多强调它们的合作。

（5）人性中最好的冲动显然是内在的、固有的，而不是偶然的、相对的，认识到这一点对价值理论来说有一定重大意义。比如，它意味着从逻辑中推断出价值，或试图从权威和启示中找到价值，都不再是必要的或值得的了。显然，我们要做的就是观察和探索。人性本身就含有这些问题的答案：我怎样做才是善的？我怎样做才能幸福？我怎样做才能富有成就？当这些价值被剥夺时我们会生病，当这些价值得到满足时我们会有所成长，机体通过以上事实告诉我们它需要什么（也就是它珍视什么）。

（6）对这些基本需要的研究表明，虽然它们的性质在一个显见的程度上是类本能的，但在很多方面它们却不像我们所熟悉那些低级动物的本能。所有区别中最重要的一个意外发现是，与本能是强大的、令人厌恶的和不可改变的这样一个古老的假定正好相反，我们的基本需要虽然是类本能的，但却是比较微弱的。从心理学角度看，能够意识到冲动，了解我们的确需要爱、尊重、知识、哲理、自我实现等，是一个难得的心理成就。不仅如此，基本需要层次越高，它们就越弱，越容易被改变和压制。最后，它们不是坏的，而是中性的或好的。我们用一个反论来概括就是，我们人类的本能是如此微弱，以至于它们需要提防文化、教育和学习等方面的干扰，总之，需要防止被环境压垮。

（7）我们必须彻底改变对心理治疗（以及教育、抚养孩子，一般意义上良好的性格塑造）的目标的理解。对很多人来讲，它们仍意味着要获得一整套对固有冲动的禁止和控制。纪律、控制、镇压就是这样一种管理制度的口号。但是，如果治疗意味着一种旨在打破控制和禁忌的力量，那么我们新的口号必须是自发性、释放、自然、自我接纳，对冲动的感知、满足、自我选择。如果我们的本能冲动被认为是值得赞美的而不是令人憎恶的，我们当然应该给它们自我表达的自由，而不是把它们禁锢起来。

（8）假如本能是较弱的，高级需要在性质上是类本能的；假如文化比本能冲动更有力；假如人的原始冲动最终被证明是好的；那么，我们或许可以通过对类本能倾向的培养、通过促进社会改革来对人性进行改进。的确，改善文化的意义就在于给人们内在的生物倾向以一个更好的实现自身的机会。

（9）由于发现高级需要层次上的生活有时可以相对地不受低级需要满足的支配（甚至不受高级需要满足匮乏的限制），我们就可能有一个办法来解决神学家们的古老难题。他们总是感到有必要调和肉体和精神、天使和魔鬼——人类机体上高级和低级的东西——却没有一个人能找到令人满意的方法。高级需要生活的机能自主似乎就是答案。高级需要要想相对独立于低级需要，其发展过程就必须牢固地建立在低级需要的基础上。

（10）除了达尔文的生存价值外，我们现在还可以提出“成长价值”。对个体来说，它不仅有利于生存，而且有利于个人的成长，它可以使人性更加完美，可以使人的潜力得到充分发挥，人们可以追求更多的幸福、更深的宁静及前所未有的巅峰体验，人们可以走向超越，获得对现实更丰富、更准确的认知。我们不再把纯粹的生存权作为谴责战争、贫穷、独裁、残忍、丑恶的唯一证据。在我们眼里，这些现象之所以丑恶，是因为它们降低了我们的生活、人格、意识及智慧的质量。

第六章　非动机的行为

在本章中，我们将进一步对努力（也就是应对、获取成就、尝试、有目的）与存在-成为（也就是存在、表现、成长、自我实现）之间科学实用性差别进行探讨。当然，这种差异性在东方文化与宗教，比如在道家中，是司空见惯的。在我们的文化中，某些哲学家、神学家、美学家、神秘体验研究者和越来越多的"人本主义心理学家"、存在主义心理学家等也秉持这样的观点。不过，据我所知，到目前为止，只有为数不多的几个心理学家对"存在"（或某些类似的东西）这一重要的、基本的范畴有过深入思考。他们分别是M. 韦特海默、K. 戈尔茨坦、H. A. 默里，以及G. 奥尔波特、W. 沃尔夫、G. 墨菲等人格研究者。

一般认为，犹太-基督教神学是西方文化的基础。尤其是美国文化，更是被清教徒与实用主义的精神所支配。这种精神主张工作、努力、奋斗、冷静、认真，尤其注重使命感[1]。同别的社会活动一样，科学，尤其是心理学，是很容易遭受社会文化环境的影响的。

美国心理学受美国文化的影响较大，它过分实用化、过于清教徒，目的性过重。这一点不仅体现在美国心理学的影响与公开声称的目的中，也体现在美国心理学研究视野的纰漏与取舍中。凡是涉及玩耍与喜悦、空闲与深思、闲逛与徘徊的活动，非目标、非用处、非目的的活动，对美的创造和体验的活动，非动机性活动，几乎不会存在于教科书的任何一个章节里。也就是说，美国心理学忙于从事生活中仅一半领域的研究，而忽略了生活的其他领域——可能是更重要的另一半领域。

从价值观层面看，这可能会被形容为不关注目的而只醉心于手段。实际上，这种哲学存在于整个美国心理学中（包括正统与修正的心理分析）。美国心理学惯常地忽略能动性和终极体验（这种体验是无为的），只对那些可以完成某些有用处的事情的应对、改变、有目的的活动加以关注。这种哲学在约翰·杜威的《评价的理论》中有着极其明确的展现，甚至到了炉火纯青的地步。在那里，目的的可能性被否定，目的只是其他手段的手段，而后者又变成了其他手段的手段……（虽然在他的其他著作中，他实质上接受了目

1　“任意的联想、多余的意象、让人痴迷的梦幻、毫无目标的搜寻在发展中起到的作用，无论在起源上，还是遵循节约的原则或是任何对实用性的直接期许，都无法被证明是正当的。在如我们这种机械的文化中，如此重要的活动或者被低估了，或者被冷漠无视了。……若我们可以把无意识的机械主义偏见清除，就必然意识到，对于人类发展来说，‘多余’和经济节约是一样基本的；比方说，在进化中，美所起到的巨大作用仅次于实用性，所以，我们不应当如达尔文那般，把美仅仅看成求爱与受精的实际手段。总之，我们可以把自然看作一名技术熟练的工人，他试图节约材料，保持收支平衡，将工作做得既有效率，成本又低。同时，我们也一样可以在神话学的层面把自然看作一位在隐喻和韵律中工作的诗人。对自然的机械主义的解释以及对它诗性的解释，都带有明显的主观性，从某种意义上来说，二者都是有用处的。”（曼福德，1951年）

的这一概念。）

当代心理学过于实用主义化，以致舍弃了原本对其关系重大的领域。我们都知道，因为心理学聚焦于实用效果、技术以及方法，在美、艺术、娱乐、玩耍、惊诧、敬重、快乐、爱、愉悦和别的“无用的”反应与终极体验方面鲜少关注；所以，对于艺术家、音乐家、诗人、小说家、人道主义者、鉴赏家、价值论者、神学研究者，抑或是那些追逐乐趣或终极目的的人来说，心理学的用处很小，乃至毫无用处。这相当于苛责心理学没有为现代人做出太多贡献，对现代人来说，一个自然主义或人本主义的目的或价值体系，才是他们所急需的。

行为的表达性部分（非工具性）和应对性部分（工具性、适应性、机能性、目的性）之间的差别，始终未能被当成价值心理学的依据而加以恰当地使用[1]。经由探求与付诸实用表达性和应对性之间的差异——同时这也是“无用行为”与“有用行为”之间的差异——我们能够助推心理学在这些契合需求的方向逐步扩大管辖权的范围。

本章的前一部分探讨的是表现与应对二者间的差异。后一部分则对若干表现性而不是应对性行为的例子进行了分析，我们可以把它们视为非动机性行为。

1 在这里，我们必须杜绝这种非此即彼的简单划分。大多数行为是表现性与应对性成分兼备的，比如走路便是风格和目的兼而有之的。不过，如奥尔波特和弗农做的那种在理论上将存在纯粹的表现性行为的可能性予以排除的做法，我们是不希望看到的，例如，不是走路而是闲逛；脸红；行为优雅；举止丑陋；吹口哨；儿童欢笑；私底下自娱自乐、不旨在交流的艺术活动；纯粹的自我实现；等等。

一、应对和表达

下面阐述的是应对性行为与表达性行为的差异要点。

（1）目的或非目的

从概念上来说，应对是有目的、有动机的，而表达是无目的、无动机的。

（2）尝试不去尝试的悖论

一般来说，应对要做出努力，表达则不需费力。介于二者之间的一个特殊的例子，自然是艺术表达，因为在这里，人们通过学习而变得具有表达力（倘若能够成功的话）。人们可以试着放松自我。

（3）外在和内在决定性因素

应对大概率取决于外界环境与文化变量，表达则是由机体本身的状态来决定的。可以得知，在表达与深层性格结构之间存在着非常紧密的关联。投射试验可以被更精准地称为“表达性”试验。

（4）习得或非习得

应对是后天学习的结果，表达却不是学习、释放、解除抑制的结果。

（5）控制的可能性

应对比较容易被控制，表达一般不会被控制，甚至难以被控制。

（6）对环境产生的影响

应对旨改变环境，且经常成功，表达则毫无目的，倘若它促使环境发生改变，也是无心之举。

（7）手段和目的

从特性上来说，应对是手段性行为，它的目的是满足需求或铲除威胁。表达则往往其本身就是目的。

（8）有意识和无意识

典型的情况下，行为中的应对因素是有意识的（虽然它可能会变得无意识），而表达是无意识的。

1. 目的性或者非目的性行为

在应对行为的决定性冲动之中，始终包含需求、目标、意愿、功能或目的。这些行为的出现是为了完成某件事情，比如到达某个目的地、采购食物、寄送信件、做书架或为了薪水而去工作。应对这个词本身就意味着要努力去解决，或者至少去应对一个问题。故而，它涉及同自身之外的某种事物的联系；它不是自足的。它与直接需求有联系，与基本需求有联系，与手段和目的有联系，与因挫折而导致的行为有联系，也与追逐目标的行为有联系。

虽然到目前为止，心理学家所探讨的表达行为的类型都是有起因的，但通常是没有动机的（也就是说，虽然表达性行为有很多决定因素，可满足需求不是其中之一）。表达性行为仅仅是表现、反映或是表明了机体的一种状态。确实，它往往就是那种状态的一个部分，比如智力低下者的愚钝、健康者的笑容以及轻松的步伐、和善者的仪容、美女的娇柔姿态，颓废者绝望的神情、松弛的肌肉，还有书法、行走、动作、跳舞、笑起来的风格等，这些都不是有目的的。它们没有目标，而只是一种从属现象，并非是为了满足需要而产生的。[1]它们只是一种从属现象。

2. 模棱两可的“试图无试图”

纵然上述都是事实，但有动机的自我表达，这样一个乍看之下好像前后矛盾的概念，提出了一个特殊问题。性格复杂的人，可以把自己表现得真诚、典雅、慈悲甚至天真质朴。对于这一情况的前因后果，研究过心理分析以及处在最高级动机水平的人最为了解。

诚然，这是他们唯一的、最基本的问题。自我接纳与自发性是最容易获得的成就（比如，在健康的孩子身上就是如此）同时，它们也是最难获取的

---

1 这样的说法不会受动机理论的任何一种具体措辞的影响。比如，它在纯粹的享乐主义上一样适用，我们可以换一种说法：应对性行为会对赞赏与批评、奖励与惩罚产生反应；而一般来说，表达性行为不会产生反应，只要它是表达性的，就不会产生任何反应。

成就（比如，身处自我质疑、自我改进之中的成年人，尤其是过去或现在仍然有些神经质的人）。确实，对于若干类型的神经症患者而言，这是不可能达到的目的。这类患者如演员一般，根本不存在通常意义上的自我，只有若干个可以选择的角色。

有动机、有目的的自发性这一概念中的（尖锐）矛盾，可以分别用一个例子来表示，也就是道家式的无为而治、顺其自然。起码对那些业余爱好者而言，自发地、顺畅地跟着音乐的节拍，应和着舞伴无意识的期许，才是最为恰当适合的舞蹈方式。优秀的舞者可以随性地翩翩起舞，化身为由音乐塑造和掌控的工具。他无需有愿望、批评、指点以及意图。从极其真实与实用的层面来说，他变得被动，甚至在疲惫不堪时也是如此。如此被动的自发性或发自内心的放弃，可以产生一种来自生活的巨大欢愉，宛如在岸边任由浪花轻拍自己；宛如任由他人细致温和地照顾自己，让自己感受着爱的慰籍；又或者如同母亲一般，任由孩子吸奶、嬉闹，在自己身上乱爬。

可惜的是，鲜有人能精彩地跳出这样的舞蹈。大多数人会屡屡尝试、遵从执导，自我控制、有目的地去跳，他们会全神贯注地聆听音乐的节奏，有意识地附和着节拍。在旁观者看来，他们自己也知道，他们永远不会将跳舞当成一种享受，当成对忘我境界与自发性的深刻体验，除非他们最后可以超越努力，进入自发的状态。

许多舞者无需训练也可以跳得非常好。但在这里，教育也会提供助力，不过必需是一种不同类型的教育，是对自发性与热切的纵情，以及对道家风格的自然、无意识、非批判性和被动的教育。因此，抛开禁锢、自我意识、文化适应以及尊严，是舞者的必修课。老子说："道常无为而无不为。侯王若能守之，万物将自化。"（老子：《道德经》，第三十七章）"为无为，事无事，味无味。"（老子：《道德经》，第六十三章）[1]

1　出处不详。原文是："When once you are free form all seeming, from all craving and lusting, then will you move of your own impulse, without so much as konwing that you move."——译者注

在对自我实现的本质进行检验时，一个更为棘手的问题出现了。我们完全有理由认为，动机处于这一发展水平的人的行为与创造，是有着极高的自发性和开放性的，具有不加修饰、自我暴露、表达性程度极高（我们可以把它称之为“自如状态”，就像阿斯锐纳一样）的特点。并且这些动机在质量上变化较大，同安全、爱、自尊等一般需求差异较大，以致我们在提及这些动机时，都不应当用“需求”这个词来称呼它们。在我看来，“超越性动机”是描述自我实现者动机的最佳词汇。

倘若将对爱的期盼称为一种需求，那么就不能把自我实现的内驱力也称为一种需求，因为自我实现的内驱力有诸多差异性特点。其中与我们当下所探讨的非常契合的一个主要差异是，可以将爱与尊重视为机体因缺乏而需要的外在特性，自我实现并没有这层意义上的匮乏或是缺陷。它并非机体为了自我健康而需要的外界的一些东西，比如树木需要水分。自我实现属于机体内原有存在物的一种内在增长，更精准地说，它是机体自身的增长。一如树木从周围环境中汲取养分、阳光和水分，人们也需要从社会中谋求安稳、爱与地位。可是，不管是树木还是人类，这仅仅是真正意义上发展（也就是个性发展）的开端。

树木需要阳光，人类需要爱，一旦这些最基本的要素获得了满足、这些普通的要素开始服务于自己的目的，那么每棵树、每个人都会开始循着自己独有的风格发展了。归根结底，发展不是从外部，而是从内部进行的。最高级的动机便是达到非动机，即单纯的表达性行为，这一说法看起来错误却很可能是成立的。换句话说，自我实现的动机并非缺乏性的动机，而是成长性的动机。它是“第二次天真”、极具智慧的单纯、“合意的状态”。

一个人可以通过满足层次更低的优先的动机来向自我实现靠近。这样，他便是有意识地、有目的地探寻自发性。所以，在人发展的最高水平上，和很多心理学上的二元对立一样，应对性和表达性的对立被解决了、超越了，努力变成了通往非努力的道路。[1]

3. 内在和外在的决定性因素

相比起应对性行为，表达性行为会更多地被比较外在的因素所支配。一般来说，它是一个对突发状况、问题或需求的机能反应，这些问题与需求的解决和满足来自于物质世界或文化世界。总之，如我们所见，它是以外界的满足物来弥补内在匮乏的一种尝试。

性格因素会更多地制约表达性行为，这恰好与应对性行为形成对比（下文详述）。我们有理由说，从本质上来看，应对性行为是性格和非精神世界的相互作用，它们凭借一起努力去相互适应，表达性实质上是性格结构本质的附带现象。因此，我们在前者中发现，物质世界与内在性格的规律共同产生作用；而在后者中，人们察觉到主要是心理学或是性格学方面的规律。一个很好的例子便是表现派与非表现派艺术的对比。

以下是一些推断：（1）可以确定的是，倘若某人希望对性格结构有所了解，那么可供研究的最佳行为是表达性行为而非应对性行为。目前，投射（表达性）测验已经证明了这一点。（2）对于心理学的概念以及心理学的最佳方法是什么这一长期争议，显而易见，适应性的、有目的的、有动机的应对性行为并非仅存的一种行为。（3）我们的这一划分方式，可能与心理学和别的科学的连续性或间断性这一问题有关。原则上，对自然界的探究应该有助于我们理解应对性行为。不过，对于表达性行为也许不会这样。后者好像属于更纯粹的心理学范畴，或许它有自己的准则和规律，因此最好直接研究，无需把自然科学当成纽带。

---

1 奥尔波特准确且强烈地指出，“存在”一如奋斗那样，也是努力性与活动性的。他的这种提法让我们对比“努力弥补缺憾”和“努力实现自我”，而非对比“努力”和“存在”。另外，一个司空见惯的印象也因这一项修正而消除了，那就是觉得“存在”、非动机性的反应以及没有目的性的活动，会比应对外在问题更简单、积极和充满努力。对自我实现的温和解释是误入歧途，关于这一点，一个鲜明的案例便是贝多芬那种挣扎着的自我发展。

4. 习得性行为和非习得性行为

理想的应对性行为是学习的结果，但理想的表达性行为却是天然的。感到绝望、气色好、蠢笨或愤怒是不需要学习的，但制作书架、骑车、穿衣一定需要学习。我们在对成就测验与对罗夏测验的反应的决定因素中，可以清晰地看到这种对比。此外，如果没有奖励，应对性行为就会呈现出消失的趋势，可表达性行为并非一定要依赖于奖励或强化才能继续延续下去。前者受制于满足，后者则不是这样。

5. 支配的可能性

内在与外在决定因素不同的决定作用，也会在对有意识或者无意识的支配（禁止、压抑、抑制）的不同敏感性中表现出来。我们很难通过驾驭、转变、隐匿、掌控或其他方式对自发的表现加以影响。其实，控制与表现在概念上就是对立的。这一情形也出现在上文所探讨的有动机的自我表现上。因为那恰好是学习如何不去控制的一系列努力的最终结果。

对于书法、跳舞、唱歌、说话、情感反应的风格的控制，只可以维持非常短暂的时间。我们不可能持续地、不间断地监视和校正某个人的反应。这样的支配迟早会因疲累、分心、注意力转移或是注意力不再集中而停止，更深层次、意识性更弱、更加机械与更性格化的决定性因素会取而代之。从完整的意义上来看，表达不是自愿的行为。表达和应对的差异还体现在前者无需费力，后者在原则上要做出努力（艺术家除外）。

在此要保持一丝警惕。在这个问题上，很容易犯这样一个错误：认为自发性与表达性总是有益的，而任何一种控制都是有害的、毫无可取之处的。其实并非如此。诚然，在大多数时间里，与自我控制相比，表达给人感觉更好、更有趣味、更实在、不需要任何努力，因此，在这个意义上，不管是对个人来说，还是在与别人的关系上，都是十分可取的，正如乔哈德所阐明的那样。可是，自我掌控（或抑制）有多重意义，有的意义本身就是健康、理想的，即使在与外界交往所必需的因素之外也是如此。

不是说支配一定意味着阻碍或放弃对基本需求的满足。“协调化的支配”同对需求的满足就完全不相矛盾，它能够通过种种手段来让人们感受到巨大而非较小的满足，比方说，借助恰当的延迟（例如在性生活中）、动作体态的优雅（例如在跳舞和游泳时）、审美情趣（例如在选择食物、饮料时）、特殊的风格（例如在商籁诗体中），通过仪式感、神圣感和庄严感，以及通过将事情做得非常完美而非仅仅做完这件事。

另外还有一点——必须一再重申，一个健康的人不可能只会表达，他必须在想表达时就可以表达，必须做到让自己不受约束。在他认为有必要时，他必须有抛开所有支配、抑制和防范的能力。同时，他也必须具备自我支配的能力，具备延迟享受、彬彬有礼、沉默不语的能力，以及驾驭自我冲动、避免对他人造成伤害的能力。他必须既能展现出酒神的狂欢，又能展现出日神的庄严；既能耐得住斯多葛式的禁欲，也能在伊壁鸠鲁式的享乐中沉醉；既能克制自己，又能放纵自己；既能暴露自我，又能隐匿自我；既能寻欢作乐，也能清心寡欲；既能思虑眼前，也能放眼未来。

从本质上来说，健康的人或能够自我实现的人都是多才多艺的，他所丧失的人类的智慧要远比普通人少。他们有着更完整的反应，且更趋于达到完备人性的极限。换句话说，他具备人类所有的聪明才智。

6. 对环境的作用

从特殊性上来看，应对性行为是作为一种改变世界的努力而呈现出来的，同时在这方面或多或少会取得一些成功。与之相对的是，一般而言，表达性行为不会对环境产生影响。就算它产生了这样的影响，也是无意的，而非有企图、主观意志的或是有目的的。

我们不妨以一个正在讲话的人为例。讲话自然是有其目的的。比方说，某个推销员正全力争取一个订单，所以才开始讲话；不过，倘若推销员在谈话过程中无意识地表现出了敌意、势利或傲慢的话，他很有可能因此失去这个订单。这样，他行为的表达性方面就有了环境的效果。注意，说话人是不希望产生这种效果的，他并非故意表现出傲慢、敌意，甚至他本人也没有察觉自己会给别人留下这样的印象。因此，表达性的环境效果，就算存在也是非动机性的、无目的的，属于从属的现象。

7. 手段与目的

应对性行为始终是工具性的，始终是一个达到动机目标的手段。相反，任何一种手段-目的性行为（除上文探讨的有意抛弃应对的例子外），必然是应对性行为。

从另一个角度来看，种种形式的表达性行为（如书法的风格）或许与手段和目的无关，或者其本身就类似于目的性行为（如唱歌、闲逛、绘画、即兴钢琴演奏，等等）。[1]

8. 意识性和非意识性行为

在最单纯的形式上来说，表达是无意识的，起码不是足够有意识的。一般来说，我们不会注意自己走路、站立、微笑或大笑的风格，也许电影、唱片、漫画或模仿可以使我们意识到它们，可这通常只是个特例，起码不那么典型有意识的表达性动作——比如对衣服、家具、发型的选择——被看成是特殊的、异常的或居中的例子。然而，应对可以是并且其特点就是充分有意识的。若它变成无意识的，就会被当成例外或一种异常的情况。

二、表达性行为

相对来说，表达必须被当作非动机、非目的的，与有动机及目标的应对有明显差别。相对非动机行为的案例有很多，现在就让我们就对其中的一些

---

1 在我们过分实用主义的文化中，终极体验甚至会被工具性态度压倒：爱情——“一般都会做”。运动——“对消化有帮助”“放松且有助于睡眠”。好天气——“对生意有利”。阅读——“我们要跟上时代”。感情——“你想让自己的孩子患上神经症吗？”仁慈——“行善……”科学——“国家防御”。艺术——“毋庸置疑，它改变了美国的广告业”。友善——“否则他们会偷钱”。

进行探讨。

可以看出，它们在心理学范畴属于被忽略的领域，迄今为止，我们依靠无动机一词现存的种种概念，列举了几大类必须被视为或多或少无动机的现象。除了这些，这类现象还有很多。现在，我们要对此进行简要的探讨。需要注意的是，这些现象属于被心理学忽略的领域：对于科学的研究者而言，它们说明了一个狭隘的生活观是怎样创造出一个狭隘的世界的。在木匠眼中，世界是由木头构成的。

1. 存在

当人们感到自由自在时，他们通常会做出以下表达性行为：发展、成长、成熟，并非要达成什么目的（如沿着社会等级往上爬），并非一般意义上的努力与尝试，以达到某种新的状态。[1]作为一个仅仅思考存在的出发点，等待这一概念非常有用。

太阳下的猫没什么可等待的，正如一棵树没什么可等待的。等待意味着消耗掉不适宜的时间，这些时间对于机体来说毫无意义，是视生活为手段这一态度过于绝对化后的副产物。它最可能是一种愚蠢的、无效的、浪费的反应，原因是（1）就算是从效率的角度上来看，急躁也是没有益处的，（2）甚至可以享用、品味、欣赏对手段的体验以及手段性行为本身，而无需任何额外的付出。旅游就是一个很好的例子：一段时间——或是被看作终极体验而享受它，或是被完全浪费。教育则是另外一个例子。一般意义上的人际关系也是如此。

这里，消耗掉时间这一定义还有另外一个版本。对于实用性指向、有目的、缩减需要的人来说，那段时间是被消耗掉了：没完成任何事、没达到任何一个目的。虽然完全可以这样利用时间，但我们还能提出一个同等合理的利用方法：认定那段时间是被消耗掉了，它不包括终极体验，也就是它最终没有得到享用。“在荒废中得到了享受的时间不是浪费掉的时间。”“不是

1　本书第十一章“自我实现的人”阐述了这种观察。

必需品的东西也许反而是基本的东西。”

我们能够在漫步、划独木船、打高尔夫球等运动中看出，我们的文化是很难顾及到终极体验的。我们赞赏这些行为，是因为它们可以让人们可以走进田野、贴近自然、沐浴阳光、观赏美景。事实上，为了取悦西方人的良知，这些原本是非动机性的活动与体验，转变成了有目的、能够实现以及事务性的活动形式。

2. 艺术

当艺术是在探寻交流、试图激发情感、表现与对他人产生影响时，艺术创造便是相对有动机的。当然，它也可以是相对无动机的，此时，它是表达性而非交流性的，是个人内部而非人和人之间的。表达可以有意料不到的人际效果这一点（也就是附带的收获），不在我们的探讨范围内。

不过，直击痛点的问题是，“存在一种对表达的需求吗？”如果存在，那么艺术表现以及宣泄与释放现象，就如同寻觅食物或爱情一样是有动机的。我在前面几章中曾经指出，在我看来，用不了多长时间，我们便会迫于证据而承认这样一种需要：在行动中表达机体内早已被唤起的任何冲动。不过，下面的事实会非常清晰地向我们展示出，这一点可以制造出反论：任何形式的需要或能力都是一种冲动，都会寻找表现。那么，是要将其看成一个独立的需求或冲动，还是要相反地，将其看成一切冲动的一个普遍特点？

在这一点上，我们无需在诸多选择中去此取彼，因为我们唯一的目的是证明它们都是不被在意的。不管最终哪种结果是最具成效的，人们都会被迫承认：（1）无动机范畴的存在，或（2）对于整个动机理论的巨大改造。

对于高级且复杂的人来说，审美体验的问题同样是至关重要的。很多人都有着非常丰富、极具价值的审美体验，这些人会对任何一种否定或忽视审美体验的心理学理论嗤之以鼻，而并不理会其中的科学依据。科学必须解释所有现实，而非仅限于现实中匮乏、苍白的那部分。审美反应出的无实用性与无目标性，我们对其动机一无所知的现状（如果在通常意义上它确实具备动机的话），这些事实只是向我们彰显了正统心理学有多么匮乏。

从认识的角度来看，甚至审美的感知和普通的认识相比，也可以被看作相对无动机的[1]。道家风范，即对某一现象的多面性的非功利性感知（特别是涉及到产生标的体验的效率而非实用性时），是审美感知的一个特点[2]。

3. 欣赏

机体被动接受与享受的不仅是审美体验，还有很多别的体验。我们不能说这种享受是有动机的，它仅仅是有动机活动的终极或目标，是需求的满足所产生的附加现象。

神秘、敬畏、愉悦、惊诧、赞美等体验也应归于这类被动的、丰富的主观审美体验范畴，这些体验向机体涌来，如同音乐的效果一般，让机体沉浸其中。它们属于终极体验，是最终的，而不是手段性的，不会改变外部世界。倘若我们可以恰当地诠释悠闲安逸，那么这一点同样适用于它。

在这里提到这两种极限快乐可能恰如其分：（1）机能快乐；（2）生活自身的快乐（生物性快乐，有滋味的体验）。我们尤其可以在刚刚熟练掌握

1　我们可以在本书第十七章“陈规化的认知和真正的认知”中看到，陈规化的感知就算是在最佳程度上也有其片面性，它不是对某一对象的所有属性的考察，一如我们只按照那些鲜少的、对我们而言有用处的、与我们的利益密切相关的、可以满足需要或会威胁需要的属性作为一个分类对象一样。

2　大脑可以让人们做出这样的选择：它可以让那些有用的记忆实现，而将无意义的记忆留存于意识的低层次中。感受也是这样的。为了在我们行动时提供助力，它将我们兴起浓厚的那部分现实当成一个整体孤立出来，它为我们表现出的主要是事物对我们的用处，而非事物自身。事先，它对事物进行分类，为它们贴上标签，我们基本不会去观察对象，对我们而言，只要明白它属于哪个范畴就可以了。但是会非常幸运、非常偶然地出现这样一群人，他们的感知或意识不那么黏着于生活。造物主好像忘了将他们的感知能力附加于他们的行动能力之上了。在他们对某一事物进行观察时，他们眼里呈现的是事物自身，而无关于个人利害。他们进行感觉的目的并不仅仅是为了行动，而是为了感知而感知，也不希望获得什么，只是为了从中得到乐趣。在他们本性的某个方面（无论是意识层面还是某一感知层面），他们天生就是超脱的：或者说在某一特殊感知方面是超脱的、在意识方面是超脱的。依照这一情况，他们不是画家就是雕塑家，又或是音乐家或诗人。故而，我们在种种不同艺术中看到的是一幅非常直观的现实图画。而这正是因为艺术家对于利用个人的感知并不热衷，所以才会比普通人感知的东西更多。

某种技能的孩子身上看到这一点：出于技能熟练所带来的单纯的乐趣，他们不断重复地把玩着刚刚完善的新技能。跳舞是一个很好的例子。至于基本生活的乐趣，每一个疾病缠身或是心有厌恶的人都能够证实这类终极的生物快乐的实际存在——健康地活着自动带来的、而非主动寻找的无动机的副产品。

4. 游戏

游戏既可以是应对性的，也可以是表达性的，或两者兼而有之（参见本书第三章的相关部分）。有关游戏疗法和游戏诊断的文献可以证明这一点。这个一般性的结论，或许会将以往提出的有关游戏的机能性、目的性、动机性的理论取而代之。既然没有什么能妨碍我们对动物使用“应对-表达”两分法，那么我们就有理由对动物游戏更具价值、更靠近实际的解释充满期待。为了拓展这一探索领域，我们应对游戏的无实用价值、无动机性给予认可，承认它是一种存在而非奋斗的现象，是目的而非手段。大笑、欢闹、娱乐、嬉闹、欢愉等可能都是如此。

5. 智力表现

智力表现——意识形态、哲学、神学、认识也是正统心理学工具长久以来难以应对的领域。在我看来，之所以会出现这样的情形，部分是因为自达尔文和杜威以来，思维始终是被自然而然地视为解决问题的载体，即机能性的和有动机的。在健康人的生活中，思维与感知同样，都是自发和被动的接受或生产，它们是机体的本性与存在的无动机、不费力、快乐的表现，即让事情自然而然地发生，而非人为地导致它们发生，这和花香或树上长着苹果是一样的道理。

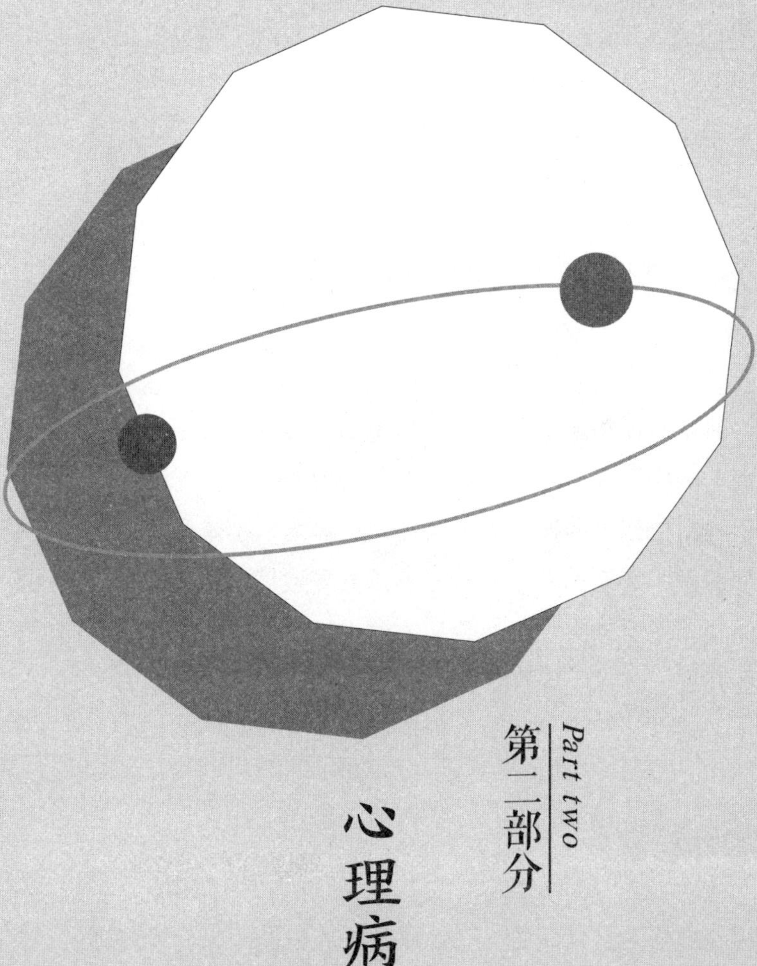

第二部分

Part two

心理病态与正常状态

第七章　心理病理的起源

前文已经阐述了动机概念的重点，这一概念包括对心理病理的掌握，以及挫折、冲突、威胁等概念的启示。

我们要探讨的挫折与冲突这两个概念，基本上是一切心理病理如何起源、持续的基础。一些挫折会导致病态的出现，另一些则不会这样。一些冲突也会致使病态的出现，而另一些也不会这样。要想解开这一谜团，我们需要基本需要理论的辅助。

一、剥夺与威胁

在讨论挫折时，常犯的一个错误是把人分割开来。换句话说，目前还存在只探讨一张遭受挫折的嘴、一个遭受挫折的胃或一种遭受挫折的需要的现象。我们务必谨记，受挫折的只能是一个完整的人，而非这个人的某个部分。

只要牢记这一点，就能看清剥夺与对人格的威胁之间的差别。挫折只不过是无法获得内心期盼的东西，某个愿望或某种满足遭到了阻碍。但这样定义无法区分两种差异性的剥夺：一种对机体而言还不重要（较容易被取代，很少造成严重后果），另一种是对人格，即该个体的生活目标、防御系统、自尊心、自我实现及基本需要的一种威胁。我们的论点是：只有威胁性的剥夺才具备一般归因于通常性挫折的许多后果（一般是让人不悦的后果）。

对于个体而言，某一目标物存在两种意义。首先，它是有内在意义的；其次，它存在一种间接的、象征性的价值。如此，一个被剥夺了渴望得到的冰激凌的孩子也许仅仅失去了一个冰激凌。而另一个被剥夺了冰激凌的孩子，失去的不仅仅是一次感官上的满足，他或许会感觉母亲的爱也一并被剥夺了，原因是她拒绝买冰激凌给他。对于第二个孩子而言，冰激凌不仅具备内在价值，还充当了心理价值的媒介物。对一个健康的人而言，仅被剥夺了作为冰激凌的冰激凌是不值一提的，这种情形都不能被称为“挫折”，“挫折”指的是具有更大威胁性的剥夺。只有在目标物象征着爱、名望、尊重或别的基本需求时，剥夺它之后才会产生一般称为挫折的不好的效果。

在某些种类的动物群体中，某一物体的双重意义是可以被非常明显地印证的。比如，已经得到证明的，当两只猴子处于一种支配—从属的关系时，一块食物便成了充饥物与支配地位的符号。如此一来，倘若身处从属地位的动物打算去拿食物，必然会马上受到处于支配地位的动物的攻击。可是，一旦它可以把食物的符号化的支配价值消除，那么它的支配者便会允许它食用该食物。要想实现这一点，它仅需要借助一个顺从的姿势，也就是在靠近食物的时候，摆出服务性的姿势。这似乎是在声明：“我只想得到这块可以充饥的食物，并不想挑战您的支配地位。我非常乐意服从您的安排。”

同样，对于朋友的批评，我们也可以采取两种不同的方式。一般人会觉得受到了攻击与威胁（这是有道理的，因为批评也是攻击的一种），他的反应是怒气冲冲、火冒三丈。可是，倘若他坚信这仅仅是批评，而非一种攻击或排斥的话，那么他不仅会接受批评，甚至会心存感激。要是他可以找到充分的证据来证明朋友对他的爱与尊重，那么批评就只是批评而已，不会同时裹挟着一种攻击或威胁的成分。

对这一区别的忽略，导致精神病学界发生了许多不必要的混乱。一个反复出现的问题是：挫折的许多后果，如挑衅和理想化等，都是性剥夺导致的吗？现在我们知道，独自生活是不会导致精神病理上的后果的。不过，在有些情况下，它确实可以导致许多恶果。那么，什么样的因素来决定将出现什么结果呢？对精神正常者的临床检验提供了一个确切的答案：性剥夺只有在象征着异性的拒绝、低贱、缺少价值、缺少尊重、孤单或其他对于基本需求的阻碍时，才会在一个很严重的意义上成为病因。对于那些不觉得它有这种象征意义的人来说，可以很自然、轻松地承受性剥夺。

一般来说，人们认为孩童时代难以避免的剥夺也具备挫折性。断奶、掌控大小便、学习走路——任何一个新的调整层次都是在孩子遭到了一定的强制下才实现的。因此，纯粹的剥夺与对人格的威胁二者之间的差异，再一次要求我们要谨小慎微。观察那些信赖父母的爱与关注的孩子，偶尔可以发现他们能够冷静从容地面对种种剥夺、纪律与惩罚，这是令人十分诧异的。假如一个孩子并不认为这些剥夺会威胁到他的需要、基本人格和主要生活目标，那么这些剥夺所产生的挫折效果会非常微弱。

从这个观点出发可以得到一个结论：相较于单纯的剥夺，威胁性挫折与其他威胁性情况之间的联系要更加紧密。挫折的典型后果通常是由其他类型的威胁性情况引起的——创伤、冲突、大脑皮质受损、重疾、现实的人身威胁、濒临死亡、屈辱或极大的痛苦。

这将我们引向了最终假设：挫折作为一个独立的概念或许不如将它剖析开的那两个概念用处大：（1）对非基本需要的剥夺，以及（2）对人格，即对基本需要或和这些需要相关的种种应对系统的威胁。剥夺的概念范畴要远远小于挫折的概念范畴，其带有更多的威胁成分。剥夺并非精神病病因，而威胁是。

二、冲突与威胁

我们可以像对待挫折那样，用威胁的概念剖析冲突这一概念。我们要思考几种冲突。

单纯的选择是最简单意义上的冲突。任何人的生活都充斥着不计其数的选择。这种选择与即将探讨的下一种选择的差异如下：第一种是在通往同一个目标的两条道路中做选择，这一目标对机体来说不那么重要。对这种选择情况的心理反应也从来不是病理性的。其实，在大多数情况下，主观上根本体会不到冲突的感觉。

另外一种选择的情况是这样的：目标本身非常重要，并且有两种抵达该目标的路径。目标本身不会受到威胁。当然，目标是否重要是由每个机体的情况决定的。也许对一个机体而言十分重要，但对另一个机体而言却不值一提。我们不妨举个例子，一位女士想去某个社交场合，试着决定到底穿这双鞋还是那双鞋、穿这件衣服还是那件衣服，于她而言，这个社交场合是非常重要的，她期望能给别人留下一个好印象。在做完决定之后，一般来说，显著的冲突感觉便会消失。可是，一旦目的十分重要时，在通往它的两个或多条路径之间的选择冲突就会突然变得异常激烈。一位女士，若是在两个有可能成为她的丈夫的人之间做选择，而非在两件衣服之间做选择时，这样的冲突无疑会变得相当激烈。我们由此可以想到罗森茨威格提出的需求的坚持性效应与自我的防御性效应之间的区别。

威胁性的冲突与前文阐述的两类冲突之间存在着根本性的差异。它仍是一个选择的情况，可却是在两个不同的目标之间做出选择，而这两个目标都是十分重要的。一般来说，做一个选择的反应不足以解决冲突，因为这样的决定意味着要放弃一些几乎和被选中者一样重要的东西。放弃一个必需的目标会让人感到一种威胁，就算已经做出了选择，还是会有威胁性的后果存在。归根结底，这种选择会导致一种对于基本需要的长期妨碍，是致病的。

我们最好把灾难性冲突称为没有抉择或没有选择的可能性的纯威胁。从它的结果来说，一切选择都是灾难性或是威胁性的，否则就只有一种可能，也就是一种灾难性的威胁。这种情形是广义上的冲突。若是举两个例子，就能轻易地看到这一点：一个例子是，某个人在几分钟内将被处决；另一个例子是，被迫做出明知对自己有惩治性的决定的动物，在做决定时，一切逃避、进攻、代替性行为的可能性都被杜绝——这恰恰是诸多动物神经症实验的情形。

就精神病理学的观点而言，我们得到的结论会与我们对挫折进行分析后得到的结论一样。通常来说，冲突的情形或反应有两种，分别是无威胁性的和有威胁性的。无威胁性的冲突不值一提，原因是它们一般来说并不致病；

有威胁性的冲突至关重要，它们通常是致病的[1]。同样，倘若我们把某种冲突的感觉当成病症的来源进行探讨，那么我们最好还是去探讨一下威胁或威胁性冲突，毕竟某些种类的冲突还不能引发症状。事实上，某些对于机体还有强化作用。

然后，我们可以着手再次对精神病病因这一综合领域的每个概念进行分类。我们可以先讨论剥夺，然后讨论选择。我们可以说二者都不是致病的，因此它们在精神病理学的研究者眼中都是无关紧要的概念。重要的那个概念既非冲突也非挫折，而是二者的基本致病特征，也就是对机体的基本需求与自我实现横加阻碍的威胁，或确实存在的阻碍。

三、威胁的个体化定义

通过一般动力学理论以及种种实验结果，我们可以得知，个别地界定威胁是很有必要的。换句话说，我们最后对某一情况或威胁加以界定时，注意力非但要落在整个种类都有的基本需求上，也要留心面临着个体独特问题的个别机体上。这样的话，挫折与冲突的定义总是由外部的情形来决定，而非来自机体对于这诸般外部情形的内在反应与感知。那么我们必须指出，心理创伤的情形与对创伤的感受截然不同；一次创伤性的情境可以具备心理威胁性，但并非一定如此。如果可以妥当处理，它确实可以达到教育和强化的功能。

我们如何得知一个特定情况被机体理解成了一种威胁呢？对人类而言，可以轻而易举地通过足以描述整体人格的方法进行判断，比如心理分析法。通过这些方法，我们可以得知某个人需要什么、缺少什么、遭受了来自何处

1　一般来说，威胁并不总是致病的，对威胁而言，有健康的应对方式，也有精神病或神经症的解决方法。另外，在某个特定的人身上，一种显著的威胁情形或许会、也或许不会造成在心理上造成受威胁的感觉。一次轰炸对生命本身的威胁，其程度也许远远比不上遭受嘲讽、受人冷落、被友人抛弃、自己的孩子患病或十里之外某个陌生人遭受的凌辱更具威胁性。人们或许可以因为威胁而变得更加坚强。

的威胁。比起一般大众或神经质的成年人，健康的成年人很少会遭到外界的威胁。我们必须谨记，即使这类成年人的健康来自幼时不曾遭受威胁或成功抵御了威胁，但经年累月，它对威胁的免疫力在逐渐增强。例如，威胁一个自信的人的男子汉气概是不可能的。对某个在人生中享受着足够多的来自他人的爱并感到自己值得他人去爱的人而言，丧失爱并不意味着遭到了巨大的威胁。想要理解这一点，必须再一次借助机能自主原则。

动力理论的最后一个观点是，威胁感自身就是一种对于其他反应的动力性刺激。倘若我们无法同时得知威胁感会引发什么、促使个体做出什么、机体又会怎样对威胁做出反应，那么也不可能对于每一个机体内的威胁做出完整的描述。当然，在神经症理论中，了解威胁感的实质与了解机体对这类感觉的反应同样重要。

四、作为威胁的精神创伤与疾病

需要指出的是，威胁这一概念中包括某些既不属于冲突，也不属于挫折的现象（在这些名词的一般意义上）。一些心理疾病会因某些类型的重疾而出现。某个频发心脏病的人，他的行为方式是一种遭到了威胁者的行为方式。对孩子而言，患病、去医院的经历不仅会对其施以剥夺，而且这种经历本身就带有直接的威胁性。

我们还可以把十分基础的和严重的精神创伤一并加入非冲突、非挫折威胁影响的清单中。曾经历过相当严重的意外事故的人，可能会得到“他/她并非自己命运的主人，而且死亡永远距离自己不远”的结论。某些人在面对这个难以抵抗的强大和威胁性的世界时，好像不再那么自信满满，甚至于对最简单基础的能力也丧失了信心。当然，一些没那么严重的精神创伤的威胁性也更小。我们需要补充一点：这种反应会非常频繁地在一类人身上出现——某种特定类型的性格结构导致他们遭受威胁的概率更大。

不管何种原因导致的濒临死亡，都会（也不一定）让我们置身于某个遭受威胁的境地，究其原因，我们也许会丧失我们最基本的自信。在我们难以掌控局面时，在我们无法忍受这个世界时，在我们无法完全主宰自己的命运时，在我们不能掌控这个世界或不能自我支配时，我们自然会谈到遭遇威胁的体会。偶尔，另外一些“我们无可奈何”的遭遇也会让人感觉自己受到了威胁，也许剧痛应属于此类。我们对此的确是无可奈何的。

一般来说，通常是属于某一不同类型的现象也被归到这一概念下。比方说，我们也许会谈到突然且强烈的刺激，没有准备的忽然下坠、失足、任何无法解释或不熟悉的事情、生活常规或节奏被打乱，这些对儿童来说都是具有威胁性的，而不仅仅是产生情感反应。

当然，威胁的最核心层面也是我们务必要提及的，即剥夺、妨碍，或危及基本需要（羞耻、排挤、独处、丧失威信、丧失力量）；凡此种种皆有着直接的威胁性。此外，对能力的误用或弃用，也会对自我实现构成直接威胁。最后，对十分成熟的人而言，指向超越性需要或存在的价值的危险也许是有威胁性的。

五、作为威胁的对自我实现的抑制

与戈尔茨坦的观点相一致的是，我们可以把对威胁的大部分个人体验理解成一种境遇，一种会对终极自我实现的发展产生压制或威胁的境遇。此种对未来以及现实的强调带有很多严重的后果。我们可以引入弗洛姆的革命性概念“人本良心”作为对偏离成长或自我实现之路的感知。这一概念极大地弥补了相对主义和弗洛伊德的“超我”概念的不足。

我们理应注意，将威胁等同于压制成长的这种做法会产生一种可能性，即一种目前是主观的、没有威胁性的境遇，在将来却是威胁性的或抑制成长的。或许孩子们现在希望得到满足，这种满足会使他们兴奋、安静和心怀感恩，可这种满足也是会压制成长的。父母纵容孩子，导致孩子肆无忌惮就是一个典型的例子。

六、病理症状的根源

把神经症的起源等同于最终有缺陷的发展，这种思想的一元化性质产生了一个问题。我们所说的是，全部或大部分病患都来自单一的来源；神经症的病源是一元的而非多元的。那么，疾患的不同症候群究竟源自何处呢？或许不仅致病原因与心理病理学是一元的，或许目前我们所探讨的医学模式中不同的疾病类型，实际上只是比较浅显的分类，就像霍妮声称的那样，是对一个更深层次的同一病患的不同的特殊反应。这一根本假设，也是针对安全感-非安全感的S-I测验的基础。而且到目前为止，它似乎是成功的，能够把普通心理疾患与大众区分开来，而非只是把歇斯底里、忧郁症或焦虑性神经症与大众区别开来。

因为在此唯一的目的便是要指出，关键问题与假设是通过这样的病理学理论产生的，因此现在不会对这些假设做进一步的探讨。只需对它的统一的、简化的可能性进行强调。

七、总结

归根结底，以下这些均在我们的感觉中被感受为威胁：对基本需要和超越性需要（包含自我实现）以及它们的前提条件的可能或现实的阻碍，对生命本身、机体整体完整性、机体整合性、机体对世界的基本把握所受到的威胁，以及对终极价值的威胁。

不管我们怎样定义威胁，有一个方面是我们无论何时也不能忽视的。一个终极的定义，不管它包含什么，必然是与机体的根本目标、价值或是需求息息相关的。这就是说，反过来，所有心理病理学理论都必须直接建立在动机理论上。

第八章　破坏性是本能的吗

从表面上来看，人类的基本需要，如动机、冲动、驱力都不是有罪的。人们渴望得到食物、安全、归属、爱以及社会认可、自我肯定和自我实现。其实，文中的大部分人都认为——即使具体观点会随着地域不同而变化——这些都是他们希望获得满足的、值得赞颂的愿望。即使采用非常严谨的科学态度，我们也要说，这种种愿望并非险恶的，而是中性的。这种情形适用于我们已知的大部分或整个人类能力（展开抽象活动的能力、应用符合语法的语言能力、创建哲学的能力等），适用于人在素质上的差异（主动性或被动性、生来体质的强弱、精力是否充沛等）。至于对卓绝、真、美、公正、朴素之美等种种超越性需要的渴望，在我们的文化中，在我们能够理解的大部分文化中，是绝不可能将它们在本质上说成是坏的、险恶的或有罪的。

因此，人性与人类种族的种种原始特性本身，难以解释我们在世界上、人类历史上以及我们自己的个人性格中司空见惯的大量邪恶。当然，我们有足够的事实将大量显而易见的邪恶归咎于身体上的疾病与人格上的缺陷，归咎于人的无知与愚钝、人的幼稚，以及糟糕的社会与社会组织机制。不过，我们却缺乏足够的事实来肯定到底有多少邪恶能够归咎于这些因素。我们知道，邪恶可以通过健康与治疗、知识与智慧、年龄与心理上的成熟、较好的政治与经济，以及其他完善的社会习俗与体制来逐渐减少。可究竟能减少多少呢？邪恶可以通过这些手段被减少到零吗？

我们有充足的知识拒绝这样一种看法：人的本性从本质上来说，在生物学的意义上是险恶的、有罪的、苛刻的、残酷的、暴虐的和凶残的。当然，我们不能说人的本性中丝毫不存在险恶行为的类本能倾向。显而易见，我们对于种种情形依旧一知半解，难以断言，我们手里所掌握的一些证据是和这样的看法自相矛盾的。可不管怎样，获得这样的知识是有可能的，借助于一种经过适当扩充的人本主义科学是可以解答这些问题的。

这一章尝试利用经验的方法对所谓的善恶领域中的一个关键问题进行探讨。虽然我们还不能肯定，但要注意的是，虽然我们对破坏性的认识还不能给出最终的结论性答案，但已经有了很大的进展。

一、动物

首先，在某些动物中，的确可以看到那种类似于原发性的进攻性。不是在任何一种动物身上，也不是在许多种动物身上，但这种进攻性确实存在于一些动物身上，它们似乎并非出于一种显而易见的外部因素而呈现出进攻性。

一只狐狸跑进鸡窝里会大开杀戒；牡鹿（雄鹿）及其他处于发情期的有蹄动物会主动挑衅打架，甚至有时会因此而舍弃正在追求的母鹿。不少动物，甚至某些高等动物，在进入老年期后，明显会受制于体质层面的因素而变得恶意满满，以往还算温顺的动物也会主动寻衅。在各种各样的动物中，它们不单单会为了得到食物而进行杀戮。

一个著名的、对老鼠所做的实验显示，野性、残酷性、攻击性是完全可能在老鼠身上培养起来的，如同人类能够在它们身上培养起解剖学特征一样。起码在老鼠这一物种上（或许也能在别的物种上），暴虐倾向或许是决定动物行为的一个至关重要的遗传因素。研究发现，野蛮暴虐的老鼠比温顺的老鼠肾上腺更大，这一发现也使上述现象变得更加可信。当然，遗传学家们在驯化别的物种时也能够朝着相反的方向，努力培养出它们温顺的性情，让它们不再暴虐。正是这样的案例与观察促使我们更进一步，接受每一种可能的解释中最简单的那个，即我们在这里所探讨的行为都来自特定的动机，而这一特定的行为与一个来自遗传的驱动力相对应。

然而，若是更为详细地剖析动物中其他诸多的原发性凶残的话，可以看出这些原发性凶残并非完全如它们呈现出来的那样。在动物身上，和在人类身上一样，攻击行为可以借由诸多方式、由多种情景激发出来。比如，有一个因素称为领地行为，我们可以以在地上筑巢的鸟为例，对这一因素进行解释。

一群鸟为自己选好繁殖之地后，一旦别的鸟进入这片领地就会遭到攻击。然而，它们只会对突然闯进来的不速之客发起攻击，不会不分青红皂白地攻击所有鸟。有一些种类会对所有动物发起攻击，就连它们的同类也不例外，只要这种动物没有它们族群特定的气味或标识。比如，吼猴[1]往往会构成一个闭塞的群体，其他任何想要加入该群体的吼猴，都会被厉声喝退，不留情面地驱赶出去。可一旦这只吼猴可以拖延一段时间，在群体里待上足够长的时间，就会最终成为集体中的一员，并会反过来对其他闯进该领地的侵入者进行攻击。

我们探究的对象越高级，就会意识到攻击行为更多地与支配现象有关。这些探索非常复杂，我们在此无法详细论述，但可以说，这样的统治地位，以及偶尔从它那里发展出来的攻击性，对动物而言的确有着功能的或求生的价值。处于支配性阶层中的动物，其进攻的成功与否决定了它们的地位；同

1 吼猴亚科以巨大吼声而著称，约有14种，可分为长毛吼猴、红吼猴和黑吼猴等三个类群。——译者注

样，其地位又反过来决定了它得到食物的多少、能否得到配偶，以及其他生物方面的满足。

其实，动物身上展示出的每一种残暴行为，只有在必须使统治地位合法化，或统治结构发生变化时才会出现。这一点在其他动物种类上是否适用，我并无多少把握。不过我推测，领土现象、攻击陌生生物的现象、心怀嫉妒庇护母兽的现象、进攻病弱者的现象，以及其他可以用本能的进攻与暴虐来解释的现象，通常都是由争夺统治地位引起的，而非为了攻击而攻击的特殊动机。这样的供给并不是目的性行为，而是手段性行为。

通过对类人猿的研究发现，进攻大多是派生性、反应性以及功能性的，很少是原发性的，是一种合理性的、能够予以理解的反应，是针对动机整体、社会力量整体以及直接的情境决定因素产生的。我们在黑猩猩这种所有动物中与人类关系最密切的动物身上，没有发现它的某一行为是为了进攻而进攻的，根本不存在这样的行为。尤其是在幼时，这些动物非常可爱，富有团队协作精神，同时也十分友好，以致我们在一些群体中几乎不曾看到任何形式的、不管是因为何种原因而采取的凶残的攻击性行为。大猩猩也有类似之处。

现在，我们可以说，这一从动物到人的争议是值得怀疑的。可是，倘若我们出于讨论的目的而接受这样的论据，倘若我们以与人类关系最近的动物为出发点逐步推测，就一定会做出以下论断：这些动物的行为与人类通常认为的恰好相反。假设说人类自身存在动物方面的遗传因素，那么大部分是从类人猿那里获得的，而类人猿与其说是具有攻击性的，不如说是富有团队协作精神的。

这种错误，是通常意义上的伪科学思维的一个例证，我们可以把这样的伪科学思维描述成有悖于逻辑的动物中心主义。一般来说，人们犯这种错误的步骤如下：起初，他们建起了一套理论或一种偏见，接着从所有物种的进化史中选出最能说明该论点的动物；第二，忽视每一种不适用于该理论的动物行为，比如一个人想证明本能的破坏力，就想方设法地选取狼作为自己的实验对象，而把兔子抛到九霄云外；最后，他们可能忘了一个事实，那就是倘若某个人去研究由低级到高级的整个等级，而非选择他所钟爱的某些动物种类，那么他是可以觉察到显著的发展趋向的。比如，动物越往高级发展，食欲就变得愈发重要，单纯的饥饿就愈发不重要。同时，动物的可变性愈发强烈，从受精到成年的过程也开始延长（一些例外也不排除在外）。更关键的是，反射、荷尔蒙与本能愈发变为不重要的决定性因素，而被智力、学习与社会的决定作用慢慢代替。

从动物处得到的证据可以总结如下：第一，由动物到人的讨论始终是一份精细入微的工作，进行探究时务必谨小慎微；第二，原发性以及从遗传处获取的有破坏性或暴虐进攻的趋向，确实可以在一些动物种类中看到，不过这类动物比大部分人相信的要少，一些动物种类中根本没有这种倾向；第三，倘若我们细致剖析动物表现出的一些特殊的攻击行为，会发现这种种行为更多的是对于刺激物产生的继发性与派生性的反应，而非为了进攻而进攻的本能反应；第四，动物发展得越高级，就和人类越相近，其单纯的原发性进攻本能也就越微弱，到了猿人阶段，有关这种本能的证据似乎完全找不到了；第五，假设人们对猿猴这种所有动物中最接近人类的动物进行细致入微的研究，那么，他们在这里根本找不到关于原发性的恶意进攻的证据。相反，我们会挖掘出大量关于友爱、团队协作精神甚至利他主义的证据。最后一个关键点来自我们这样一个倾向，即当我们在除了行为之外一无所知时，我们一般都会想象出一些动机。

眼下，对动物行为做研究的学者们大体上都同意，大部分食肉动物猎杀猎物只是为了获取食物，而不是为了施虐，就像我们获取牛排只是为了得到食物，不是为了满足虐杀的欲望。这一切最终表明，我们要质疑并拒绝此后每一种认为人类的动物性促使他为了攻击而攻击、为了破坏而破坏的进化观点。

二、儿童

对儿童的观察、实验研究或是关于他们的其他发现有时与一种投射方法相似，就像罗夏测验[1]的墨迹，成年人的敌对也可以被投射在上面。

人们总是对儿童生来的自私与破坏性大谈特谈，这方面的论文也远远多于他们在团队协作、友爱、同情等方面的论文，更关键的是，后者的数量稀少且经常被忽略。在心理学家与心理分析家眼中，孩子们往往是“小魔鬼”，生来就带着原罪，内心满是仇恨。毋庸置疑，这样天真的阐述是十分荒谬的。我承认，该领域还缺乏科学的材料，这一点确实令人遗憾。我的论点仅建立在对于儿童的几个少数且突出的研究（特别是墨菲对儿童同情心的研究）、我个人与儿童的相处经验，以及一些理论参考上。这些不那么充分的证据足以使人们对以下结论心生怀疑：儿童是一些极具破坏性、攻击性与敌意的小动物，人们必须用纪律和惩治来制约他们，才会使他们产生少量的善意。

通过实验及观察到的事实好像能够证明，正常的儿童其实就像人们所说的那样，通常都怀有敌意，具有破坏性且自私。可在别的时候，或许同样经常，他们一样是大方的、富于协作精神且无私的。决定这两类行为出现的相对频次的重要原则是，当儿童在意识到不安全时，当儿童在安全需求、爱的需求、归属需求以及自尊需求方面受到了根本性的妨碍与威胁时，他便会将自私、仇恨、进攻性与破坏性更多地展现出来。而在那些获得了父母的爱与尊重的儿童身上，只会有很少的破坏性。而且在我看来，目前存在的所有证据都显示出破坏性已经愈发减少了。这表明，儿童的敌意绝非本能性的，而是反应性、手段性、防御性的。

假设我们对一个一岁或年龄更大些的、健康的、获得了爱与关心的儿童进行观察，我们不可能看到险恶、原罪、施虐狂、在伤害他人中得到乐趣、破坏性、为了敌对而敌对或刻意施暴的情形。相反，细心长期的观察会获

1　十分著名的人格测验，也是少有的投射型人格测试。——译者注

得截然不同的结果。自我实现者身上的所有特质都能在这样的婴儿身上找到——除了知识、经验和智慧。人们之所以喜爱、需要儿童，原因之一便是儿童在他们生活的前一两年中绝不会表现出明显的险恶、仇恨或恶意。

至于破坏性，我很怀疑它是否能作为一种简单破坏性驱力直接的原始表达出现在儿童身上。这些看似明显的破坏性难以经受更为细致的探察，因而在动力学的分析中被否定。在一个拆掉钟表的儿童心中，他所做的仅仅是对钟表做一番检查，而非毁坏它。假如在这里我们一定要用原发性驱力对儿童的这一行为做出解释，那么选择好奇心远远比破坏性更加明智。

很多在母亲眼中属于破坏性的行为，展示出来的不仅仅是儿童的好奇心，更是一种活动、游戏，儿童是在运用他们逐渐成熟的能力与技巧，甚至是在进行创造，比方说，父亲用心打印出来的便条被儿童剪成了若干很漂亮的碎片，就属于这一范畴。人们往往认为儿童是为了在邪恶的破坏中得到乐趣才进行破坏的，我对此深表怀疑。可能在病理学病例中，比如在癫痫病、脑炎后遗症中会出现一些例外，可就算在这些病例中，也无法断言他们的破坏性是否有可能是反应性的、是对一种威胁的反应。

同胞敌对是一种异常的、让人百思不解的情况。一个两岁的儿童会对他出生不久的弟弟做出一些危险的攻击行为。有时他的敌意还会表现得非常天真与坦率。对此，有这样一个合理的解释，两岁的儿童难以想象他的母亲可以同时对两个孩子充满爱意。他并非单纯地为了伤害去伤害，而是为了持续地占有母爱。

此外，还存在一个特别的情况，即心理变态人格，具有这种人格的人采取的进攻行为往往看起来是没有动机驱使的，换句话说，他是为了攻击而攻击的。在此需要引用一个原则，该原则是鲁丝·本尼迪克特在对为何安全的社会也会参战做出解释时阐述的。她给出的解释是，安全、健康的人对于那些广义上是他们兄弟的人、能够和他们彼此认同的人不存在敌意，对于这些人也不会表现出敌意或攻击性。他们是友善、充满爱意且健康的，可一旦在他们眼里某些人压根算不上人的话，他们便会联合在一起把这些人消灭，就像他们将令人生厌的昆虫杀掉或宰杀动物一样。

我发觉，在理解心理变态者时，要假设这类人与其他人之间不存在爱的认同，所以才有可能不经意间伤害甚至杀掉他们，而他们在这样做时，没有仇恨或快乐，就像他们杀掉有害的动物一样。在孩子成熟到足以进入人际关系之前，产生的某些好像是非常残酷的儿童式的反应，也许也是由于缺乏这种认同。

最后，我认为，在此其中还涉及一些十分重要的语义层面的考虑。攻击性、敌意及破坏性的词汇只属于成年人的世界，这些词汇意味着的某些东西只是针对成年人而言的，对儿童并不适用，所以绝不能不加改造地直接使用。

比方说，一些儿童在他们人生之中第二年，是能够在同一个地方单独玩耍、互不干扰的。就算在他们之间有一些自私的或是进攻性的相互干扰出现了，也绝不等同于十岁儿童之间发生的人际关系；也许他们根本没有针对对方的意思。倘若某个儿童从另一个儿童那里强行抢夺一个玩具，这种行为与其说与成年人的自私进攻相似，倒不如说像是某个人拼尽全力想从一个盖得过紧的箱子里拽出某个东西。

一个正被哺乳的幼儿意识到母亲的乳头被拽走时，会大声哭喊；一个三岁的儿童会对惩罚他的母亲予以回击；一个五岁的小孩大声叫喊着“我真希望你去死”；一个两岁的儿童不断地挥舞着拳头去打自己刚刚出生的弟弟；在上述每一种情况中，我们都不能把孩子看作成年人，也不能像解释成年人的反应一样去解释他们的反应。

倘若把大部分的这类行为放在儿童参照系中，从动力学的观点去理解的话，也许都必须被视为反应性的行为加以接受。也就是说，这些行为都出于悲观、遭受拒绝、寂寞以及惧怕失去尊重与保护性心理，出于对基本需求的妨碍或造成这种妨碍的威胁，而不是因为他们天生便带有一种仇恨或伤害的冲动。这种借助反应解释行为的方式，是否能够解释一切破坏性行为，而不单单是大部分这样的行为，以我们目前所掌握的知识来看——或者说我们目前掌握的知识还十分匮乏——还不允许我们得出结论。

三、人类学

对各种资料进行的比较研究，可以借助民俗学得到扩充。我们可以脱口而出，哪怕只是匆匆瞥一眼民俗学资料，也可以为颇有兴趣的读者阐明，在现有的种种原始文化中，敌对、攻击或破坏行为的数量并不确定，从0%到100%不等。像阿拉伯西这种部落便非常温和、友善，不曾显露出丝毫攻击性，致使他们一定要采用一些比较偏激的手段才能找出一个愿意抛头露面的人来主持他们的仪式；但是在另一个极端上，如楚克奇人与多布人，他们心怀仇恨，人们甚至不知道他们为何自相残杀且最终灭绝。当然，这里阐述的均是从外部观察到的行为，也许我们还是对这些表象行为下的无意识冲动迷惑不已，这些冲动也许与我们能够看到的表面现象有所差别。

显然，人类甚至不需要具备美国社会中一般人所具备的攻击性，而世界上其他地方的一些人就更不必说了。根据人类学方面的凭证，我们有绝对的理由将人身上的破坏性、恶意及残忍行为，视为基本需要遭到挫折或威胁而导致的继发性的和反应性的后果。

四、临床经验

记载于心理治疗文献中的一般经验是，暴力、震怒、仇恨、破坏欲、复仇冲动等大量存在于所有人身上，就算不是显而易见的，也是掩藏在表面之下的。也许有人会宣称自己从未有过仇恨情绪，不过任何一个有经验的病理学家都不会对此严肃以对。他会当机立断地认为这个人仅仅是抑制或压抑了他的仇恨。他期待在所有人身上都能发现这样的仇恨情感。

然而，自由地讨论某个人的暴力冲动（而非实现这种冲动）可以起到一种净化作用，从而把这些冲动的频率降到最低，并将其中的神经症的、不现实的因素一一肃清，这也是心理治疗中惯有的经验。

成功的疗法（或成功的成长与成熟）与我们在自我实现的人身上见到的

情形大致相同：（1）他们不会像一般人一样经常体验到敌对、仇恨、暴力、恶意及破坏性攻击；（2）他们没有丧失他们的愤怒或攻击性，不过这种愤怒或攻击往往会转化为义愤、自我肯定、对被剥削利用的抵制以及对非正义的愤怒，也就是说，从不健康的攻击转变为了健康的攻击；（3）相对健康的人似乎对自己的愤怒和攻击性并不恐惧，所以一旦他们表现出自己的愤怒和攻击，就会表现得淋漓尽致。暴力不只有一个层面，而是有着对立的两极。暴力的反面可以是没那么剧烈的暴力，或是对暴力的抑制，或是竭尽所能不去做暴力的事情。我们可以这样说，暴力之中存在着健康和不健康的两极对立。

然而，我们的问题还是无法通过这些资料来解决。在弗洛伊德与他的那些忠诚的追随者看来，暴力源于本能，但在弗洛姆、霍妮以及别的新弗洛伊德主义者看来，暴力绝非出于本能。对这两种对立的观点做一些了解，是相当有必要的。

五、源于内分泌学、遗传学等的资料

每个试图将眼下已知的与暴力来源相关的所有资料汇集在一起的人，也务必要将内分泌学家们累积起来的资料一一深挖。相对而言，这种情况在低等动物那里是比较简单的。毋庸置疑，性激素、肾上腺、大脑垂体激素决定了攻击性、掌控性、被动性和野蛮性。然而，由于每个内分泌腺都共同地起着决定作用，所以这些材料中的一部分就变得十分复杂了，想要处理它必须依托于专门的知识。人类的这种材料更为复杂，可是，这些资料是绝不能忽视的，有证据表明，雄性激素与自我肯定、搏斗的意愿和能力有关。还有一些证据表明，不同的个体会分泌出不同比例的肾上腺和非肾上腺素，这些化学物质与个体搏斗而非与临阵脱逃的倾向有关。有关这个问题，交叉学科——心理内分泌学无疑会提供给我们更多的东西。

遗传性的资料，染色体、基因的资料明显与这一问题有关。近期有人发现，有着双重染色体（双重男性遗传基因）的男性很难控制自己的暴躁。该发现使单纯的环境主义变成不可能。在和平的社会中，在最完善的社会及经济境况下，某些人的暴躁也许只是因为自身的遗传构成。该发现会促使人们重新关注以下这个已然获得了诸多探讨却一直未能被解答的问题，即男性，尤其是青年时代的男性是否需要一些暴力？是否需要某些东西、某个人来与之搏斗、发生冲突？通过若干证据可知，也许情况的确如此，非但成年人是这样，就连婴儿和比较幼小的猴子也是这样。这一情形究竟在多大程度上是内在地或不是内在地被决定了的，唯有留给未来的研究者继续探索了。

六、若干理论上的考虑

正如我们所看到的，人们都有一个普遍性的看法，即破坏或伤害是一种继发性的、派生性的行为，而不是一种原发性动机。也就是说，事实上人们的敌对行为或破坏行为往往有一定的原因，是对另一种事态的反应，是某种产物而非初始的源泉。另一种观点则认为，破坏行为整体或部分地是某种破坏性本能直接的、最初的产物。

在这样的讨论中，本能与行为之间的区分是我们能够做出的最重要的区分。诸多力量合在一起决定了行为，内部动机仅仅是其中之一。一切与行为决定有关的理论起码包括以下三方面决定因素：（1）性格结构；（2）文化压力；（3）直接的情境或领域。也就是说，探究内部动机，仅仅是任何对行为的主要决定因素的研究所涉及的三个领域中的一部分。有了这样的考虑，我就能够再次阐述我的问题：第一，怎样决定破坏性行为？第二，某种遗传的、先定的和特殊的动机，是破坏性行为的唯一决定因素吗？这几个问题只有在先验的基础上才能得到回答。一切可能的动机的整体，都不能决定进攻与破坏的发生，更别提某种特殊的本能了。必须要考虑广泛意义上的文化，同时考虑发生于其间的直接的情境或领域。

我们还可以用另外一种方式来阐述这一问题。人的破坏性行为的来源众多，探讨其中某个单一的破坏驱力无疑是十分荒唐的。我们不妨列举几个案例来证明这一点。

当某人为了实现某一目的而清除路上的障碍时，可能会附带着发生破坏性行为。通常，当婴儿努力去拿远处的玩具时，并不会注意到脚下正踩着的玩具。

破坏行为能充当对于基本威胁的一个伴随反应而发生。因此，任何一种导致基本需要受到挫折的威胁，任何一种对防御或应付系统的威胁，都非常容易引起焦虑-敌对性反应，这表明敌对、攻击性或破坏性的行为在这类反应中经常发生。总而言之，这并非为了攻击而攻击，而是某种反击，某种防御性行为。

对机体的任何损害、对机体退化的任何察觉，都有可能在不安全的人心中造成与遭遇威胁相似的情绪，因此也有导致破坏性行为的可能，比如在诸多病人大脑遭到损坏的病例中，病人发疯一样地努力借助各种手段去支撑他已是摇摇欲坠的自尊需要。

我们通常会忽视一个引发破坏性行为的因素，就算没有忽视，也总是阐述得够不够精准。这一因素就是以独裁主义的态度面对生活，倘若某个人一定要生活在丛林中，丛林中的动物被划分为两群，其中一群动物可以把他吃掉，而他也可以吃掉另一群动物，那么在这里，明智且合情合理的事情唯有攻击了。那些在他人眼中是独裁者形象的人，必然常常无意识地将整个世界视为这样的一个丛林。由于坚信“最佳的防御便是毫无保留地进攻”这个原则，这些人很容易会不分青红皂白地大动干戈，可这整个反应看起来是没有任何意义的，直到人们意识到这些举动仅仅是为了预防他人的进攻时，整个反应的意义才会显示出来。除此之外，其他众所周知的防御性敌意的形式还有很多。

当前，施虐-受虐的动力学已然得到了十分透彻的剖析。人们通常认为，一个看起来非常简单的攻击行为背后，其实隐藏着相当复杂的动力因素。这些动力因素使那种诉诸某种单纯的敌对本能的做法看上去太过简单化了。这种情况同样适用于那种企图控制他人的强烈冲动。霍妮的分析清晰地说明，在这个领域内，求助于本能分析是没有必要的。第二次世界大战给我们的教训是，匪徒们的进攻与愤愤不平的正义之士的防御从心理上来看是截然不同的。

上述分析可以轻而易举地进行扩展。我列举这几个案例意在表明，一般来说破坏行为是一种现象，是一种源于许多因素的行为。倘若某个人试图秉持一种动力学观点，那他必须小心谨慎地对待以下事实，即尽管这些行为源于不同的因素，可表面上来看却有可能是一样的。动力心理学家并非一台机械的照相机或留声机，他既想知道发生了什么事情，又想知道这样的事情为什么会发生。

七、破坏性：本能还是习得？

我还可以提及历史学、社会学、管理学、语义学、种种病理学、政治学、神话学、心理药理学以及其他方面的资料。不过，我们无须更多的资料就能得到以下结论：本章开篇所提到的问题均属于经验性的问题，所以我们能够满怀信心地期待，这些问题经过进一步研究是完全能够解决的。当然，各个领域的资料也使得各个领域的学者有可能、有必要同心协力地共同进行这项研究。

不管怎样，上文一个随手拿来的资料已经向我们表明，要舍弃那种非此即彼的偏激观点，不能把破坏性完全归咎于本能、遗传与生物命运，也不能把它完全归咎于环境、社会力量与学习。遗传论与环境论之间的争端早就该结束了，可时至今日这一争议依然存在。显然，决定破坏性的因素是多元的，我们应将文化、学习与环境都纳入这些决定因素之中。

此外，以下这一点纵然不那么显著，可也是极有可能的：生物学方面的决定因素一样会发挥基础作用，虽然我们对它们究竟会发挥怎样的作用尚无把握。即使退一步我们也必须承认，暴力之所以难以避免，其中的一部分原因在于人的本质，纵然人的基本需要很容易遭到挫折，我们也必须承认这一事实。而且我们清楚，因为人类的构造方式，这种挫折很容易导致暴力、震怒与报复。

最后，我们没有必要在全能的本能与全能的文化之间进行选择。本章的论点已然跨越了这样的两分法，使其变得没那么必要了。遗传或别的生物方面的因素并非唯一起作用的因素，也不是一点作用都没有，这属于程度的问题，或多或少的问题。以人为例，大部分证据都证明，确实存在某些生物或遗传方面的决定因素，可是在大部分人身上，这样的决定因素表现得非常弱小，可以轻松地被后天的文化力所替代。它们非但是弱势的，而且是零零散散的，是一些残片、碎块，而非低级生物身上所显现出的那种完整的本能。

人没有本能，但看上去确实有本能的残存、类本能的需求、内在的能力与潜力。同时，临床与人格学经验都表明，种种柔弱的类本能有着很好的倾向，值得人们期待，是健康而非险恶的。人们把它们从几乎灭绝的境遇之中拯救出来，所付出的巨大努力是可能的、有价值的，而且这确实是一种健全的文化的一项主要功能。

第九章　作为良好人际关系的心理治疗

令人惊讶的是，到目前为止，实验心理学家还不曾转入心理治疗研究这一领域。作为成功的心理治疗的结果，当事人感知、思维和理解不再与过去相同，随之变化的还有他们的情感与动机。通过心理治疗这一最佳技术，可以揭示与人的表层人格形成对照的人的本质。当事人的人际关系与他们对社会的态度被改造了。他们的性格或人格，不管表面还是深层次都发生了变化。甚至有证据显示，他们的外貌发生了变化，身体变得更健康了。在一些病例中，他们的智商也得到了极大的提升。可是，就算在关于学习、感知、思维、动机、心理学与生理心理学一类的大多数书籍的索引中，居然也不包括“心理治疗”这一名词。

举一个例子，不管怎样，毋庸置疑的是，学习理论起码会从对婚姻、友情、自由交往、阻抗分析、职业成功这类心理治疗力量的学习效果的探讨中得到益处，这还不涉及悲剧、创伤、冲突与痛苦。

仅将心理治疗关系看成社会或人际关系中的一个具体个案（即当成社会心理学的一个分支）去研讨，会导致另一个还不曾获得解决的、一样重要的问题浮现出来。目前，我们至少可以举出三种患者与心理治疗师之间的互动关系：独裁型、民主型、放任型，每种互动关系都会在恰当的时候发挥出其独特的作用。但是准确来说，这三种关系是在儿童俱乐部催眠式的社会氛围中、在各种政治理论中、在母子关系中、在类人猿的一些社会组织中被发现的。

所有对于治疗目标和目的的彻底研究，都会暴露出目前人格理论发展的不充分性，对于科学中没有价值席位的基本正统科学信条产生疑问，暴露出医学中关于健康、疾病、治疗与治愈的观念的局限性，这说明我们的文化中还缺乏一个适用的价值体系。在证明心理治疗是一般心理学的一个重要门类时，还可以列举许多别的案例。

心理治疗主要有七种方式：（1）表达（动作的完成、释放、宣泄）；（2）满足基本需要（给予支持、担保、保护、爱、尊重）；（3）清除威胁（保护、良好的社会、政治、经济情况）；（4）改善洞察力、知识与理解；（5）建议或权威；（6）直攻病症，就像在不同的行为治疗中那样；（7）积极的自我实现、个性化或成长。在人格理论更为普通的意图层面，这也是人格沿着文化与精神病学允许的方向变化的可能的方式。

我们在此非常有兴趣去追踪在治疗记录与本书中已经阐明的动机理论之间的某些相互关系。我们将会发现，满足基本需要是所有治疗最终的正面目标，也是自我实现路上最重要的一步（可能是最为关键的一步）。

需要指出的是，这些基本需求中的大部分，唯有借助于他人才会得到满足，大多数治疗都必须在一种人际基础上进行。安全、归属、爱与尊重等一连串的基本需要只能从他人那里得到满足。满足基本需要成了最基本的治疗手段。

我的个人经验仅限于比较简单的治疗层面。那些在心理分析（深层次）疗法方面经验丰富的人，更有可能得出以下结论——关键的治疗在于顿悟而非需要的满足。因为重疾病患没有能力接受或同化基本需要的满足——在他们放弃对于自我和他人幼稚可笑的解释、可以依照真相感知和接受个人与人际间的现实之前。

我们不妨针对这个问题争论一番，点明顿悟疗法的目的是使良好的人际关系以及与之相伴的需要满足成为可能。我们都清楚，唯有在具体落实这些动机的变化时，顿悟才有效果。然而，我们不妨先接受简单的、迅速的需要满足疗法与深层次的、极其艰难的顿悟疗法之间的分歧，这样可以获得较大的启发性价值。就像我们即将看到的那样，在婚姻、友情、合作、教育等诸多非技术性情境中，需要的满足是有可能的。这等于向所有类型的业余治疗师打开了一条通往更为宽广的治疗技术的理论通路。现在，顿悟疗法的确需要技术，需要进行大量的训练才可以熟练掌握。对于非专业治疗与技术性治疗两分法造成的理论上的结果的持久追寻将显示出其多种多样的有用性。

提出这样一个观点也许有些冒险：即使较为深奥的顿悟治疗含有某些附加原则，可如果我们将研究压制或满足人的基本需要的结果作为我们的出发点，那么它们是能够被理解的。这与现有的、从一种或另外一种心理分析（或其他顿悟疗法）的研究中推理出对于短期治疗的解释相对立。由后一种方法的副作用是，在心理学理论中，将心理治疗与人格成长的研究画地为牢，使其或多或少自给自足，被特定的或原生的仅在该领域使用的法则所支配。

本章明确舍弃了这一推论，一开始就对心理治疗中没有特殊法则这一点深信不疑。我们一开始似乎的确存在这类法则，这一情形不但可以归因于大部分职业治疗师接受的并非心理学训练而是医学训练这一事实，还可以归因于，实验心理学家们忽视了影响他们对人的本质进行描述的因素。简单来说，我们既可以主张心理治疗最后一定要坚定地以健全的普通心理学理论为基础，也可以主张心理

学理论想要适应该任务，就一定要扩充自身。因此，我们首先接触比较简单的治疗现象，本章的后半部分才涉及顿悟问题。

一、心理治疗和需要满足

我们知道很多事实，若将它们汇集起来，会导致任何一种纯粹认知的心理治疗理论或纯粹的非人格心理治疗理论变得不可能，然而，它们却与需要满足理论、治疗和成长的人际方法十分契合。

1. 巫术治疗

只要是存在社会的地方，就一定会存在心理治疗。巫师、术士、巫婆、社区中的老年智慧女性、僧侣、宗教导师，还有在临近近代才在西方文明中出现的医生，在某种情况下，他们可以轻而易举地完成我们今天所说的心理治疗。确实如此，某些伟大的宗教领袖与组织对于总体性、戏剧性的心理病理治疗，以及极其微妙的性格与价值混乱的治愈十分认可。这些人为这些成就提供的解释天差地别，不纳入我们的讨论范围。但有一个事实是我们一定要接受的：尽管这些奇迹可以被付诸实践，可实践者对于完成它们的原因和方式一无所知。

2. 理论和结果的脱节

这一理论和实践的脱节至今仍然存在。不同的心理治疗流派各执一词，偶尔会产生十分激烈的分歧。可是，在做了长时间的临床工作后，一位心理学家会遇到这样一些病人，他们接受了这些迥异的思想流派的继承者们的治疗并被治愈。如此，这些病人就会变成一种或另一种理论的虔诚追随者。可是，每种思想流派失败的例子也俯拾即是。令人费解的是，我见过一些病人，他们是被医生或精神病学家所治愈的，据我了解，这些医生（更不必说学校教师、教堂牧师，以及护士、牙医和社会工作者等）不曾接受过任何心理治疗方面的训练。

确实，我们能够立足于经验和科学而对这些迥异的理论流派发难，同时按照相对有效性的等级对它们进行排列。此外，我们还能对未来可以收集到适合的统计材料充满期待，以证明一种理论比另一种产生的治愈或成长的百分比更高，虽然没有一种理论的训练会完全失败或成功。

我们一定要接受这样一个事实——在某种程度上，治疗结果的出现并不需要依赖于理论，也就是说，在根本不存在理论的情况下，它们一样可以出现。

3. 技术多样化产生的结果

我们都知道，就算在一个思想流派的范围之内，比如古典弗洛伊德心理分析学派，心理分析师之间也有着巨大的差异，这一点也是大多数心理分析师普遍认同的，既表现在一般意义上的能力层面，也表现在治疗的单纯效能层面。某些极具天分的心理分析师在教学和著述方面贡献巨大，他们的博学多识令人称赞，他们身为教师且授课备受欢迎，人们把他们看作极其专业的心理分析师，然而他们却很难治愈自己的病人。还有一部分人，他们不曾写过什么东西，也没有什么发现，但他们可以治愈他们的病人。在成为才华超群之人和治愈病人之间，明显存在着某种程度上的联系，当然，也有些例外亟待解释。

4. 心理治疗师的人格

历史上存在某些广为人知的案例，在这些案例中，某个思想流派的大师自己是十分优秀的治疗师，可当他将这种能力传授给自己的学生时，多半会失败。假设这只是一个理论问题、一个内容问题、一个知识问题，如果治疗师的人格不起丝毫作用，那么一旦学生和老师同等聪明、勤奋，最后学生就会和他们的老师一样优秀甚至超过他们的老师。

5. 无须“治疗”就可以好转

每种类型的治疗师都有一种司空见惯的经历：首次看到病人，和他谈一些表面的细节，比如步骤、治疗时间等，第二次相接触时让他报告或是说明一下进展如何。从公开的言行这个层面出发，这个结果肯定是难以置信的。偶尔无须治疗师去治疗，结果就出现了。在一个案例中，某个大学生期待获得对相关个人问题的点拨。在这一小时内，她口若悬河地说个不停，我基本上沉默无语，一个小时后，她感到已经心满意足地解决了这个问题，对我的点拨表示谢意后就离开了。

6. 生活体验的治疗效用

对于非常年轻且病情不那么严重的病例，主要生活体验会发挥出治疗的作用，并且是在完全意义上的治疗。良好的婚姻、工作舒心且有成就、培养良好的友情、有自己的孩子、面对突发情况排除万难——我曾偶然发现，这一切在缺少职业治疗师辅助的前提下竟产生了深刻的性格变化，将病症彻底消除了。其实，有理由这样认为，基本的治疗力量之中包含着良好的生活环境，同时专业的心理治疗仅有一个任务，那就是使个体可以利用利用这一环境。很多心理分析师注意到，他们的病人在他们分析的间歇和分析结束之后都会有所进展。

7. 不曾受过培训的治疗师们的成功治疗

或许，现在还存在着的特殊情况反倒是最富有挑战意味的，即那些不曾受过治疗师专业培训或者缺乏训练的人实施抑或引导了大部分病例。

二十世纪二三十年代，在做心理学研究的研究生中，大多数人受到的训练都很有限（目前稍有好转），甚至一度非常匮乏。这些学生绝对是因为出于热爱人类、希望理解、帮助人们才进入心理学界的，他们感觉自己被带入了一个特殊的、近乎盲目的氛围之中。在这样的氛围内，他们的大多数时间都消耗在了感觉现象、条件反射的烦琐枝节、无谓的音节和小白鼠走迷宫的游戏上。不过与之相伴，也出现了一些颇有用处但从哲学角度讲依然有限的实验方法和统计方法的朴素训练。

不过对于外行人来说，说到底心理学家还是心理学家，他们能够解决生活中的每一个重大问题，他们清楚离婚发生的原因、仇恨缘何滋长、为何人们会成为精神病人的专家，他们往往在回答提问上竭尽所能。对于那些不曾见过精神病学家，不曾听闻心理分析法的小镇居民而言，这一点特别真实。唯一一个能替代一位心理学家的是受人尊敬的姑妈、家庭医生或牧师。如此可以安慰一下那些不曾接受过训练的心理学家的不安的良心。他也可以在必要的训练方面多下功夫了。

我们要说明的是，这些探索性的努力往往有效，绝对会让年轻的心理学家们万分惊诧。对于失败，他有着充分的心理准备，失败在所难免，可又该怎么解释那些不曾期盼过的成功的结果呢?

类似这样的现象非专业人员要比专业治疗师见得多。一切都很清楚了，某些精神病学者还没有准备好去相信关于此类事情的报道。可是这可以轻易地核查并证实，毕竟在心理学家看来，这样的经验普遍存在于社会工作者、牧师、教师和医生中。

8. 总结

如何解释这些现象呢？我认为，唯有求助于有关动机的、人际关系的理论才能理解它们。显然，有必要强调一下无意识的行为和无意识的领悟，而非强调有意识的言行。在列举的所有病例中，患者是治疗师关注的焦点，他对患者充满关怀，试着帮助他，由此向他证明起码他在一个人的心中是有价值的。

因为在所有病例中，人们都习惯于把治疗师看作一个更具智慧、更年长、更强壮、更健康的人，他可以给病人带来安全感，当病人感到自己受到了庇护，也就不会那么脆弱、焦虑了。乐于倾听、减少（免于）排斥、鼓励坦诚，甚至当罪恶暴露后能够接受并认可，温和慈祥，让病人感觉身边有人可以依靠，所有这些再加上上面列举的因素，有助于在患者心中产生一种受人关爱、保护和尊重的无意识认识。正如已经指出的那样，这一切都是基本需要的满足。

显然，倘若我们使基本需要的满足充当更重要的角色，从而对众所周知的治疗的决定因素（建议、宣泄、顿悟以及目前的行为疗法等）有所补充的话，那么，比起单纯地通过这些已知过程进行解释，我们能解释得更多。某些治疗现象的出现以这些满足作为唯一的解释——这可能是比较轻的病例。另外一些比较重的病例，只借助于十分复杂的治疗技术便能获得足够的解释，倘若再加上自然而然地出于良好的人际关系的基本需要满足这一决定因素，那么它将会获得更为充分的理解。

二、良好的人际关系

对友情、婚姻等一系列人际关系的最终分析将表明：（1）基本需要只能在人际关系中获得满足，（2）准确地说，那些需要的满足物就是被我们称为基本的治疗医术的东西，即安全、爱、归属关系、价值感和自尊。

在分析人的关系的过程中，我们会不可避免地发现，我们面临着区分良好关系和不良关系的必要性和可能性。我们能够根据人际关系带来的基本需要满足的程度，富于成效地实现区分的目标。一种关系，比如友情、婚姻、亲子关系，一旦它对于归属、安全、自尊甚至自我实现需要的满足起到增进作用，便会按照非常有限的方式被划定为心理学意义上的良好关系。倘若这种关系难以对归属、安全、自尊甚至是自我实现需求的满足起到增进作用，就会被划定为不良关系。

这些是树林、山水或是爱犬难以满足的。我们唯有在别人那里才可以获得绝对让人满足的尊重、庇护和爱。也唯有在面对别人时，我们才可以彻底地奉献这一切。我们也意识到，这一切正好是好朋友、好情侣、好父母和好子女、好师生之间相互给予的。同时这一切也恰恰是我们在任何类型的良好人类关系中所追寻的满足。这些需要的满足是成就一个出色的人类必要的前提条件，反过来说，它也是一切心理治疗的最终目标（倘若不是短期目标的话）。

如此，我们的定义系统的全面性结论是：（1）从根本上看，心理治疗并非一种绝无仅有的关系，因为一切“良好”的人类关系之中都存在它的某些基本特质；（2）假设上述说法成立，那么从它作为一个好的或坏的人类人际关系角度来说，心理治疗的这一层面必须受到比它一般情况下能够承受的更剧烈的判断。这像一段良好关系的主要价值也许被忽略了，但这不会过多地削弱它们的价值，心理治疗关系中的同样的特质也可以是无意识的，而这也不会取消它们的影响。当然，这与以下毋庸置疑的情况并不矛盾：充分地察觉这些特质以及有意识地、自愿地运用它们，可以极大地提升它们的价值。

1. 友情：爱和被爱

视良好的友情（不管是夫妻之间、父母与子女之间，还是人与人之间）为我们良好人际关系的典范，只要对其稍加分析，就会意识到它们比起我们所说的东西可以提供更多满足。彼此之间的坦率、信任、诚信、友善都可视为在其表面价值以外，还有附带的表达性、宣泄性的释放价值（详见第六章）。

某种健全的友情，是容许暴露适当程度的服从、松懈、稚嫩和愚昧的，因为如果什么危险都没有，同时他人所爱与尊敬的并非我们的面具和角色，而是我们本身，那么我们就可以以原本的面目示人，觉得软弱时便是软弱，觉得迷茫时就渴望获得庇护，期望卸下成人义务时就变得天真烂漫。除了这些，即使是在弗洛伊德心理学的意义上，某种真正的良好关系也能促进顿悟，因为一位友人或配偶会非常慷慨地对我们考虑的问题给予剖析与阐释。

关于良好人际关系的教育价值，我们所谈论的远远不够。我们的欲望不仅是谋求安全、被人爱，我们还渴望不断地求知、满足好奇心、解开每一个谜团并发现所有的可能性。另外，对于这个我们有着深刻理解的世界，我们务必要认真看待促使世界具有意义的基本哲学。良好的友情或亲子关系应该在这个方面提供更多的东西，这些满足也必须在某种特定程度上，在良好的治疗关系中实现。

最后，我们可以针对这一显著事实再说几句。爱和被爱都会体验到极大的快乐[1]。在我们的文化中，公开的爱的冲动与性冲动、敌意冲动一样，是被明令禁止的。我们只被允许在寥寥无几的若干关系中公开表达情感，可能仅有三种——父母和子女之间、祖父母和孙子孙女之间、婚姻以及情人关系中——我们知道，就算在这些关系中，它们也会很容易变得让人窒息，且混进尴尬、罪恶、防范、角色扮演、对控制权的争夺，等等。

在治疗关系中容许甚至鼓励对爱和情感冲动的公开表达，其程度还远远不够。它们只有在这里（以及在各种“人格成长小组”中），才能被视为人们理所应当充满期待的东西，也只有在这里，它们才会被有意识地摒除不健康的杂质，获得净化，发挥出最佳效用。这样的事实说明，再一次评估弗洛伊德有关移情和反移情的观点是很有必要的。对疾病的研究催生了这些观点，但这些观点在涉及健康时就显得有些过于局限了。我们必须要拓展它们，将健全的和不健全的、理性的和非理性的一并包括进去。

2. 关系：心理治疗的前提条件

我们起码能够划分出三种不同性质的人类关系：支配-从属、平等互待、冷漠或放任。这些关系已经在不同的场合中（包括疗者-患者关系）得到了展示。

治疗师可以把自己视为患者主动的、决定性的、支配一切的上级，也可以作为一项共同任务的参与者，和患者紧密相连，又或者将自己变为一面立在患者眼前的从容不迫、没有情感的镜子，永不卷入其中，永不主动接近，永远保持距离。

倘若治疗师和患者间的关系是患者一定要得到治疗媒介——就像水是鱼儿在其中寻找所需之物的媒介一样——那么，就一定要从何种媒介最适合何种患者这个角度去考虑，而非直接从性质上入手。对于只选取一种媒介充当

1　在儿童心理学资料中，一种令人困惑的良苦用心让我深感触动：“孩子理应被爱”，“为了维系来自父母的爱，孩子会学乖”，等等。那么去理解他们一样奏效：“孩子一定要去爱”，“孩子会因为爱他们的父母而变得很乖”，等等。

最坚实的后盾，而对其他媒介加以排斥的做法，我们必须要坚决抵制。在出色的治疗师的治疗方法中，若不曾发现这三类媒介及其他尚未被发现的媒介，那实在是难以想象的。

根据上文的阐述可以得出如下结论：即使普通的患者能够很好地成长在一种温暖、友爱、民主的伙伴关系中，可对大多数患者来说，它并非最理想的氛围，所以我们绝不能把它变成一种规则。这一点对比较严重的、慢性的、稳定的神经症患者而言更加真实。

一些有更多权威主义的性格会视仁慈为弱点，绝不容忍对治疗师的蔑视随意滋长。对患者的最终获益而言，严格地控制、清晰地限制随意性是很有必要的。兰克派在探讨治疗关系的局限性时，尤其对这一点进行了强调。

还有一些人视情感为圈套和陷阱，他们会退缩，会离群索居，会对所有的东西都心怀焦虑。他们内心潜藏的罪恶感“要求”惩罚。贸然、自我破坏的东西需要正面的命令使其免受难以弥补的自我伤害。

不过，治疗师应尽可能地对他和其他患者之间产生的关系保持清醒的认识，这一法则没有任何例外。当然，由于治疗师个人性格使然，他会很自然地倾向于某种类型而非另一种类型，但出于对患者利益的考虑，他应当可以控制自己。

在所有病例中，不管是从整体来看还是从个别病人的角度来看，倘若这是一种十分糟糕的关系，那么会令人对心理治疗的其他任何资源能否产生效力充满怀疑。之所以如此，是因为这种关系很容易永远无法进入或迅速被破坏掉。即使患者和他（她）不喜欢、憎恶或让他深感不安的人相处，在这期间也很容易产生自我防御和挑战心理，患者试图将使心理治疗师感到不快作为根本目的。

归根结底，或许产生一种让人满意的人类关系本身不是目的，只是达成目的的手段，可依旧要把它视为心理治疗必要的前提条件，因为它往往是酝酿人类所需的终极心理治疗方案的绝佳媒介。

3. 治疗：人际关系的培训

该观点还存在另外一些颇具趣味的含义。假设心理治疗从最终本质上看是由这一内容组成的：为病人提供那些原本他应从良好的人类关系中获取的特质，那么这相当于是说，一个同他人不曾建立起足够良好的关系的人，被定义为是心理学上的病人。这和我们在前文定义病人是无法得到足够的爱、尊重等东西的人并不矛盾，毕竟他只能从他人那里获得这些。这样，这些定义好像成了同义的重复，可每个定义都有其不同的方向，让我们对治疗的不同侧面有所了解。

心理疾患的第二个定义导致的结果是，它为心理治疗关系提供了另一个解释。在大多数人看来，心理治疗关系是让人绝望的手段、最后的援军，只有病人才会进入这样的关系。人们（甚至包括治疗师）逐渐认为，心理治疗是一种宛若外科手术那般神秘的、变态的、让人讨厌的、一反常态的、不幸的必需品。

这确实不是人们在进入婚姻、友情或同伴关系等有益关系时所秉持的态度。可是起码在理论上说，心理治疗与友情相似，如同它与外科手术相似。由此，心理治疗也理应被视为是一种健康的、值得憧憬的关系，甚至在一定程度上或者某个方面，理应被视为一种理想的人与人之间的关系。从理论角度出发，人们需要对它心怀期待，迫切地想要进入它。这就是从前文的思考中理应获得的判断。

不过，实际上，我们清楚这绝非常态。当然，人们已经意识到了这一矛盾，然而，神经症患者执着于病患的需要，难以全面地解释它的存在。要想理解这一矛盾，必须从对心理治疗关系的根本性实质的误解（不单单是患者，也有许多治疗师的误解）入手。我们了解到，如同上文叙述的那样，而非按照常规的方式向即将进入心理治疗过程的患者解释时，患者更容易进入到治疗状态中。

治疗的人际关系定义的另外一个结果是，它使得将治疗的某个方面视作技巧训练变为可能。比方说，构建良好人际关系（这一点是慢性神经性患者在没有特殊帮助下难以做到的）的训练，我们可以试图去证明这是可能的、试图发现它有多么的令人享受且富于成果。这样，我们就可以期待借助一种训练转化，让患者可以和他人建立深厚的友谊。他们会和我们一样，在友情、孩子、配偶及同事中得到所有必要的心理治疗。

从这一点来看，我们还能通过另一种方式来定义心理治疗，那就是帮助患者做好准备，以独自建立一种良好的人际关系，在这样的关系中，相对健康的人可以获得他们所需的更多的心理治疗。

从上述观点可以得到另一个论断，患者和心理治疗师最好进行双向选择，深入点说，这种选择应建立在名誉、金钱、技巧训练、技能上，应建立在常规的人类好感上。这一点在逻辑上很容易被证明：起码它会缩短治疗所需的时间，让它对患者与治疗师而言更容易，更有实现理想治愈的可能，让整个体验对双方都有益。由这一结论带来的必然后果是，从理想上说，二者的背景、智力水平、经验、宗教、政治和价值观等应当比较接近。

目前更清楚了，即使心理治疗师的人格或性格结构不是至关重要的问题，也起码是一个需要引起重视的问题。治疗师一定要是这样的一个人：可以轻而易举地进入心理治疗的理想的良好的人际关系中；并且，他一定要可以和很多不同类型的人，甚至和任何人都做到这一点；他要热情且具备同情心，要能信心十足地给予他人尊重；从心理学意义的角度来说，他在本质上应当是一个平等对人的人，他之所以能以尊重的态度对待别人，只因为他们也是人，且每个人都有其独特性；总而言之，他在情感上是可以托付的，他具备健康的自尊。另外，他的生活应足够好，只有这样他才不会被自己的问题拖累。他的状况应该是婚姻美满、手头宽裕、广结善友、热爱生活，过得顺心如意。

最后，这一切都表明，我们可以揭示出一个被心理学家早早终结的课题，以待进行更深入地研究。该课题是：正式治疗结束后（甚至在治疗进行的过程中），治疗师与患者之间的社会接触。

4. 起到治疗作用的日常生活

我们已然扩充并概括性地阐述了有关心理治疗的终极目标，以及造成这些最终效果的特定药方，所以从逻辑上看，我们也已经承诺要拆掉那些将心理治疗和别的人类关系、生活事件隔离开的篱笆了。存在于个人生活中的、能够帮助他向技术心理治疗的终极目标前进的事件和关系，可以很恰当地被称为心理治疗，即便这一切是在治疗师的办公室之外发生的，并且并非因职业治疗师而获益。可以看出，心理治疗探讨的一个绝对正当的部分是研究完满的婚姻、友谊、父母、工作、教师等所带来的日常奇迹。从这种看法中能够直接产生某些原则。比方说，在患者可以稳定地接受治疗关系时，技术疗法应当比它目前所做的更多地倚靠引导患者进入这些关系。

的确，身为专业的工作者，我们不必为将庇护、爱和对他人的尊敬等重要的治疗工具交付给业余者而忧心忡忡。虽然这些工具十分强大，可它们并不危险。在我看来，一般情况下，我们对某个人的爱与尊重并不会对他造成伤害（除了偶然遇到的神经症患者，他自身的情况已然非常糟糕了）。这样的期待是合乎情理的：关心、爱和尊重等力量永远不会带来坏处，只会带来好处。

接受了这点，我们务必要再次明确，不仅每个人都是潜在的不自觉的治疗者，而且我们还要接受这个论断，即我们理应认可它、鼓励它、普及它。所有人都可以掌握业余心理治疗的基本要素。

大众心理治疗（类似于公共医疗和私人诊治之间的对比）的一个清晰的任务，就是传播这个事实，让每位教师、父母、最好所有人都有机会理解、运用它们。人们往往会向他们尊重、爱戴的人寻求忠告和援助。心理学家们、宗教家们没有理由不让这一历史现象程式化并付诸语言，弘扬到人尽皆知的程度。每个人都应清楚地意识到，每当他们没有理由地呵斥、伤害、摆布、排挤他人时，他们就成了心理疾患的制造者，即便他们是微不足道的。每个友善、有益、正派、心理学意义上的民主、慈爱及温和的人，都具有心理治疗的力量，即便他们也是微不足道的。[1]

1　在我看来，适当谨慎地叙述这类概括是很有必要的。不曾体验过慢性的、顽固的神经症的读者，会觉得这一点难以置信，即这类患者不可能进入前文阐述的领域范围。可是，所有经验丰富的治疗者都知道它的真实性。随着持续增长的对于非职业心理疗法的尊重，必须持续深入地了解职业心理治疗者的必要性。我们可以将这些职业心理治疗者定义为在治疗的生命过程失败的地方承上启下的人。

5. 自我治疗

这里所阐述的理论的含义是，自我治疗有着比人们通常意识到的更大的可行性和局限性。假设每个人都学会了理解自己有哪方面的缺失，清楚自己的基本欲望，对缺少这些基本欲望的满足的症状也基本了解，那么他是能够主动弥补这些缺失的。我们可以说，依据这个理论，大部分人在个人能力范围内，比起他们能够意识到的，更有可能自我治愈我们社会中普遍存在的轻微失调。爱、安全、归属关系、尊敬他人，差不多成了应对情境混乱，甚至一些轻度性格混乱的撒手锏。假设某个人清楚地知道他理应得到爱、尊重和自尊等，他就可以有意识地找到它。确实，有意识地寻找它们比试图无意识地补偿对它们的匮乏更好、更有效。

当这个希望被提供给很多人，在他们比起平时被给予更多自我治疗的可能性的同时，于他们而言，某些问题还是要向专业人员求助。首先，在较为严重的性格混乱或存在神经症方面，有必要对形成、诱发或维持这种混乱的动力力量有一个清晰的理解，从而保证对于病人的治疗不会仅仅有改善的效果。正是在这里，造成有意识顿悟所必需的所有工具都必须得到运用。这些工具是其他东西难以替代的，而且现在，可以应用它们的仅限于受过职业训练的心理治疗师。就永久治愈来说，假如认定某一病例已经到了非常严重的程度，那么来自外行、来自老年女巫的帮助会变得毫无用处。这就是自我疗法的局限性所在。[1]

6. 小组治疗

更加尊重团体治疗以及训练小组等，是我们的心理治疗方法的最终目

---

1 继这一观点后，出现了霍妮和法罗的关于自我分析方面那些让人兴趣浓厚的作品，他们所倡导的是：个人凭借着自己的努力，可以慢慢地达到职业分家所能达到的那种顿悟，可并非那一层次的顿悟。这一点没有得到大部分分析者的否定，但也被认为是无法实现的，因为这样一来就要求病人具备超乎寻常的努力、耐心及勇气。我相信，许多论及个人成长的作品提到的类似情况也是真实的。当然，也许它们会有所助益，可如果没有来自专业者或“导师”、宗教领袖、向导等的帮助，那么人们就不该期待它们可以产生极大的改变。

标。有一个事实是我们一再强调的，那就是心理治疗和人格完善属于一种人际关系。如前文所说，我们理应意识到，将两个人拓展成一个更大的组织也许更有好处，假设把普通疗法理解为两人理想社会的缩影，那么团体治疗就是十人理想社会的缩影。对团体治疗进行尝试的动机已经十分明确，既可以节约时间和金钱，又可以对更多的患者进行心理治疗。此外，目前我们已知的资料表明，团体治疗和训练小组可以完成个人心理治疗难以完成的事情。当患者发觉团队里的其他成员也患有这种疾病时，当患者发现自己的目标、冲突、满足与不满、潜在冲动和思想在社会中十分普遍的时候，他很容易舍弃单一感、孤独感和罪恶感。这就削弱了这些潜在的冲突和冲动所具有的精神疾患诱导性。

实践中还诞生了对治疗的另一个期待。在个体心理治疗之中，患者学会了与起码一个人——治疗者构建起良好的人际关系。我们期待他可以把这种能力嫁接到他的社会生活中。他总是能做到，可偶尔也做不到。在团体治疗中，他不仅能学会怎样和至少一个人构建起这种良好的关系，还能在治疗师的监督下，和其他一整组人一同实践这种能力。归根结底，即便目前的实验结果并不十分明显，但也的确让人备受鼓舞。

了解了这样的经验资料以及源自理论的推断后，我们应鼓励更多地进行小组心理治疗的研究，不只因为它是技术心理治疗很有前景的先导者，还因为它确实把很多一般心理学理论方面的知识传授给了我们，甚至有些与广义社会理论方面的知识相关。

训练小组、会心小组、敏感训练小组，还有诸多可以归于个人成长小组或有效教育研究班、学习班等的每一个小组都是如此。即使操作流程各不相同，但它们与每个心理治疗师一样有着十分远大的目标，即自我实现、完美人生、种属和最大限度发挥个人潜力，等等。

和每种心理治疗一样，在称职者手中，它们会创造出奇迹。不过，如果处理不当，它们也会毫无作用，甚至带来危害。因此要进行更多的研究。我们还没有解决这样一个问题：一个外行或非职业者，怎样才能找到一位极具能力的治疗者（或内科医生、牙医、宗教师、启蒙者、教师），而非选择一个能力一般的人。

三、良好社会

1. 良好社会的概念

同上述探讨过的良好人际关系的定义相互并行，我们不妨对什么是良好社会加以研讨。良好社会会向社会成员提供变成健全的、自我实现的人的最大可能性。反过来说，这表示良好社会会按照以下方式构建起制度上的契约安排的一个社会：它扶助、鼓舞、奖励、产生最大程度的良好人类关系和最小限度的不良人类关系。从前面的定义和说明推导出的一个必然结论是，良好社会和心理学上的健康社会意义相同，不良社会和心理学上的病态社会意义相同，反之，则分别表示基本需求的满足和基本需求满足的阻碍（即不充分的爱、情感、保护、尊重、信任、真实与过多的敌意、侮辱、恐惧、蔑视和操纵）。

需要强调的是，社会与制度的压力促进治疗的或致病的后果（使其更容易、更有利、更可能赋予其更多基本的以及次要的利益）。它们并非完全“决定其命运”，或使其绝对不可避免。我们已经对简单和复杂社会中的人格范畴有了一定了解，因此一方面会尊重人性的可塑性和弹性，另一方面也会尊重少有的个人中已成型的性格结构的顽固性，这使得他们有可能抵御甚至蔑视社会压力（见第十一章）。

人类学家似乎总能在严酷的社会中发现善良的人，在太平盛世中找到好战分子。我们不会像卢梭一样按照社会契约对整个人类的罪恶加以责难，我们不会奢望全人类仅仅依靠社会改良就能得到幸福、健康并充满智慧。

针对我们的社会而言，我们可以用几种不同的观点对它进行审视，而它对不同的意图也都是有用的。比方说，我们完全能为我们的社会或别的社会找到一个标杆，把它称为相当病态的、极端病态的。然而对我们而言最有用的是，测量并平衡病态促进力量与健康促进力量。随着掌控时而转向一种力量，时而又转向另外一种力量，我们的社会显然在不稳定中左右摇摆。我们没有理由不去测量和实验这些力量。

抛开这些普通的看法，转向个体心理学的问题，我们会率先遇到主观地解释文化这一事实。我们有理由说，对神经症患者来说，社会是病态的，因为他们在其中体会到了占据压倒性优势的危险、恐怖、攻击、自私、侮辱和冷漠。当然，也能理解为当他的邻居审视同一种文化和同一种人群时，也许会发现社会是健康的。结论是，每个病情较重的人都主观地在一个病态社会中存活着。把这一论述与前文对心理治疗关系的探讨结合起来会得到这样的论断：心理治疗可以被描述为一种构建小规模良好社会的企图。就算社会的大部分成员都觉得这个社会是病态的，这一描述依然适用。我们要小心一些，避免过于主观化。对于病态患者而言，病态的社会从客观意义层面来看也是不良的，因为它可以产生患有神经症的人。

2. 社会是如何对人性产生影响的?

从理论上说，从社会角度来看，心理治疗意味着与病态社会中的基本压力和趋向背道而驰。更概述性地说，不管一个社会多么健康或多么病态，治疗都意味着在个人层面上同社会中导致病态的力量进行搏斗。可以说，在最终的认知论意义上，心理治疗希望颠覆潮流，从内部进行瓦解，显示出革命性或彻底性。也就是说，每个心理治疗师都在小范围地同社会中的心理病理的遗传力量做斗争。假设这些心理治疗师的力量至关重要，那么事实上，他们也是在同他们所处的社会做斗争。

倘若心理治疗能得到推广，倘若心理治疗师每年可以治疗成千上万个病人，而非几个患者，那么那些与我们社会的性质相抗衡的微小力量，就会变得一目了然。社会也毫无疑问将发生变化。首先，变化会不时出现在关于热情、慷慨、友好等这类特质的人际关系中。当越来越多的人变得更大方、更慷慨、更善良、更合群时，我们就能放心，他们势必会产生法律的、政治的、经济的乃至社会的影响。训练小组、交友小组以及其他类型的“个人成长”小组和流派的快速拓展，或许会给社会带来不小的影响。

不管一个社会多么良好，它都无法根除病态，如果威胁并非来自他人，那么也早晚会来自自然、死亡、疾病甚至来自这样单纯的事实——在社会中群居，尽管对我们大有好处，可也使我们有必要修正满足我们欲望的形式。我们不敢忘却人性的弱点，罪恶纵然不是天生的，也会在无知、愚蠢、恐惧、误传、笨拙之中酝酿出来。

这是一套相当复杂的相互关系，并且非常容易被曲解，或者说它很容易诱导人们对它产生误解。若想防范这一点，可能不必浪费太多笔墨就能做到。我只需提醒读者阅读我在乌托邦社会的心理学讨论课时提供给学生的论文即可。它强调经验的、实际上能够得到的东西（而非难以企及的幻想的东西），而且它持续地深层次地阐述，不是一会儿讲这里，一会儿讲那里。这项任务被下面的问题结构化了：人性所允许的社会良好状态是什么样的？社会所允许的人性良好状态是什么样的？出于对我们已知的内在的人性局限性的思考，我们可以期待什么样的人性良好状态？从社会自身的性质固有的困难之处着眼，我们可以期望什么样的社会良好状态？

我的个人判断是，完善的人是不存在的，也是不可思议的，不过，人类有着比大部分人认为的更大的改造潜质。完善的社会在我看来是难以实现的奢望，尤其在我们思考这样明显的事实时：完美的婚姻、友情或长-幼关系也几乎是不可能的。假设在两人之间、家庭成员之间、人群之间都无法获得纯洁的爱恋，那么这对20亿人来说会有多大的难度？对30亿人呢？很明显，即使伴侣、群体和社会难以完善，可它们却是能够改进的、有好坏程度之分的。

另外，在改进伴侣、群体和社会以抵抗变幻莫测的可能性这一层面，我认为我们已经有了不少的了解。对一个人的改进，是一个若干年的心理治疗工作的问题，就算到那时，“改进”的主要方面也只是容许他从事终生改善自己的任务。暂时的自我实现在改变、顿悟或觉醒的伟大时刻确实发生过，可这太稀有了，不能完全指望它。

事实上，心理分析师早就学会了不只依靠顿悟，可现在却强调通过冗长的、缓慢的、痛苦的、重复的努力对顿悟加以利用。在东方，颇具天赋的导师与引导者往往会秉持相同的观点，即改善自身是一种终生的努力。眼下，训练小组、基础交友小组、个人成长小组、情感教育等指引者中那些思想开明、清醒的人渐渐认清了这一点，目前这类人正处于舍弃自我实现“大爆炸”理论的苦痛中。

自然，该范畴内的每一种系统描述都要持续深化，比如：（1）大众社会的健康程度与病态人数成反比——社会越健康，病态的人就越少，个体心理治疗也就愈发显得没有必要。（2）大众社会的健康程度越高，患者就越有可能在技术疗法不介入的前提下，借助良好的生活体验获得帮扶或得到治愈。（3）大众社会越健康，治疗者越容易治愈他的患者，因为对患者而言，简单的满足疗法更容易被接受。（4）大众社会越健康，顿悟疗法越有效，因为有很多支持性的生活体验、良好的友情等，此外战争、失业、贫穷及其他社会病理的诱发因素相对消失。

这些关于个人疾病、个体疗法和社会本质间相互关系的阐述，对于解答这个时常出现的悲观主义疑问是必不可少的：“首先，在产生病态健康的病态社会中，怎么可能出现健康或健康的改善呢？”这个二难推理之中透露出的悲观论调与自我实现者的出现、心理治疗的存在（心理治疗借助现实的存在证明了其可能性）是互相矛盾的。即使如此，即使只是将这一问题向经验的研究开放，提供一个关于它是怎样成为可能的理论，一样是很有帮助的。

四、专业的心理治疗

1. 技术

随着病情的逐渐加重，从需求满足中获益变得愈发困难。在这个连续体中存在这样一个点，在该点上，（1）患者对于基本需要的满足不抱希望，也不去追逐，相反逐渐放弃了它，给神经症需要的满足让位；（2）就算提供了它们，患者也难以利用它们。为患者提供友爱无济于事，因为他畏惧它、怀疑它、曲解它，最终会拒绝它。

在这一点上，专业技术（顿悟）疗法变得必要且独一无二。其他疗法毫无用处，建议不行，宣泄不行，症状治疗不行，基本满足也不行。所以，超越这一点，我们就相当于进入了一个新天地，那个地方被其自身法则所管辖，在这里，本章前面所探讨的所有原理如果不去修改或限定就会变得难以适用。

专业技术疗法和业余疗法之间的差异是巨大的，也是非常关键的。从弗洛伊德、阿德勒等人革命性的发现开始，20世纪的心理学发展正在把心理治疗从一种无意识的技巧向一种有意为之的应用科学转化。目前存在一些适用的心理治疗工具，可它们并非主动地对良好的个人适用，而是仅仅对那些智力过人并受过怎样使用这些新技巧的严格训练的人适用。它们是人为的技巧，而不是天然的或无意识的技巧。它们能在一定程度上不依赖心理治疗师的性格结构而被传授。

在此，我们只讨论这些技巧中最重要、最具革命性的——让患者产生顿悟，即使其无意识的欲望、冲动、禁锢、思想对他而言变成可以有意识利用的（基因分析、性格分析、阻抗分析、移情分析）。关键在于，该工具使具有良好人格的职业心理治疗师比仅仅具有良好人格但缺乏职业技术的心理治疗师具有更大的优势。

那么，怎样产生这一顿悟呢？到目前为止，假如产生顿悟的技巧没有过多地超越弗洛伊德阐述过的理论，那么自由联想、梦境解析和日常行为意义的诠释就是治疗师辅助患者进行有意识顿悟的主要途径。我们不妨再列举一些其他的方法作为案例，可它们不是很重要。致使某一形式的分离并利用这一分离的放松技巧，不一定比所谓的弗洛伊德技巧更重要，即便它们现在比后者更好地得到了运用。

在特定范围内，所有智力较好的人，只要他愿意接受精神病学和心理分析学院以及临床心理研究生院提供的适当训练课程，他就可以得到这些技巧。的确，一如我们所猜想的那样，在使用它们的功效方面存在个人差异。比起其他学者，实行顿悟疗法的学者会具备更好的直觉。具有良好人格的那类人比不具备良好人格的那类人更擅长使用顿悟疗法。

我们从弗洛伊德那里获得的另一个伟大发现是，他觉察到了心理治疗师自我理解的关键性。在心理分析家承认治疗师的这种顿悟的重要性时，秉持另一种观点的心理治疗师还不曾正式认可它。这是一个错误。从这里描述的理论中可以得出这样的结论：使得治疗师的人格变得更好的力量，也会将他变为一个更出色的治疗师。心理分析或治疗师其他深刻的疗法有助于实现这一点。如果它没有彻底治愈，也起码能让治疗者觉察到那些或许会对他们造成威胁的东西，觉察到他们内部冲突和挫折的主要场合。因此，在他和患者相处时，他便可以忽略自己的这股力量，并试着调整它们。因为时常可以觉察到它们，他便可以让它们对自己的理智唯命是从。

过去，治疗师的性格构成比他们秉持的任何理论观点都重要，这种重要性甚至远超过他所应用的意识技巧。不过，这一重要性势必会逐渐减弱，因为技术疗法变得越来越复杂了。

在优秀的心理治疗师的完整形象中，性格构成的重要性越来越弱，未来还会进一步减弱，而心理治疗师的训练、才智、技巧、理论变得越来越重要，有一天会变得至关重要。我们曾对智慧年长的女性的心理治疗技巧交口称赞，这是因为：首先，以前只有心理治疗师能获得这些技巧；其次，从过去到未来，它们在我们称之为非职业心理治疗的领域中永远是非常重要的。不过，靠抛硬币来决定是去找牧师还是心理分析师，已经不再是理智的决定了。优秀的心理治疗师会将直觉手段远远地抛在脑后。

我们可以期待，社会状况得以改善后，职业心理治疗师不再会被用来排除忧虑、提供支持，或实现其他需求满足的意图，因为我们会在非职业治疗师那里获得这一切。某个人会为了治疗那些简单的满足疗法或宣泄疗法无法治疗的疾病而寻求职业心理治疗师的帮助，而对于这些疾病，只有那些不曾被外行掌控的职业技巧才能处理。

矛盾的是，前面的论述中也有可能演绎出截然相反的结论。假设心理治疗更容易影响相对健康的人们，那么更多的技术疗法时间很有可能只留给最健康的人而非最不健康的人，一个显而易见的原因是，一年内改善十个人要远远好于仅改善一个人，特别是当少数人处于关键的非职业治疗的地位时

（比如教师、社会工作者、医生）。目前，一个十分普遍的现象是，心理治疗师开始向医生、社会工作者、心理学家、护士、牧师和教师开课。

2. 顿悟与需要满足

我认为，在离开顿悟疗法这个主题前，对顿悟和需要满足之间的二分法进行处理是非常有必要的，单纯的认知或理性主义的顿悟（冷静的、不带情感的认识）是一回事，机体的顿悟是另一回事。

弗洛伊德学派偶尔谈及彻悟时认可了这样一个事实：只认识病症，甚至再加上认识病源以及它们如今在心理秩序中的动力角色，往往是不具有疗效的。同时还应该有情感的体验、体验的真实再现、宣泄以及反作用。换句话说，彻悟不仅是一种认知体验，也是一种情感体验。

更加微妙的争议是：此类顿悟往往是意动的、需求满足的或受挫的体验，是真真切切地感到被人爱，被人抛弃、鄙视、排挤，或受到庇护。那么，心理分析师们谈到的情感，可以被视为对豁然开朗的意识的反应，比方说这样的意识：某人因为形象地回顾了20年前（而且到目前为止始终是被抑制和曲解）的一个体验，感觉到父亲还是爱着他的；或这样一种意识：借助于实际体验到的恰当情感，她突然意识到她对她的母亲充满憎恨，即使过去她始终认为自己是爱她的。

这种同时是认知的、情感的以及意动上的充分体验叫作机体顿悟。不过，我们不是主要致力于研究情感体验吗？我们理应持续地扩充这一体验，以更好地将意动的成分容纳其中。最终我们会发现，我们谈论的始终是机体或整体论的情感等。

对认知体验来说也是如此，它也会扩展到整个机体的非技能体验。最后我们会意识到，除了研究方法的角度不同外，机体顿悟、机体情感和机体意动之间没有什么差别，而且最初的二分法会被视为对这一主题进行处理时所使用的过分的原子论方法所导致的人为产物。

第十章 恢复正常和健康的方法

“正常”与“反常”这两个词具有太多含义，以致已经近乎无用。在心理学家与精神病学家眼中，如今更强烈的趋向是，用更具体的、从属于这方面的概念来代替过于泛化的词语。本章将着重研究这个问题。

人们始终尝试从统计、文化相对论或生物-医学的角度来定义正常状态。可是，就像交际场所或者礼拜日的用语那样，它们仅仅是一些形式上的解释，甚至算不上日常生活中的解释。正常这一词汇所具有的非正式含义就像专业含义一样确定。当大多数人询问“什么是正常的？”时，他们心中想的是其他东西。对多数人来说，包括非正式场所中的专家，这是一个价值问题，它等于是在询问“我们应当珍重什么？”“好和坏的定义是什么？”“我们会担忧什么？”以及“我们会对什么深感内疚或无愧于心？”在对这一章的标题进行解释时，我会从专业和非专业两方面的意义上入手。

在我的印象里，领域中的大多数专家也这么做，即使他们中的很多人对此矢口否认。在正式对话中，人们经常讨论正常的含义，但很少有人讨论正常在具体情况下究竟意味着什么。在我的治疗工作中，我始终立足于患者的角度，而不是从专业与技术的角度对正常与异常进行解释。曾经有一位母亲向我询问，她的孩子是否正常。我清楚她的心思，她想了解自己是否应该为孩子感到忧虑，是否应在支配孩子的行为上努力改进，还是任由孩子发展、不进行干扰。有人曾在演讲后向我询问有关性行为的正常和反常，我还是一如既往地理解他们的问题，我的回答通常是这样的暗示："要注意"或"别担心"。

在我看来，目前心理分析学家、心理治疗学家以及心理学家对该问题重燃兴趣的真正原因是，他们认为这是一个典型的、具有重大价值的问题。弗洛姆在谈论正常问题时，总是立足于良好、适意和价值层面。在该范围内，很多专家都是如此。无论是现在还是过去，这类工作始终十分确切地想建立起一种价值心理学，这样的价值心理学最终可能会作为大众的实践指导，或作为哲学教授与别的专家的理论参照系。

我们甚至可以走得更远。对这些心理学家中的大部分人来说，种种努力逐渐被认为是宗教曾全力以赴去做而不曾做到的事，也就是说，这为人们提供了一种理解人性的方式，这样的人性涉及他们自身、他人、普通社会、普通世界，为他们提供了什么时候感到罪恶、什么时候不感到罪恶的参照系。换句话说，我们正在将一门科学伦理学构筑起来。我非常愿意我在本章中的所有讨论，都被理解为是朝着这一方向所做的努力。

一、"正常"的标准概念

眼下，在我们对这一重要题目进行探讨之前，不妨先看看技术上描述并解释"正常"的种种尝试，即使这些尝试不那么成功。

1. 统计学上的平均

对人类行为的统计调查只告诉了我们什么是事实、什么是实际存在的，这样的调查完全缺乏评价。幸运的是，大部分人，包括科学家，都没有那么坚强，他们顺从地赞同了通常情况，赞同那些最一般且常见的事物，在我们的文化中尤其如此，这对大众而言十分强势。比方说，金赛博士对于性行为的调查就十分出色，他为我们提供的基础材料大有用处。不过，金赛博士难以避免与他人讨论什么是正常（指适意）。在我们的社会中，病态的性生活（立足于精神病学角度的病态）完全正常。可这绝不是使病态变得合乎需要或健康。我一定要学会，在我们意指正常时才使用正常这一词汇。

格赛尔的婴儿发展标准表是另外一个案例，它对科学家与医生很有用。然而，假如婴儿在走路或用杯子喝水的发展上低于平均水平，大部分母亲容易感到恐慌，仿佛这是一件坏事。显而易见，在我们找出平均标准后，一定要问："这样的标准是合乎需要的吗？"

2. 社会习俗

"正常"一词往往无意中被当成习俗、习惯或惯例等词的同义词，而且通常被当作赞成习俗的借口。我上大学时遇到过一次妇女吸烟的风波，我们的妇女主任说那是"不正常"的，并且明令禁止。当时，一样"不正常"的还有女大学生穿着宽松的裤子以及在公共场合牵手；当然，她想表达的是"这不符合传统"，而不是"这是反常的、不健康的、本质上病态的"。数年后，风俗转变，她也被解雇了，因为此时，她所固守的那套方式已经是"不正常"的了。

该用法的另外一个不同形式是利用神学的标准对习俗加以掩饰。圣书往往被视为行为制定的规范，不过科学家认为它和其他习俗没什么区别，对它鲜少关注。

3. 社会规范

最后，作为正常、适意、良好或健康的根源，文化相对来说也可以被看成是一种过时的东西。当然，人类学家曾在帮我们认清种族主义时给予我们巨大的帮助。作为一种文化，我们试图构建起从穿什么样的裤子到吃什么肉的乡土文化习俗，来作为物种范围内的文化行为准则。更为广泛的人种学知识已经驱散了许多此类见解。人们广泛意识到，种族主义是一种极其危险的存在。没有任何人能代表整个人类物种发言，除非他/她已经超越了自己的文化，或可以与自己的文化并肩而立，因而能够把人类视为一种物种，而非当成邻居来评判。

4. 被动的调整

适应性良好的人的概念是该错误的主要变体。心理学家们居然对这一看上去合乎情理的概念如此敌对，非专业的读者可能会感到迷惑。毕竟所有人都渴望自己的孩子有很强的适应性，能顺利融进团队，受到同龄人的欢迎、称赞和爱戴。我们的关键问题是："适应哪个团体？"可以适应纳粹、犯罪、违法、吸毒等团体吗？受谁的欢迎？受谁的称赞？在威尔斯的短篇小说《盲人峡谷》中，每个人都是盲人，视力完好的那个人反而无法适应。

适应指一个人对于自己的文化及外部环境的被动顺应。不过，若它是一种病态的文化呢？或再举一个例子，我们正逐渐地体会到：不应把青少年犯罪歧视为精神病学意义上的不必要、不良或不可取。有时，孩子身上的犯罪、违法、坏习性可能代表着被人利用、非正义、不公平在精神病学与生理学层面的合理反抗。

适应是一个被动的而非积极的过程，毫无个性却很快乐的人就是它的典型。疯子或囚犯甚至也可以适应得很好。

这种极端的环境论意味着人类无穷的可塑性、灵活性以及现实的不可变性。所以它就是现状，体现了宿命论的观点。同时，它也是不真实的。人类的可塑性不是无穷无尽的，而现状也一样可以被改变。

5. 疾病的缺失

将"正常"一词用来指没有损伤、疾病或机能失常，这一医学-临床习惯是使用正常这一词汇另一个截然不同的传统。假设一个内科医生在给病人做彻底的检查之后不曾发现丝毫身体上的毛病，他会说这个病人"情况正常”，即使这个病人依旧处于苦痛之中。该内科医生的意思是：“我运用我的技术无法发现你有什么毛病。”

受过心理学训练的医生与所谓的身心学家可以发现更多东西，他们不会频繁地使用正常一词。确实，在很多心理分析家看来，正常的人是不存在的，完全没有疾病的人是根本不存在的，没有人是完美无瑕的。这种说法很真实，可对我们的伦理学研究没什么帮助。

二、新的概念

我们已经学会对抗这些千奇百怪的概念，那么这些概念会被什么所取代呢？本章涉及的新概念尚处于构建与发展阶段。现在还不能说它已然很明确了，也不能说有不可辩驳的证据的支撑。相反，应当说它是一种发展迟缓的概念或理论，而且可能成为将来发展的真实方向。

有关正常这一概念的发展远景，我本人有着这样的预见或推断：关于普遍性、泛人类的心理健康的某种形式的理论，很快会得到快速发展，它将适用于全人类，而无关人们有着怎样的文化与时代背景。不管从经验还是从理论层面看，这样的情况正在发生。新的事实、新的资料促成了这种新的思想形式的发展。后文我们会提到这些新的事实与资料。

德鲁克曾提出过这样的论断：从基督教时代以来，西欧大概被四种相继出现的观点或概念所掌控。这些观点表述了追求个人快乐和福祉应当使用的方式。其中每个观点（或神话）都树立了一个理想的典范人物，只要效仿这个理想人物，就一定能实现个人的快乐和福祉。

中世纪时，人们视神职人员为理想的典范；文艺复兴时期，人们视有学识的人为理想的典范。随着资本主义与马克思主义的兴起，讲求实用的人成了理想人物的典范。更靠近现代的时期，特别是在法西斯主义国家，同样可以讨论样一个这样的神话——关于英雄人物的神话（尼采哲学意义上的英雄人物）。

目前看来，这些神话好像都破灭了，取而代之的是一个新概念，这个概念正逐渐发酵于最先进的思想家与本主题研究者的思想中，我们完全有理由期盼它在此后的一二十年内成熟壮大起来。这个概念就是心理健康或拥有真正灵魂的人，实际上就是“自然”的人。我们的时代曾深受德鲁克提到的那些概念的影响，我希望未来的时代能同样深受这个概念的影响。

目前，我们不妨大致阐述一下，心理健康的人这一新发展起来的概念的本质，起初可能稍微有点教条。第一，最关键的是有这样一个强力的信念：人类有自己的基本天性，即某种心理结构的框架，可以参考人体结构对其进行研究和探讨，人类有由遗传决定的需要、能力和趋向性，其中一些超过了文化的范畴，显现出了整个人类的特质，另一些则被具体的个人所独有。一般来说，这些需要不是罪恶的，而是好的或中性的。

第二，我们的新概念涉及这样一个概念：全面的健康状况以及正常且有益的发展旨在实现人类的这种基本天性，旨在将这些潜力充分地发挥出来，旨在沿着这一隐藏且朦胧的基本天性控制的轨道发展成熟。这是内在的发展，而非外界塑造的过程。

第三，一般的心理病理学现象是人类的基本天性被否定、扭曲或受挫的结果。[1]

按照这个观点，不管哪种事物，只要对实现人的内在天性有所助力，就是好的；只要对基本人类天性起到阻挠、阻拦或否定作用，就是坏的或变态

1　乍看之下，这一概念使我们想到许多亚里士多德与斯宾诺莎主义者过去的理想。我们要承认，这一概念同以往的哲学有许多相似之处。不过，我们也必须指出，对于真实的人性，我们比亚里士多德和斯宾诺莎了解得更多。

归根结底，对亚里士多德假设良好的生活依托于真实的人性生活，我们表示赞同，可一定要补充说明的是，他对真正的人性还不够了解。在描绘人性这一基本天性或固有结构时，亚里士多德能做的，就是对自己的周围进行观察，观察人、观察人们的表现。然而，若是像亚里士多德那样只从表面观察人，那么他最终只能得到静态的人性的概念。亚里士多德能做到的唯一一件事，就是组成一幅属于他自己的文化与特定时期中的良好的人的图景。人们还记得，亚里士多德在其有关良好生活的概念中，彻底接受了奴隶制的事实，提出了绝对错误的假设，即只因一个人是奴隶，奴隶就成了他的基本天性，做一个奴隶对他来说就是良好的生活。这也暴露出在尝试构建什么是良好人、正常人或健康人的观念时，单纯凭借表面观察这一方法所具有的弱点。

的；只要对自我实现有干涉、阻挠或改变作用，就是心理病态的。那么，什么是心理治疗？或者说，什么是治疗，什么是成长？不管使用何种方法，只要能对回到自我实现的轨道上有所帮助，对人沿着他内在实质所指引的轨道发展有所帮助，便具备治疗的作用。

三、我们能成为什么

假设让我用一句话描述“正常”的传统概念与正在出现的概念之间的对比，我会这样表述：现在我们不仅可以看到人是什么，还可以了解他会成为什么。换句话说，我们既能看到表象、现状，也能看到潜力。

现在，我们对人群之中隐藏了什么更加了解，这些隐藏的东西被抑制、忽略和漠视着。现在我们能够根据一个人的可能性、潜力及能够到达的最高发展来推断他的基本天性，而不是只依靠对他外在情况的观察。

我们比亚里士多德更优秀的另外一点是，我们已经从动力心理学家那里懂得，要想达到自我实现的目的，仅凭智慧或理性是难以实现的。人们都说，亚里士多德把人的能力排列了等级，首位便是理性，并且难以避免地会出现一个概念：理性和人类情感本能的天性是相互矛盾的，它们彼此冲突、水火不容。然而，通过对心理病理学与心理治疗的研究，我们知道，一定要极力改变我们对心理学意义上的个体的看法，以便平等地尊重理性、情感以及我们本性中意动或愿望、驱动的一面。同时，对于健康人的经验的研究表明，这些方面之间根本不存在任何冲突，人性的许多侧面之间不是相互对抗的，而是相互合作的。

健康的人绝对是一个整体，或者说是一体的。只有神经症患者才与自身不一致，他的理性也会和他的情感相互冲突。这一分裂的后果是，不仅感性生活与意动生活始终被曲解，而且我们从过去继承而来的、关于理性的概念也一并被曲解了。就像弗洛姆所说的那样：“在理性成为看守自己的囚犯——人性——的警卫后，它自己也成了囚犯，人性的两个方面——理性与感性——全都变得支离破碎。”

我们必须赞成弗洛姆的观点，在他看来，自我实现的发生不仅依靠思想活动，而且依靠人的整个人格的实现，这一完整人格既包括这个人的智慧能力的积极表达，也包括他的情感与类本能的能力的积极表达。

我们要知道，人在我们目前称为好的条件下能成为什么状态，并且知道，只有当一个人实现了自我、成为他自己时，他才是愉悦的、宁静的、自我认可的、坦荡的、身心合一的，他才有可能且有理由谈论好坏、对错、利弊。

倘若技术哲学家对此持有相反的观点，说：“你如何证明幸福比不幸好？”那么这一问题只靠经验就能解答。假设我们在复杂的条件下观察人，会发现他们会自然而然地避开不幸而选择幸福，避开痛苦而选择舒适，避开忧虑而选择静谧。归根结底，在条件相同的前提下，人们会避开疾病而选择健康（条件是他们自己做选择，且他们非病态过度，后面我们会详细讨论这些条件）。

这也解释了手段-目的这一价值命题在哲学上的习惯性反对意见（如果你要达到目的X，你必须要采取Y手段。“如果你想长寿，你就比须要吃维生素”）。现在，我们对该命题有一个不同的解释。从经验角度来说，我们知道人需要什么，比如爱、安全、幸福、知识、长寿、没有痛苦，等等。那么，我们可以说“如果你是一个健康的人类成员，那么……”而不说“如果你希望幸福，那么……”

在下文的经验之谈中，这一点也绝对是合乎实际的：我们可以随意说狗喜欢肉、不喜欢色拉，金鱼需要干净的水，花儿在阳光下开得最鲜艳。我坚信，我们说的是描述性、科学性的话，而不是规范标准的话。

我们可以成为什么，我们应该成为什么，“可以”一词似乎远远好于“应该”。需要注意的是，如果我们采取经验和描述的态度，那么“应该”一词就是完全不合适的。比方说，如果我们问花或动物应该成为什么，这显然不合适。在这里，“应该”是什么意思？一只小猫应该成为什么？对该问题的解答以及答案中所蕴含的精神，在儿童身上也一样适用。

让我用一种更有力的方式来表达这个问题：今天，我们可以在某个单一瞬间分辨出某个人现在是什么以及他可以是什么。众所周知，人的性格有不同层次、不同深度之分。无意识和有意识的东西共存，即使它们有可能会产生矛盾。一个目前存在（在一定意义上），另一个现在也存在（在另一个比较深层的意义上），而且某天有可能上升到表面，变成有意识的东西，变成有意识意义上的存在。

依据这一观点，人们会了解，就算是行为恶劣的人，性格深处也可能存有爱。如果他们尽力实现了这一泛人类的潜能，他们就会变得比过去更健康，而且在这个特殊意义上，变得更加正常。

人和其他生物最关键的区别是：人的需求、偏好以及本能的残余弱而不强，模糊而不确切，有质疑、彷徨、矛盾的余地；它们太容易被文化、学习以及他人的偏爱所消灭，从而消失在人们的视野中。几个世纪以来，我们始终惯于把本能视为含义清晰的、准确无误的、强大而有力的（就像动物的本能一样），以致没有看到弱本能的可能性。

我们身上确实有一种天性、一种结构、一种模糊的类本能的趋向和能力，但想要认清它实在是一项伟大且艰难的成就。做到自然、自发、了解自己的本质和需要，是一个极其罕见的高级境界，它出现的次数很少，而且要求我们具备强大的勇气和持久艰辛的努力。

四、内在的人性

我们需要做一个总结。对于人的天生趋势或内在天性，我们已经肯定这似乎并非只是他的解剖构造与生理机制，还包括他最基本的需求、欲望和心理能力。一般来说，这样的内在本质并非一目了然的，它被掩藏了起来，尚未被发现，处于弱势且不强盛。

有什么理由可以证明这样的需要与素质上的潜力是天生的？我在本书第六章中列出了12个独立的证据及发现方法，在此只把其中4个最重要的作为案例。

第一，一旦这些需要和潜力遭到挫折，就会引发心理疾病。第二，一旦这些需求获得满足，就会培养出健康的性格（或引起良好的心理状态），但神经症需要的满足不会产生这样的结果。也就是说，它能使人变得更好、更健康。第三，在自由的状态下，它们很自然地作为人的偏好表现出来。第四，在相对健康的人那里能够直接观察到它们。

假如我们要对基本和非基本加以区分，那么就不能只依赖于对有意识需要的自省，甚至不能只依赖于对无意识需要的阐述。因为，从现象学上来看，人的神经症需要和内在固有需要也许感觉起来极其相似。它们一样需要满足，需要垄断意识。它们内省特性之间的差异并不明显，不足以让反省者轻易将它们区别开来，除非人在濒临死亡时回顾往事（如托尔斯泰笔下的伊凡·伊里奇），或一些特殊的顿悟时刻才有这种可能。

可是，我们一定要有某种不同的、可以与之关联的、与之协变的客观变量。其实，这种不同的变量就是神经症-健康连续统一体。目前我们比较确定的是，恶劣的攻击性特质是反应性的，不是基本的，是结果而不是原因。因为，当一个品质卑劣的人在心理治疗中慢慢变得健康时，他的恶意也在慢慢减少。相反，当一个比较健康的人慢慢变得病态时，他的敌意、恶毒和恶劣也随之增加。

我们知道，让神经症需要获得满足，不会像让基本的内在需要获得满足那样孕育健康。让神经症权利追逐者获得一切他们渴望的权利，并不能减少他的神经症，也不可能满足他们对权利的神经症式的需要。无论让他获得多少权利，他都会觉得饥饿难耐（因为他们其实是在寻觅其他东西）。对终极健康这一目的而言，某一神经症需要获得了满足还是遭受了挫折，并没有什么区别。

对于安全、爱这种基本需要而言就大不相同了。它们是能够满足的，它们的满足可以孕育健康，而挫折也确实会引发疾病。

对于诸如智力或活动的强烈趋向这种个人潜力，好像也是如此（我们这里仅有的资料是临床资料）。这种趋向像是一种内驱力，它需要被实现。人们会因为满足了它而获得良好的发展，倘若让它遭受阻碍和挫折，目前我们还不太了解的、种种微妙的麻烦就会马上发展起来。

不过，直接对真正健康的人进行研究才是最显著的方法。我们已经具备了充足的知识，可以选择相对健康的人。即便不存在完美的样本，我们还是期待可以更多地对人性有所了解。

本书第十一章的研究表明，科学家有可能在出色、完美、理想的健康与人类潜能的实现意义上对正常状态加以研究和描绘。

五、从非本质属性中对固有属性加以区分

在人类固有趋势的实例中，爱的需要被探究得最为充分。借助这一研究，我们能够说明已经提到的四个用于将人性中固有的、普遍性的东西同非本质的、局部性的东西区别开来的方法。

（1）基本上每一位治疗师都认为，当我们对某种神经症追本溯源时，我们会很频繁地发现生命早期阶段爱的缺乏现象。这一点已经在婴儿与幼儿身上得到了证实，彻底剥夺爱甚至会威胁婴儿的生命。换句话说，爱的缺乏会引发疾病。

（2）这些疾病，倘若还没有达到无法挽回的地步，那么通过向患者提供情感与慈爱是可以将其治愈的，特别是对儿童。就算是在成人的心理治疗中，在分析更为严重的病例时，也有充分的理由相信，治疗的效果之一就是使患者可以接受并利用具有治愈能力的爱。而且，越来越多的证据表明，充满情感的童年生活与健康的成年生活之间存在联系。总之，我们能够给出这样的概括：对于人类的健康发展来说，爱是一种基本需要。

（3）假设一个儿童处在自由选择的情境下，且他的心灵还没有被歪曲和蒙蔽，他选择的绝对是感情而不是非感情。虽然现在我们还没有严格的实验来对这一点加以验证，不过我们有很多临床资料与一些人类文化学的资料能够对这一结论予以支撑。儿童对充满情感的教师、家长、朋友很有好感，而

对那类怀有敌意、漠视他人的教师、家长、朋友非常排斥。这个普遍的现象证明了我的观点。

通过婴儿的啼哭声我们了解到，他们拒绝漠视而需要感情。巴厘人的情况就是一个例子。巴厘的成年人与美国成年人不同，他们对爱的需要不那么强烈。苦痛的经历使巴厘儿童不会去寻找和期望爱。不过，在被训练不要求爱时，他们一直痛哭不止，显然不喜欢这样的训练。

（4）最后，我们在健康成年人的身上发现了什么问题？我们发现，差不多每个健康的成年人（即使不是全部）都享受过充满爱的生活，付出并接受过爱。并且，他们现在有爱的人。很明显，这是因为他们已经拥有了足够的爱。

任何营养缺乏症都可以为我们提供完善的证据，让我们的观点变得更有道理、更显而易见。如果一个动物缺少盐分，第一，这会导致病状的出现；第二，通过额外摄取的盐分，这种病状会得到治愈；第三，缺少盐分的白鼠或人在遇到机会的时候，会选择多盐分的食物，即会超出想象地大量吃盐，同时人会将对盐的渴求主观表现出来，认为盐很美味；第四，如果健康的机体已经摄取了充足的盐分，那么他不会对盐分非常渴望。

故而，我们可以这样说，就像机体需要盐来维持健康、预防疾病一样，它也需要爱。换句话说，正如汽车需要汽油一样，我们需要爱和盐分。

关于良好条件、许可范围等我们已经说了很多。这涉及在科学工作中进行观察时不可或缺的特殊条件，“在一定情况下，这才是真实”。

六、健康的前提

使本性得以显现的良好条件是什么？我们不妨去看看现代动力心理学的观点。

如果我们现在探讨的要点是，机体有自己固定的、轮廓不明显的本性，那么这种内在本性与低级动物那种强大、难以抵抗的本性不同，它是软弱的、微妙的。低级动物对于自己是什么、想得到什么、不需要什么，不会产生任何怀疑。可是，人们对于爱、知识或某种人生观的需要却不是十分明确的，反而是十分微弱的，他们在表达自己时会用低语而不是喊叫，但是低语很容易被淹没。

为了探索一个人想得到什么以及他究竟是什么，满足特定的先决条件是很有必要的，这些条件使得这些需要及潜在的可能性显现出来，使它们得以实现。大致上说，这些条件都能被概括为允许满足和表现。

怎么知道怀孕的白鼠吃什么最好？我们让它在宽泛的可能性中随意选择，不限制它吃什么、什么时间吃、吃多少以及怎么吃。我们知道，对婴儿来说，在最恰当的时机断奶对他最有利。如何来确定这个时间？我们不能去问婴儿，也最好不要向保守的儿科专家求教。我们给婴儿一个选择的机会，让他们自己决定。喂给他流质和固体两种食物，如果他被固体食物所吸引，就会很自然地断奶了。同样地，借助创造一种容许、接纳、满足性的气氛，可以让儿童告诉我们他们何时需要爱、保护、尊重或控制。

我们已经知道，这样的气氛对心理治疗最为有利。确实，从长期来看，这是唯一可能的有效气氛。我们发现，在广泛的可能性中自由选择的方法是最有用的，比如，犯了罪的女孩在教养院选择同寝室的室友，大学生选择教师和课程，等等（我在这里回避了有益的挫折、纪律以及对满足加以限制这些棘手却重要的问题。我想说的是，虽然允许可能对我们的实验目的最有利，可它本身不是能够用来进行顾及他人、知觉自我需要、知觉未来需要的教育）。

那么，从促进自我实现或促进健康的角度出发，（理论上的）良好环境理应如下：提供所有必需的原材料，然后退到一边，让机体本身对自己的愿望、要求进行表达，自己做选择（不要忘记，机体往往会选择自我克制与延迟，为的是对他人有利等，而且他人也有要求和愿望）。

七、环境与人格

当我们努力理解“正常”的新定义和它同环境之间的关系时，有一个很重要的问题横亘在我们眼前。一个理论上的结论是：只有完美的世界才能孕育出完美的健康。可在具体的研究中，事情似乎不一定是这样。

即使我们的社会并不完美，但我们确实可以从中找到非常健康的人。这些人并非完人，但他们已经达到了我们目前能够想象到的最出色的程度。可能在这一时代、文化之中，我们无法充分地认识到人可以达到什么程度的完美。

不管怎么样，研究工作已形成了一个关键论点，即个人可以比他成长与生活的文化更加健康，甚至有很高的健康度。之所以存在这样的可能性，关键在于这个健康的人有着超越周围环境的能力。也就是说，他不依靠外界的压力生活，而是依靠内在的法则。

我们文化的民主、多元性给了个人以极其宽泛的自由来依照自我的意图保持个性，只要他的行为不过分恐怖或具有威胁性。一般来说，健康的人表面上不引人注目，他们不穿怪异的服饰，行为风度也很正常，但他们怀有内在的自由。他们不被他人的赞许和批评所左右，而是追求自我肯定，他们在心理上是自主的，即相对独立于文化。对于不同品味和观念的宽恕和超越是关键的必需品。

综上所述，我们可以通过研究获得这样一个结论：良好的环境可以孕育良好的人格，可这种说法并不绝对。另外，为了在强调物质与经济力量的同时，也强调一下精神与心理的力量，我们有必要对良好环境的定义进行调整。

八、心理学乌托邦

近期，在理论上构建一个心理学乌托邦是我的乐趣所在。在这个乌托邦里，所有人都心理健康，我把这种现象叫作精神优美。按照我们有关健康人的知识，我们能否预见，如果一千户健康人家搬迁至某个荒原地带，在那里能自由规划自己的命运，他们会发展出一种怎样的文化？他们会选择什么样的教育系统、经济体制、性关系及宗教呢？

我对某些事情也毫无把握，特别是经济状况。不过，我对另外一些事情却十分肯定。这是一个高度无政府主义群体，一种自由散漫却有着浓厚爱意的情感文化。在这样的文化中，人们（包含青年人）随意选择的机会极大地超越了我们已经习惯的范畴。比起我们的社会，在这里人们的基本需要以及超越性需要会受到更大的尊重。人们不会像我们现在这样过多地互相干扰，在这里他们几乎不会把观点、宗教信仰、人生观或在衣、食、艺术领域的个人兴趣强加于自己的邻里。总而言之，这一类精神优美的居民会在任何可能的时候表现出宽容、尊重以及满足他人欲望，只会在小部分情况下对他人造成阻碍（我对此暂不描述），他们彼此之间更为坦诚，容许他人在任何可能的时候随意地做出选择。在这种条件下，人性的最深层次可以毫不费力地展现出来。

需要指出的是，成年人构成了一种特殊状况。随意选择的情况对一般大众来说也不是最合适的，它仅仅适于完美无缺的人。病人、神经症患者会做出错误的选择，他们对自己的内心所想一无所知，就算知道，也没有足够的胆量做出精准的选择。我们在谈及人们做出的随意选择时，多指的是健康的成人或人格还没有歪曲变形的儿童。有关随意选择的多数有效试验都是在动物身上做的。我们通过对心理治疗过程的分析，在临床层次上对此同样有不少收获。

九、“正常”本质

我们现在回归到最初的问题上——“正常”的本质。我们几乎已将其视为人类能够达到的最高境界了。然而，这一理想绝非高不可攀，其实它就在我们的身上，存在却被隐藏着。它并非现实性，而是潜在的可能性。

而且，我声称发现了“正常”的概念，这个发现是建立在经验研究的基础上得到的结果，并非建立在希望或理想之上。这一概念包括一个纯自然主义的价值系统，对人性的进一步的经验研究可以扩大这个价值系统。这一研究理应可以对一个古老的问题予以解答：“怎样才可以成为健全的人？怎样才可以过上健全的生活？怎样才可以富于成效、感到幸福、得到内在的安宁？”在机体由于被剥夺价值而患病、一蹶不振时，我们因此得知它需要什么、重视什么，什么对它是有利的。

最后，较新的动力心理学中的重要概念是自发、释放、自然、自我选择、自我认可、冲动意识、基本需要的满足。而以往的重要概念始终是掌控、压制、纪律、训练、塑造，因为其依据是，人类深层的本质是危险的、罪恶的、贪婪的、掠夺性的，教育、家庭训练、养育孩子、通常的文化适应都被视为控制我们内在黑暗力量的手段。

关于人性这两种不同的概念形成的有关社会、法律、教育以及家庭的理想观念天差地别，在某种情况下，社会、法律、教育属于支配与约束力量；而在另外一种情况下，它们使人性得到实现和满足。我需要再次强调，存在两种形式的压制和控制。一种是阻碍基本需要的实现，把基本需要抑制下去。一种是阿波罗式的控制，比如延缓性高潮的到来、优雅地进食、姿态优美地游泳等，这种控制是为了提升基本需要的满足。当然，这是一种太过简单化的对比，很难说某一种概念是绝对正确或绝对不正确的。不过，对理想化的两种典型进行对比有助于强化我们的理解。

不管怎样，假如这个把正常状态和理想的健康等同起来的观点成立，那么我们必须要转变个性心理学的概念，而且必须要转变有关社会的理论。

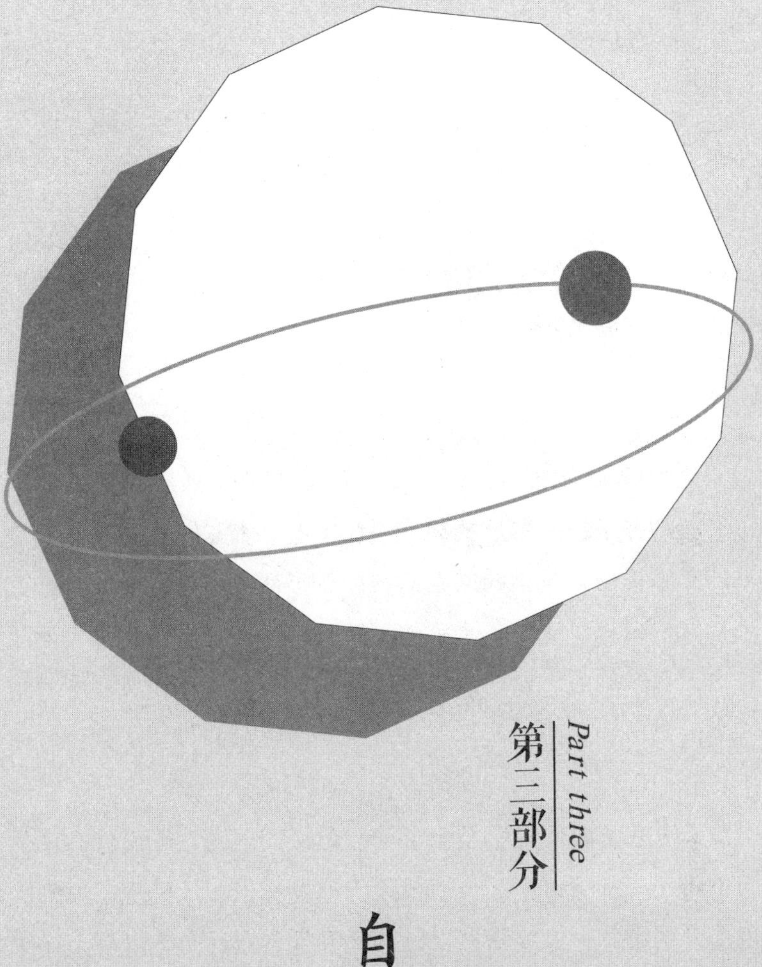

第三部分 *Part three*

自我实现

第十一章　自我实现的人

——有关心理健康的研究

无论从哪方面来看，这一章我们要研究的话题都是不同寻常的。它起初并未按照常规的研究进行安排，而是一次旨在解决个人道德的、审美的、科学的问题的冒险，被我的好奇心所鼓舞，而非一项社会性研究。这是我个人的探索，不为了证明或对别人展示什么。出人意料的是，这些研究对我来说极具启发性，我从中发现了许多令人兴奋的东西，就算存在方法上的纰漏，我也想将这些研究结果公之于众。

在我看来，心理健康是一个十分迫切的问题，无论什么样的意见、资料都有待探讨，都具有极大的启发价值。这种探索原则实现起来十分困难——像是依据自己的标准提升自己——以至于如果我们想等待可靠的资料，就不得不一直等下去。那么，我们应当不惧错误、全情投入、尽自己所能，同时期待可以在错误中学习。否则，目前对于这一问题就只能置之不理了。因此，不管这个报告可以起到什么作用，我都将其在下文中呈现出来，并对那些坚持要求传统的信度、效度和取样的人表示真诚的歉意。

一、研究

1. 研究对象与研究方法

研究对象是从我认识的一些人、我的朋友，以及某些公众人士和历史人物中选出来的。此外，在一次对年轻人的研究中，我们一共筛选了三千名大学生，可最后只选出了一名能够直接作为研究对象的大学生，以及一二十名可能以后会作为研究对象的大学生（“成长良好的”）。

我不得不承认，我在更年长的研究对象那里发现的自我实现的类型，可能不存在于年轻的、正在成长中的人身上。

与艾维林·巴斯金博士和丹·里德曼合作时，我们开始对一组相对健康的大学生进行研究。我们在大学生中选出最为健康的1%。这次探索性研究持续了长达两年，甚至在完成之前被迫中断，可它在临床水平上仍极具启发意义。

我们曾希望把小说家和剧作家们塑造的那些人物用于研究，可不曾发现任何一个适用于我们的时代和文化的角色（我认为这本身就是一个发人深省的发现）。

淘汰或选择研究对象所凭借的第一个临床的定义，除了有一个消极的方面，还有一个积极的方面。反面的选择标准使被选对象中没有神经症、精神变态性格、精神病或诸如此类的这方面趋向。也许身心疾病要求更为细致的研究与鉴别。在可能的情况下进行罗夏测验，结果表明，这些测验在揭露被隐藏的精神变态方面比在选择健康的人方面更有效。

正面的选择标准是自我实现的正面依据，但这仍是一系列难以描述的现象或征候。如果为我们的研究目的服务，那么自我实现可以被大致描述为充分利用以及开发天资、能力和潜能，等等。这种人好像是在实现他们自己、最充分透彻地做着他们力所能及的工作。我们不禁想起尼采的劝诫“成为你自己！”他们是一些已经走到或正在走向自己能力所及的高度的人。他们的潜能也许是特有的，也许是人类共有的。

这一标准也意味着研究对象对安全、归属、爱、尊重、自尊的基本需要的满足，对知识和理解的认知需要的满足，或在个别案例中，对这些需要的征服。也就是说，每一个研究对象都会感到安全且自在，感到被认可，感到爱与被爱，感到自己的价值而且被尊重。他们已经明确了个人的哲学、宗教或价值取向。基本的满足究竟是自我实现的充分条件还是必要条件，这是一个尚未解决的问题。或许，自我实现意味着基本满足加上最起码的天才、能力或（人性的）丰富。

我们采用的选择技术基本上属于迭代法以及重复的技术。以前在研究自尊与安全感的人格症候群时曾使用过这样的技术。对此，本书的第十八章中有所阐述。这一技术简单地说便是：以个人或文化的非技术性信仰为开端，对自我实现症候群现存的种种用法与定义进行比较，之后再更细致地为它下定义。下定义时选择现实的用法（即词典学层次的用法），同时将通俗定义中逻辑与事实的常见矛盾排除在外。

基于修正后的通俗定义，第一批研究对象小组被成功选出，其中一组质量高，一组质量低。以临床类型对于这些人进行尽可能细致的研究，在经验研究的基础上，最初修正过的通俗定义又根据目前已有的资料得到了进一步修改。这样便获得了第一个临床的定义。根据这一定义，再次对最初的研究对象进行筛选，一些人保留、一些人淘汰、一些新的成员填补进来。然后，再对第二种水平的研究对象小组进行临床研究，如果可能的话，再进行实验和统计研究。这就可以对第一个临床定义进行修改、订正和填补。接着，再根据这一新的定义再做筛选。经过这样不断地重复，一个最初模糊、不科学的通俗概念会逐渐变得准确无误、在特性上方便操作、更加科学。

当然，这一自我调整的螺旋上升进程会被一些外部的、理论的、实际的考虑所干预。比方说，在研究初期发现，由于通俗用法不切合实际的苛求，导致没有一个真实的人符合这一定义的。我们必须停止只因为一个小缺陷就将一个可能的研究对象予以排除的做法。也就是说，既然不存在完美的人，我们在选择时就不能以完美为标准。

还有一种难题是这样的：不可能在所有情况中都获得临床工作要求的那种丰富且令人满意的资料。研究对象候选人在获悉研究目的后，会开始注意自己，并变得死板，对所有努力一笑置之，或干脆斩断合作关系。因此，我们对年龄较大的研究对象只能进行间接研究，只有比较年轻的对象才可以直接进行研究。

因为研究对象中有不能公开真实姓名的、现实中的人，所以两个迫切的要求，也可以说是普遍性的科学研究的要求，就变得难以满足了，那就是研究的可重复性和作为结论起源的材料的公开性。对公众人物与历史人物的研究、对可以公开的年轻人与儿童所做的补充研究，部分地克服了这些困难。

研究对象分类如下：

实例：

7名十分理想与2名很有希望的当代人（会谈形式）

2名十分理想的历史人物（晚年的林肯和托马斯·杰斐逊）

7名很有希望的公众人物与历史人物（爱因斯坦、埃莉诺·罗斯福、简·亚当斯、威廉·詹姆士、史怀泽、A. 赫胥黎和斯宾诺莎）

部分性的实例：

5名确定有某些不足，但还能用于研究的当代人

2. 资料的搜集与表述

与其说这里的资料源于对特殊的、分散的事实的一般性采集，不如说源于抽象或整体印象的缓慢发展，这和我们与朋友相熟的过程很像。很难创造一种情境，以便从中向我的老年研究对象提问，或对他们进行测验（即使这对于年轻的研究对象是可以做到的）。同老年研究对象的联系是依靠运气、并以普通的交往形式展开的。如果有可能，也会对他们的亲戚朋友展开调查。

由于这个原因，也由于研究对象过于稀少，很多研究对象的材料不完备，因此不可能进行任何定量描述，唯一能做的是提供一个复合印象，而无法顾及它们是否具备一定的价值。

二、观察结果

对整体印象进行整体分析，能获得以下对自我实现的人来说最重要、最有用的整体印象，根据这一点，我们可以进行更深入的临床研究和实验研究：对于现实的感知、接受、自发性、以问题为中心、超然独处、自主、清新的鉴赏力、巅峰体验、人类同族感、谦虚和尊敬、人际关系、道德规范、手段和目的、幽默感、创造性、对文化同化的抵御、不完美、价值、二分法的消解。

1. 对于现实的感知

这种能力被注意到的第一种表现形式是，辨别人格中的虚伪、欺诈、不真诚，以及大体正确和有效地辨别他人超乎寻常的能力。在一次对一组大学生的非正式实验中，比起不太有安全感的学生，我们在极具安全感的学生身上发现了准确判断自己的教授的倾向，也就是说，在S-I测试中，后者会得到更高的分数。

随着研究的深入，我们会发现，这种效率已经拓展到生活的很多领域——实际上是被测试的所有领域。在艺术与音乐、智力、科学、政治与公共事务等方面，他们作为一类人，似乎可以比其他人更快、更准确地看到被藏匿和混淆的现实。因此，一个非正式的试验说明，由于受愿望、欲望、焦虑、恐惧的影响较少，且受由性格所决定的乐观或悲观趋向的影响较少，无论立足于已知的何种事实，他们预测未来的正确率好像始终高于常人。

一开始，我们称这一点为优秀的鉴赏力或出色的判断力，其含义不是绝对的，而是相对的。然而，现在有一种愈发明确的趋向，即最好将其视为对某个明确事物（是现实，而非一套观点）的洞察力（而非鉴赏力）。我十分期待这一结论被实验证实的那天。

倘若这一结论能被证实，那么不管怎样强调其重要性都不过分。英国心理分析家蒙利·凯里指出，仅仅依靠神经症患者对于现实世界的理解不如健康人那样准确或有效这一现状，就可以断定神经症患者不仅仅是相对而且是绝对无能的。神经症患者不只在情感上是病态的，关键在于，他们从认知上就是错误的！如果健康与神经症分别是对现实正确和不正确的认知，那么事实命题与价值命题就会在这一领域中合二为一了。这样，价值命题就不只是喜爱或劝解的问题，而应该是凭借经验可以验证的问题。深入思考这一问题就会明白，我们也许在这里为一个真正的价值科学，也是为一个真正的伦理科学、社会关系科学、政治科学、宗教科学等找到了一些依据。

适应不良或极端的神经症对感觉的干扰，完全能够达到影响光感、触觉抑或味觉的程度。不过，这样的作用也许只能在远离纯粹生理的感觉范围内被证实。在健康的人中，愿望、欲望、偏见对感觉的影响应该比病人小得多（这一点在最近的许多实验中都有体现）。这种对现实的感觉上的优越性，导致一般意义上的推理、感知真理、做出结论、符合逻辑地与高效地认知的卓越能力。

在本书的第十三章中，我们还会对这种与现实的优越关系的突出方面进行详细讨论。过去我们普遍认为，自我实现者更容易从一般、抽象的事物中将新颖的、具体的事物分辨出来。这表明，他们更多地生活在大自然的真实世界中，而非在一系列人造概念、抽象物、期待、信仰以及陈规之中。大部分人将这些东西和真实世界混为一谈。而自我实现者更倾向于领悟真实的存在，不会拘泥于他们自己或所属文化群的愿望、希望、恐惧、焦虑、理论、信仰。赫伯特·里德十分透彻地将其称为“明净的眼睛”。

人们和未知事物之间的关系问题，是学院派和临床心理学之间的一座桥梁，极具研究价值。健康的研究对象不惧怕未知的事物，不会被它们所威胁，在这一点上，他们和普通人很不一样。他们接纳未知事物，与它们关系融洽，而且比起已知的事物，他们甚至总被未知的事物吸引。他们不仅可以忍受意义不明、无结构的事物，而且会对它们充满喜爱之情。爱因斯坦的话很有代表性：“神秘事物是我们能够体验到的最美妙的事物，它是一切艺术和科学的源头。”

的确，这些人是知识分子、研究者及科学家，因此在这里，智慧力也许是起决定作用的关键因素。可我们很清楚，很多智商较高的科学家因为羞涩、习惯、忧虑或其他性格上的缺陷，没有从事发现工作，而是千篇一律地做着他们熟悉的工作，一再斟酌、整理、分类，为此耗费了许多时间。

对健康的人而言，未知事物并不恐怖，无须在经过墓地时劳神费力地降服鬼怪、吹着口哨为自己壮胆，或对抗想象中的危险。正如我们在戈尔茨坦的脑损伤或强迫性神经症的病例中看到的那样，他们不否认未知事物的存在，也不回避或自欺欺人地将它们视为已知的。他们不急于整理未知的事物、尽早将它们分类或标签化。他们不固守熟悉的事物，不将真理等同于在灾难中对确定性、安全、明确以及秩序的需要。在客观情况要求时，自我实现者能够在纷杂、不整洁、错乱、散漫、笼统、质疑、不肯定、不确定或不精准的状态中感到惬意（在某些情况下，这些在科学、艺术或普通生活中是完全符合需要的）。

这样，质疑、彷徨、不确定，以及由此导致的延后做出决定的必要，对大多数人来说是一种折磨，可对某些人来说却是一个让人愉悦的刺激性挑战，是生活中一种更高的境界。

2. 接受性

自我实现者有很多能够在表面上察觉到的一开始好像是不同的、彼此互不关联的个人品质，可最后被理解成一种单调的、更为基本的态度的表现形式或派生物。这个态度是：相应地不受令人难以抬头的罪恶感、使人严重自卑的羞耻心，以及十分强烈的焦虑的影响。这和神经症患者之间形成了明显对比，不管在什么样的情况下，神经症患者都能够被描述为因罪恶感、羞耻心、焦虑感或三者中的一个或两个而丧失了能力的人。就算是我们文化中的正常成员也会毫无必要地为很多事情感到内疚或惭愧，并在很多不必要的场合心生焦虑。通过对健康人的观察，我们可以发现，接纳自己以及自己的本质，同时不产生懊恼、抱怨的情绪，甚至不考虑得过多都是有可能的。

纵然自我实现者的人性一样存在着许多缺点，与理想有一定差距，不过他们可以从本质上以斯多葛的方式接纳它们而不感到忧虑。这并不意味着他们是自满的，他们可以凭借一个人接纳大自然的特性时秉持的那种无所质疑的态度，去接纳软弱、过失、弱点以及人性的罪恶。任何人都不会因为水的滑润、岩石的坚硬或者树木的翠绿而对它们心生怨恨。儿童是张大双眼，凭借非批判性、非祈使性和天真无邪的眼光来看待这个世界的，他们只关心什么是事实，对它并无争论或要求，自我实现者用同样的方式来对待自己与他人的人性。当然，这与东方的出世观念不同，不过在我们的研究对象、特别是面对疾病与死亡的研究对象那里，也可以观察到这样的出世观念。

这相当于借助另一种方式来对我们已经阐述过的观点进行表达，即已经自我实现的人对现实看得更清楚：我们的研究对象看到的是人性的本来面目，而不是他们希望中的人性。他们的眼睛不受各式各样的眼镜所累，继而曲解、改变或掩饰事实的真相。

第一个也是最显著的接受层次是动物层次。自我实现者都是最出色、最健壮的动物，他们的胃口很好，生活美满，没有懊悔、羞耻或遗憾。他们睡眠良好，没有不必要的抑制且享受性生活，其他属于生理性的冲动也是如此。他们不仅能在这些低层次上接纳自己，而且能在各个层次上接纳自己，比如爱、安全、归属、荣誉、自尊，等等。这一切都毫无疑问地被接受且被认为是值得的。这是因为，这些人倾向于接纳大自然的作品。普通人，特别是神经症患者经常出现的反感、厌恶很少出现在自我实现者中，他们很少挑食，也很少对身体的产物、气味及功能产生厌恶情绪。

同自我接受以及接受他人密切相关的是：（1）他们没有防御性，没有保护色或伪装；（2）他们厌恶他人身上的此类做作。谎言、诡计、虚伪、虚张声势、面子、玩弄技巧、哗众取宠，这些在他们身上很少见。既然他们可以与自身缺陷和谐相处，那么这些缺陷最终（特别是在晚年生活中）会让人感觉这根本不是缺陷，而仅仅是中性的个人特点。

这并不意味着他们完全没有罪恶感、沮丧、焦虑及防御心理，而是他们鲜有不必要的或神经症的罪恶感（由于非现实性）等。动物性的过程（比如性欲、排尿、怀孕、行经、衰老等）是客观事实的一部分，所以必须接受。

健康人深感内疚（或羞耻、焦虑、忧伤、遗憾）的是：（1）可以改进的缺点（如懒惰、散漫、发脾气、伤害他人）；（2）不健康心理的顽固残留

（如偏见、嫉妒、猜疑）；（3）相对独立于性格结构，但根深蒂固的某些习惯；（4）他们所认同的某些种族、文化或群体的缺陷。总之，事实与最好成为什么或应该成为什么之间存在差异，会令健康人感到不满。

3. 自发性

所有自我实现者均能被描述为在行为中相对自发的，并且远比内在的生活（包括思想、冲动等）更具自发性。他们行为的特征是坦率、自然，很少做作或努力。不过，这并不表示他们从不遵守习俗。要是我们数一下自我实现者违反惯例的次数，就会发现其实没有几次。他们对惯例的不遵从不是表面上的，而是根本的、内在的，因为他们的冲动、思想以及意识是那么非传统、自发和自然。考虑到在这一点上周围的人很难理解或接纳他们，也同时考虑到他们无意伤害他人或为一些琐事大打出手，所以面对各种俗套的仪式和礼节，他们会表现出善意的无奈与容忍，尽可能通情达理。比如，我曾经看到一个人接纳了他人对自己的敬意。尽管他私下对这种敬意嗤之以鼻，可他不曾因此去伤害那些自认为可以使他高兴的人的情感。

实际上，自我实现者的这一遵从习俗的举动，就像披在肩上的一件斗篷，他们可以轻而易举地将其甩掉。自我实现者从不允许习俗惯例妨碍他们做自认为重要或根本性的事情。这时，他们独立于习俗惯例之外的灵魂便展现出来，不过，他们与一般的艺术家或反抗权威者不同，这些人总是因一些小事而大惊小怪，把对无关痛痒的规章制度的反驳视为头等大事。

当自我实现者沉迷于一个近乎他的主要兴趣的事物时，他的这种内在态度也会显露出来。此时，他会把平日里遵循的行为准则抛在脑后。在遵循惯例上他仿佛需要有意识地做出努力，他对习俗的遵从似乎是有意地、存心的。

最后，当自我实现者和那些期盼俗套行为的人交往时，他们会很乐意抛弃这种外在行为习惯。在我们的研究对象中能够看到，他们愿意与那些容许他们更自由、更自然、更有自发性的人们交往，这能促使他们摆脱那些他们眼中费力的行为。因此，像上文那样在一定程度上对行为进行控制，对他们而言无疑是累赘。

根据这一特点可以得到一个结论：这些人具有相对自主的、特殊的、违反惯例的道德准则。缺乏思想、不喜欢动脑的人可能会认为他们是不道德的，因为当情况似乎要求如此时，他们会违反常规，甚至会违反法律。但实际上正好相反，他们是道德感最强的人，即便他们有着与周围人截然不同的道德准则。通过这样的观察，我们确信，一般人的道德行为并非真正的道德行为，而主要是遵从习俗的行为（例如，是以普遍被公认的原则为基础的行为）。

由于与一般习俗以及被广泛接受的虚伪、谎言疏远，由于与社会生活格格不入，他们偶尔会觉得自己仿佛是异国他乡的间谍或移民，有时他们也确实是这样做事的。

希望我没有给他人留下这样一种印象，即我似乎想掩盖住自己的真实面目。由于对僵化刻板的惯例以及对盲目短浅的习俗的愤怒，他们偶尔也会放任自我。比如，他们也许会试图教训某人，或试图保护某人的情感免受不公平的侵害。他们有时会感到热血沸腾，而这些情感如此令人愉悦，以至于抑制它们如同亵渎神灵。

根据我的观察，在这样的情形下，他们不会因自己给旁观者留下的印象而产生焦虑、内疚、惭愧的心理。他们声称，之所以会按照惯例做事，仅仅是因为这样做并不会导致什么大问题，或者仅仅是因为别的方式会对人们造成伤害，让人们感到难堪。

在洞察了现实之后，他们感到更加轻松，他们距离动物或儿童的接受性与自发性更近了，这意味着他们对于自己的冲动、欲望、主张以及主观反应的一种整体来说是一种更高级的知觉，对于这种能力的临床研究无疑验证了弗洛姆的观点：正常的、适应较好的人往往不会想到他是什么、他需要什么以及他自己的观点是什么等问题。

恰恰是这种调查结果，让我们发现了自我实现者和普通人之间的一个最为深刻的差异：自我实现者的动机生活在量和质上都不同于普通人。我们必须要为自我实现者创建一种不同的、十分深刻的动机心理学，比如一种研究表达性动机、成长性动机，而非匮乏性动机的动机心理学。将生活与为生活做准备进行区分或许是有益处的：或许普通的动机概念只适用于非自我实现者。我们的研究对象不再进行一般性的奋斗，而是在发展。他们试图成长得愈发完善，使自己的风格愈发全面。

普通人的动机在于使他们缺乏的基本需要获得满足。自我实现者不缺乏任何一种基本需要的满足，但他们还是干劲十足。他们实干、尝试、兴致勃勃，虽然这只表现在一种不同寻常的意义上。对他们而言，动机就是个性发展、个性表达、成熟与发展，总而言之，动机就是自我实现。这些自我实现者会比普通人更有人类性吗？他们能更进一步揭露出人的原始天性吗？他们在分类学的意义上更接近人类吗？要想对一个生物物种进行评判，是根据它的残缺、不正常、发展不完整的成员，还是依据它的完全归化、受到限制的、被训练好的成员来进行？

4. 以问题为中心

一般来说，我们的研究对象会将大部分注意力都集中在自身之外的问题上。用流行术语说，他们不是以自我为中心，而是以问题为中心。通常，他们自身对自己来说算不上什么问题，他们通常也不那么关注自我，这一点与缺乏安全感的人具有的一般性内省形成对比。这些自我实现的人通常有一些人生的使命、有待完成的任务以及他们自身之外的问题，他们的大部分精力都消耗在了这些方面。

这些任务不一定是他们喜欢的或自己选择的，很有可能是他们体会到的职责、义务或责任。这也是我们不用“他们想做的工作”，而用“他们必须做的工作”这一说法的原因。通常，这些任务是非个人的、非自私性的，更准确地说，它们是同人类的利益、民族的利益或家庭的少数人相关的。

除了几个例外，我们可以说，研究对象通常十分关心我们称之为哲学或伦理学的永恒问题。这些人早已习惯在可能的、最宽泛的参照系中生存，他们似乎永远不会只见树木不见森林。他们活动于其中的价值体系宽宏而不狭隘，不是区域性的而是宇宙性的，不是权宜之计而是以世纪为尺度的。归根结底，不管多么质朴，在某个意义上来说，这些人都是哲学家。

当然，这种态度在日常生活的所有领域都有意义。比如，我们起初研究的主要特点（如宽宏，摆脱渺小、浅薄及褊狭）就能划归到这种更普通的态度名下。他们超越琐事，有着开阔的视野与胸襟，在最为开放的参照系中生活，四周笼罩着永恒的氛围，这些印象有着最大的社会和人际关系重要性，它传播了一种永恒的宁静感，摆脱了对急迫事物的焦虑。这使得生活不仅对于他们自己，也对于那些和他们有关联的人来说变得更加轻松了。

5. 超然独处

的确，所有研究对象都可以离群索居，这不会伤害自己或让自己感到不舒服。几乎每个研究对象与普通人相比，都更愿意独处和隐居。这些人不适用于内倾与外倾的两分法，我们在此也不会采取这种方法；最恰当的术语似乎就是"超然独处"。

他们往往能超然物外，从容不迫地保持宁静，那些在别人那里会引起骚乱的事情是影响不了他们的。他们很容易摆脱纷扰，沉默寡言，宁静且安详。在对待个人不幸上，他们不会像普通人那样反应强烈。甚至在不够庄重的环境中，他们也能保持尊严。或许，这部分地源于他们的这样一种倾向：坚守自己对情境的诠释，而不依赖于别人的感知或看法。他们的这种沉默或许会逐渐转变为严酷和冷漠。

这种超然独处的特质也与其他一些品质有关。首先，可以认为，我的研究对象比一般人更客观（在这个词的全部意义上）。我们已经看到，他们更以问题为中心而不是以自我为中心，就算当问题涉及他们自己和他们的愿望、动机、希望、抱负时也是如此。结果是，他们在将注意力集中到普通人难以达到的程度这方面颇具能力。他们强烈的专注又催生出心不在焉这一副产物，即漠视外界环境的能力。比如，他们具有熟睡的能力、不受干预的食欲，面对难题、焦虑、责任时依然可以谈笑自若。

在大部分社会关系中，超然独处也会招致不少麻烦和困难。它很容易被"正常人"理解为漠视、势利、缺乏情感、不友善甚至敌意。相比之下，友谊关系更具依附性，更有所求，更希望忠诚、赞扬、支持、温暖，也更具排他性。确实，自我实现者不在一般意义上需要他人。但是，既然友情与真诚一般表现为被需要、被想念，那么超然独处是不会那么容易被大众所接受的。

自主的另一层含义是自我决定、自我管理、积极、负责、自我掌控、有主见，成为强者，而不是人云亦云、被他人支配。我的研究对象会自己下决心、自主做决定，他们能掌握自己的命运。这是一种微妙的素质，无法用语言来表达，可它很重要。这些人使我懂得了我以前理所当然视为正常的现象，即很多人不用自己的头脑做决定，而是让推销员、广告商、父母、宣传者、电视、报纸等外界因素为他们做决定。这是反常的、病态的、软弱的表现。这些人成了被他人调遣的兵卒，而非自己做决定、自己行动的人。他们很容易感到无助、软弱，任人摆布。他们是强权的牺牲品、软弱的抱怨者，不是自我决定、对自己负责的人。

对于民主政治与经济而言，这种不负责任的态度显然是灾难性的。民主、自治的社会一定是由自我行动、自我决定、自我选择的成员构成的，他们会阐述自己的观点，是自己命运的主人，具有自由意志。

根据阿希与麦克里兰德所做的实验可知，自我决定者约占总人口的5%~30%，其比例的大小由不同的环境决定。在我个人的自我实现的研究对象中，自我行动者的比例是100%。

最后，即使众多神学家、哲学家、科学家会因此感到不安，我还是要说，自由实现者比普通人具备更多的“自由意志”，更少的宿命论。无论“自由意志”与“宿命论”这两个词在实际应用中定义如何，在这项调查里，它们指的是经验事实。更进一步说，它们是程度性的概念，其内涵是可变的，而不是总括一切的。

6. 自主性

在某种程度上相对于自然条件与社会环境的独立性，是自我实现者的特点之一。既然自我实现者是由成长性动机推进而非由匮乏性动机推进的，那么他们主要的满足就不依靠于现实世界、他人、文化或达成目的的手段，也就是说，不依赖外界来实现。可以说，他们自身的潜力以及潜在的资源促成了他们的发展与持续成长。就像树木需要阳光、水分、养料一样，我们需要爱、安全以及其他基本需要的满足，而这种满足只能来自外界。不过，一旦获得了这些外在的满足物，一旦人们内在的缺乏被外在满足物所填充，个体的发展就开始了，这也是自我实现的问题。

这种相对于环境的独立性意味着面对厄运、打击、剥夺、挫折时的相对稳定。在也许会导致他人自杀的环境中，这些人也能保持一种相对的从容。出于这一情形，也可以把他们叫作“有自制力的人”。

被匮乏性动机促动的人必须有其他人的陪伴，因为他们主要需要中的大部分（爱、安全、尊重、威信、归属）都来自他人。但是，由成长性动机推进的人却容易受到他人的妨碍。现在，对他们而言，满足与美好生活的决定物不是社会性的，而是个体内在的。他们已经变得足够坚强，可以不被他人的赞誉甚至自我情感所影响。与自我发展以及内在成长相比，荣誉、地位、奖赏、威信，以及来自他人的爱都变得不那么重要了。我们要牢记，想达成那样超然于爱和尊重的境界，最好的方法（不是唯一的方法）是过去就被给予了同样的爱和尊重。

7. 清新的鉴赏力

自我实现者有着奇妙的反复欣赏的能力，他们怀着敬畏、兴奋、好奇甚至狂喜，天真烂漫地体验着生命的基本内涵，这些体验对他人来说可能早已变得陈腐——威尔逊把它称为“新奇”的东西。对自我实现者而言，每次日落都如初见般美妙，每朵花都郁郁芳香，让人满心喜爱，就算他看到过很多花之后也是如此。他看到的第一千个婴儿，也如他见到的第一个婴儿那样令他惊叹不已。在结婚30年之后，他仍然坚信他的婚姻是幸运的；在他妻子60岁时，他仍像40年前那样，为她的美感到惊叹。对这种人来说，日常生活的平淡琐事一样会让他们激动、兴奋和着迷。这些强烈的感受不会经常出现，而是在最难以预料的时刻到来。或许这个人已经是第十次摆渡过河了，在他第十一次渡河时，第一次渡河时的强烈感受又涌现出来，那是一种美感和激动。

研究对象在对美的目标进行选择时会有一些差异。一些人会对大自然充满向往，另一些人会把重心放在爱孩子上，还有一些人则始终热爱伟大的音乐。我们的确可以这样说：他们从生活的基本体验中获得了喜悦、鼓励与力量。可是，他们中没有一个人能从参加夜总会、获得一大笔钱或一场愉悦的宴会中获得上述感受。

此外，或许还可以加上一种特殊体验，对我的几个研究对象来说，他们的性快乐，尤其是高潮提供的并非一时的欢愉，还有某些基本力量的复苏与增强，也有人通过音乐或大自然获得这样的增强和复苏。对此，我将在本章的“神秘体验”一节中做更多的阐述。

这种主观体验的浓烈是我们上文所探讨的、与新鲜具体的现实密切关联的一个方面。我们所谓的体验中的枯燥无聊，很可能只是一种结果，是将一个丰富的感知归类划入一个或另一个类型或框架中的结果，之所以要对它进行划分，是因为有证据表明，它不再具有优势、不再有用、不再具有威胁性或不再与自我有关。色彩是与本质上新鲜具体的现实相连的一个方面。或许我们口中的陈旧体验是停止以丰富的感觉去洞察这个或那个领域的结果，因为这些领域目前表明已经不再具备优势、益处或威胁性，否则就无法再将自我放进其中了。

我愈发相信，对自身幸福的视而不见是人类罪恶、痛苦、悲剧最重要的非邪恶原因之一。对于那些在我们眼中习以为常的事情置之不理，会导致我们用身边的奇珍异宝去换一个毫无价值的东西，最后只留下无穷的懊悔、怨恨与自甘堕落。不幸的是，妻子、丈夫、孩子、朋友死后比生前更容易得到爱与赞扬。身体健康、政治自由、经济富裕等现象也是如此，它们真正的价值只有在丧失后才被认识到。

赫兹伯格对工业中“保健”因素的研究、威尔逊对圣·尼奥兹“边际”的观察、我对“低级牢骚、高级牢骚与超级牢骚”的研究都说明，如果我们能像自我实现者那样对待身边的幸事，如果我们能像他们一样保持对好运气的常新感受与感激，那么我们的生活也会获得巨大的进步。

8. 巅峰体验

对我们的研究对象而言，这些被称为神秘体验的主观体验，是极其普遍的体验。对此，威廉·詹姆斯有过很好的阐述。上一节谈到的那种强烈情感，偶尔会变得强烈、骚动并弥散开来，变成一种神秘的体验。我对这个问题的兴趣和关注度，首先是由我的几个研究对象引起的。他们用笼统且普遍的言辞对他们的性高潮进行了描述。我后来想到，这些言辞曾被各种类型的作者用来描述他们称为神秘体验的东西。有一些感受是相通的：没有边际的地平线在眼前展开、同时出现了不曾有过的更有力或更无助的感觉、强烈的狂喜、迷茫、敬畏感、在时间和空间中的失落感，最后，认识到发生了很重要也很有价值的事情的感受。如此，在一定程度上，我的研究对象甚至在平日里也被这种体验所改变和提升。

断绝这种体验与任何神学或超自然现象的联系是十分重要的，即使它们之间已经有数千年的联系了。由于这是一种自然体验，属于科学的势力范畴，我将其称为巅峰体验。

从我们的研究对象那里也能了解到，这种体验可以以较弱的强度出现。神学作品会假设，有一种绝对的、性质上的差异存在于神秘体验和其他体验之间。一旦将其从超自然的背景中抽离出来，当成自然现象去研究，就有可能将神秘体验看作在数量上是连续的，从强烈到温和。从而，我们会发现，微弱的神秘体验在很多人那里，甚至在大部分人那里都会发生，而且在它所钟情的人那里，会更加频繁地发生，或许每天都会发生。

很明显，强烈的神秘体验是一种强度极大的体验，其中存在着自我消失与自我超越，这些体验包含：以问题为中心、高度集中精力，委身于行为，强烈的感官体验，对音乐或艺术的忘我、投入地欣赏等。

1935年，这一研究正式开始，从那时起，我已经逐渐把注意力转移到巅峰者和非巅峰者的区别上。二者之间也许只有程度和数量上的差异，但这是一个非常重要的差异。我在《Z理论》一文中，已经对它的后果进行了详细的叙述。总的来说，非巅峰型的自我实现者似乎是讲求实际、追求实效的人，是在这个世界上成功生活着的中间变体。而巅峰者除了上文提到的情况外，似乎也生活在存在的王国中，生活在诗歌、审美、象征、超越的境界中，生活在神秘的、个人的、非机构性的“宗教”中，生活在终极体验中。我预测，这将是性格学上关键的“种类差别”之一。

这一点对社会生活而言极其重要，因为那些“健康的”、非巅峰型的自我实现者可能会成为人类社会的改革者、政治家、社会工作者、改良者、领导者；而那些超凡脱俗的巅峰者更有可能写诗、作曲、研究哲学或献身宗教。

9. 人类亲情

自我实现者对人类怀有很深的认同、同情和爱。他们感受到亲情与关联，正因如此，他们怀有帮助人类的真诚愿望，仿佛所有人都是一个大家庭。一个人对待兄弟的情感大概是爱的情感，就算这些兄弟愚笨、软弱或偶尔卑鄙，他们还是会比陌生人更容易获得宽恕。也正因如此，自我实现者才有帮助人类的真诚愿望。

假如一个人没有足够宽广的视野，那么他是很难体会到这种对人类的认同感的。毕竟自我实现者在思想、冲动、行为和情感上与其他人不同。在这些方面，在一些基本方式上，自我实现者就像一个异乡中的异客，很少有人能真正理解他。他常为普通人的缺点而沮丧、愤慨，甚至被激怒。即便这都是些不值一提的小事，但有时也会变为痛苦的不幸。有时，不管他们相聚多远，始终会觉得和这些人之间存在一种内在的亲缘关系。并且，如果不是优越感，起码也会认为，比起其他人，他们可以在很多事情上做得更出色。他们可以看到别人看不到的事情，明白别人不知道的真理。

10. 谦逊和尊重

我的研究对象都是最深刻意义上民主的人。以往对于民主与集权主义的性格结构的分析是这一观点的基础。不过这种分析太过复杂，在此不便重复，我们只能简要地描述一下这种表现的几个方面。这些人具有显著的、且明显表现出来的民主特点。他们能够同任何性格相投的人友好交往，无论这些人的阶级、教育、政治信仰、种族或肤色情况如何。实际上，他们往往意识不到这些差异，但这些差异对普通大众而言是那么关键且重要。

除此之外，他们对民主的感受也十分深厚。比方说，在他们看来，只要一个人在某方面优于自己，便可以向他学习，在这样的学习关系中，他们不会试图维持外在的尊贵或寻找地位、年龄上的优越感。甚至可以这样说，我的研究对象都具有某种谦逊的品质，他们永远觉得自己懂得不够多。恰恰出于这个原因，他们才可以毫不虚张声势地向那些值得学习的人表示诚挚的尊重和敬意。只要一位木匠是个好木匠，只要某个人是自己行业中的专业人士，他们就会向他表达最真挚的尊重。

必须将这种民主情感同缺乏对各种趣味的鉴别力、草率地将一个人等同于另一个人的做法区别开来。这些研究对象本身就是优秀人物，他们选择的朋友一样是优秀人物，不过他们的优秀并非表现在出身、种族、血统、家族、家庭、寿命、青春、声誉或权利方面，而是表现在性格、能力、天赋方面。

自我实现者身上有一种不可捉摸的最深刻也最模糊的趋向：只要是一个人，就给予他一定程度的尊重，就算是对无赖，也没有超越某种最低限度去降低、贬损或对其人格进行侮辱的意思。这一点和他们强烈的是非观、善恶观是共存的。他们更有可能挺身而出，去对抗那些邪恶的人和行为。对于邪恶所引起的愤怒，他们不会像普通人那样犹豫不决、手足无措或软弱无力。

11. 人际关系

与其他成年人相比，自我实现者有着更深刻、更深厚的人际关系。与普通人相比，他们具有更崇高的爱、更完美的认可、更多消除自我界限的能力。不过，自我实现者的人际关系有一些特别的地方。首先，这些关系的另一方倾向于比普通人更健康，更接近（通常是非常接近）自我实现者。但由于这种人所占比例很小，在此有一个极高的选择标准。

这种现象，以及其他一些现象的结果是：自我实现者和少数人之间有着非常深刻的联系。以这种自我实现的风格与他人亲密接触，似乎要占据更多的时间，因此自我实现者的朋友圈往往很小，他们深爱的人在数量上也很少。忠诚绝非一时的事情。对此，一位研究对象说："我没有时间交很多朋友，换句话说，如果要交真正的朋友，是无法同时交很多的。"这类排他主义的忠诚，确实可以和一般的人类温情、仁慈、爱以及友情并存。这些人几乎对所有人都十分和蔼且有耐心。在面对儿童时，他们会表现出一种特别的爱，并且很容易被他们触动。在一种极其真实、特别的意义上，他们爱或者更准确地说同情整个人类。

这种爱并不意味着缺少鉴别力。他们也会以现实且严厉的口吻谈及那些虚伪、傲慢自大、不可一世、自吹自擂的人。可是，他们在与这类人相处时不会表现出自己对他们的不满。他们认为，大多数人都没什么了不起的，而这类人本可以非常了不起。只不过他们犯了一些愚蠢的错误，从而感到痛苦，他们不明白为什么自己本意是好的，却落得这样的结局。那些令人不快的人往往会付出痛苦的代价。他们应该被怜悯而不是被攻击。

简单来说，他们对别人的敌意反应是：（1）他们活该如此，（2）这是为被攻击者或另一个人好。按弗洛姆的意思，他们敌意的基础绝非来自性格，而是反应性或情境性的。

那些我已掌握其材料的研究对象，还将另外一个特征统一表现了出来：他们会吸引一些钦佩者、朋友甚至是信徒、崇拜者。自我实现者和他的钦佩者们之间的关系往往是一厢情愿的。钦佩者们所要求的，总是比被钦佩者愿意提供的要多。同时，钦佩者们的热心往往令被钦佩者感到为难、苦闷甚至厌烦，因为他们经常超越平常的界限。情况总是这样，在迫于无奈建立起这样的关系时，我们的研究对象通常是好心的、愉悦的，但是，他们会尽量礼貌地避开那些钦佩者。

12. 道德

在我的研究对象中，没有人会对分辨自己实际生活中的是非没有把握。

无论他们能否借助语言清晰地表达这种状态，在日常生活中，他们都很少表现出混乱、不解、自相矛盾或冲突，但这一切在普通人处理道德问题时是很常见的。可以说，自我实现者有着极强的道德力量和清晰的道德标准，他们只会去做正确的事情。不必多说，他们的是非观念通常是不合习俗的。

D. 列维博士曾经提出一个表明我所描述的这一品质的方法：如果在几个世纪之前，这些人会被看作与上帝同道的人或圣人。他们中的一些人表示他们信仰一个上帝，不过他们将上帝刻画成一个形而上学的概念，而非一个具象的人。假如仅从社会学的角度来解释宗教，那么这些人，包括无神论者，都应该被归到宗教信仰者的范畴。但如果我们更为保守地使用“宗教”这一术语，来强调超自然的因素与传统的宗教观念（这自然是更普遍的用法），那么我们得到的答案将会截然不同——他们中基本无人信仰宗教。

13. 手段和目的

自我实现者的行为总是将手段和目的的界限表现得异常分明。通常来说，他们更重视目的，手段则明显从属于目的。不过这样的说法太简单了。对其他人来说，一些经历和活动仅仅是达成目的的手段，可我们的研究对象会把它当成目的本身，这样一来情况就复杂多了。相比一般人，他们可能更欣赏“做”的过程；他们往往既能获得“到达”的乐趣，又能欣赏“前往”本身的愉悦。他们还会把最普通的活动变成一场极具内在欢愉的游戏、舞蹈或戏剧。韦特海默认为，大部分孩子都极具创造性，他们能把某种俗套的程序、机械刻板的过程（比如，在他的一个实验中，将一个书架上的书搬到另一个书架上）转变为某种有序、有趣的游戏，他们通过一定的系统方法或韵律来达成这一效果。

14. 幽默感

早期发现证明，自我发现者的幽默感与普通类型不同。因为我们的研究对象也有这种特点，所以我当时很快就发现了。对于普通人感觉滑稽的事情，他们不会有这样的感受。恶意的幽默（通过伤害某人来逗笑众人）、展示优越感的幽默（嘲笑别人的缺点）、反禁忌性的幽默（硬充滑稽的猥琐笑话）不会让他们觉得开心。他们幽默的特点在于：更紧密地与哲理而非其他东西相关。这种幽默是真正的人的幽默，毕竟它的落脚点在于笼统地嘲笑人类的愚笨、忘乎所以或目中无人。有时候，这种幽默会以自嘲的方式表现出来，可自嘲者不会表现得像受虐狂或小丑一样。林肯的幽默就是一个很好的例子。林肯从不开伤害他人的玩笑，他的很多玩笑都带有某些意味，远不止让人发笑这么简单。他的玩笑更像寓言，更像一种极具趣味性的教育方式。

如果单纯地以开玩笑的数量为依据，那么我的研究对象远没有普通人那样幽默。与一般的双关语、笑话、妙语、揶揄和巧辩相比，他们的幽默更具思想性、哲理性。后者引发的通常是会心一笑，而不是捧腹大笑。它内在于当时的具体情景而不是被强加于这个情景，它是自发的而不是事先策划的，而且它通常是难以重复的。因为人们习惯于笑话故事和让人发笑的材料，所以他们理所当然会觉得我的研究对象太过严肃庄重了。

这种类型的幽默具有很强的感染力。人的境遇、人的骄傲、严肃、奔劳、忙碌、野心、努力、策划都能被视为有趣、诙谐甚至可笑的。我是在一度置身于一间满是“活动艺术”作品的房子里后，才对这种幽默感豁然开朗的。“活动艺术”作品以其喧闹、动荡、纷杂、奔劳、忙碌以及这一切的漫无目的对人生进行了幽默的讽刺。这种幽默感也影响到了专业性工作本身，从某种意义上来说，这些工作也属于一种游戏，在严肃对待的同时，也可以稍微放松一下。

15. 创造性

创造性是研究对象的普遍特征（详见本书第十三章“自我实现者的创造性”）。每个人都会以某种方式表现出独特的创造力或独创性。本章后半部分的讨论可以更加完整地解释这些独到之处。不过，需要强调的一点是，自我实现型的创造力不同于莫扎特型的特殊天赋的创造力。我们应当承认这一事实：天才展现出我们无法理解的能力，他们仿佛被专门赋予了一种冲动和能力，而这些冲动和能力同这个人人格中的其他部分关系甚微，从所有证据上来看，是这个人天生就有的。

我们在此不考虑这种天赋，因为它不是由心理健康或基本需要的满足来决定的。而自我实现的创造力是和孩子们天真、普遍的创造力一脉相承的。它似乎是人性的一个基本特点——是每个人生来就有的一种潜力。大部分人随着对社会的适应逐渐失去了它，但小部分人似乎保留了这种以新鲜、纯真、率直的眼光看待生活的方式，或像大部分人那样，失去后又在生活中得到了它。桑塔亚纳将其称为“第二次纯真”，这个说法很贴切。

这种创造力在研究对象身上并不是以写书、作曲、创造艺术作品等一般形式呈现的，相反，它以更普通的方式呈现出来。这种特殊类型的创造力作为健康人格的一种体现，就像是投射在世界上的缩影，或像为这个人的活动抹上了一层色彩。从这个意义上来看，可以有富于创造力的鞋匠、木匠或职员。一个人可以以源于自己性格天性的某种态度或精神去做某件事，甚至可以像儿童那样富于创造性地观照世界。

在这里，为了便于探讨，我单独提出这一特性，仿佛它与那些在它之前或之后的特性相互脱离，可事实并非如此。或许，我们现在探讨创造力时，只是站在结果的角度对我们此前称为更新颖、更有洞察力、更有效的感知进行描述。这些人似乎更容易看到真实的、本质的东西。正因如此，他们与那些狭隘的人相比更具创造力。

此外，这些人更少拘谨、更少受管制、更少受限，总之，更少地被文化同化。运用积极的术语来表达就是：他们更自然，更具自发性与人性。我们在他们身上看到的创造力也是这一点带来的结果之一。如果我们可以像研究儿童那样，假定每个人都曾经是自发的，而且在他们最深层本质上也是如此，但他们除了这种内在的自发性外还有一整套表层的强大束缚，那么这样的自发性必然会遭到制约，不会频繁出现。如果没有扼杀力量，或许我们就可以认为所有人都能展现出这种类型特殊的创造性。

16. 对文化适应性的反抗

从对文化的认可与文化认同这一简单意义上来说，自我实现者属于适应不良。尽管他们在很多方面都能与文化和谐相处，但他们在某种意义上是抵抗文化适应的，而且在一定程度上内在地疏远于他们沉浸于其中的文化。关于文化和人格的文献中很少谈到抵制文化整合的问题，就像理斯曼指出的那样，对美国社会而言，挽救残留文化显得尤为重要。

总体来说，这些健康人与远不如他们健康的文化的关系相当复杂，其中至少能归纳出以下成分：

（1）在我们的文化中，自我实现者在选择服装、语言、食物及行为方式时，同样会受到传统习俗的制约。可是，他们并非真正意义上的“传统”，当然也不是赶时髦。一般来说，他们会显示出这样的内在态度：社会上流行的习俗不会过多地妨碍他们，换一套准则也不是不行。即便生活因它们而舒适了不少，也不值得大惊小怪。在此，我们再一次见到这些人的一个广泛倾向：接纳大部分他们认为不重要、不可改变或对他们来说无足轻重的事情。

我们的研究对象对鞋子、发型，以及晚会上的礼貌、行为并不关注，别人也就对他们无可奈何。这绝非道德上的问题。然而，既然他们对习俗的态度是勉强的接纳而不是热情的认同，那么他们对习俗的服从便总是鲁莽而轻率的，或简单行事以求干脆、率直、节约精力。当遵从习俗变得令人愤怒或代价过于高昂时，当习俗将其肤浅的一面暴露出来时，他们会像抛开肩上的斗篷一样轻易地抛弃这些习俗。

（2）在青春期或狂热的意义上，这些人中并不存在权威的反叛者。即使他们因不公而愤怒，他们对文化也不会表现出主动的没有耐心或动辄出现的、长时间不间断的不满，他们不急于改变它。我的一个研究对象，他年轻时是极度狂热的反叛者，曾组织了一个工会，这在当时是相当危险的工作，现在他早已厌烦并失望地放弃了这一切。出于对（该文化和时代中）社会变革的缓慢适应，他最终从事了青年教育工作。其他人则显示出了对某种文化进步的从容和长久的关心。在我看来，这意味着承认变革的缓慢以及这种变革的毫无疑问的益处与必要性。他们出现这种情况并不是因为缺乏斗争性。即使他们在通常意义上算不上激进派，可在我看来，他们极有可能转向激进派。

首先，他们是一帮知识分子（不要忘记是谁选择了他们），其中的大多数人已有了自己的使命，认为自己在为改良社会而从事真正重要的工作。其次，他们是现实的，不想做出巨大且无谓的牺牲。在真正斗争激烈的形式下，他们会放弃自己的工作参与到激烈的社会活动中去（比如，德国与法国的反纳粹地下活动）。我认为，他们反对的是无效斗争，而非斗争本身。

讨论中常常出现的另一个点是关于享受生活、过得快乐的希望。这一点同竭尽全力的狂热反抗基本上是对立的。而且，他们觉得后者牺牲太大，却只获得了微小的成果。他们中的很多人都有过斗争的经历，也有过焦躁、热忱的插曲，但他们现在认为，不能过于乐观地看待急速变革。他们这些人作为一个整体，力求用一种可以被认同的、从容不迫的态度从内部革新文化，而不是排斥它，从外部反对它、与它抗衡。

（3）脱离于文化的内在感受不一定是有意识的，但几乎会出现在每位研究对象身上，特别是在探讨作为整体的美国文化时，在与其他文化进行比较时更是如此。其实，他们似乎经常疏远它，似乎他们并不属于这种文化。疼爱与敌意、赞许与批评的不同比例的混合，说明他们凭借自己的眼光从美国文化中选择好的东西、而拒坏的东西于千里之外。归根结底，他们对文化进行衡量、剖析和分辨，最终做出自己的决定。

这种态度与一般的消极顺从于文化塑造很不一样，后者能够在很多关于集权主义人格的研究中，以及在具有民族中心主义的研究对象身上发现。它与排斥相对较好的文化不同，较好是相对于实际存在的其他文化而言，而不是相对于想象中的理想天国而言。我们的研究对象比较冷漠，乐于独处（对此前文已经说明），不会像大多数人那样对熟悉的事物有着强烈的需求和偏爱，这些情况或许都体现出了他们独立于文化的特质。

（4）我们可以把他们称为有自主性的人，他们不受社会原则的掌控，而是受自己的个性原则的掌控。正是在这个意义上，他们不仅仅是美国人，从广义上来讲，他们比其他人更属于人类的成员。

假如僵硬地去解释，说这些人高于甚至超越了美国文化，是一定会引起误会的，因为他们终究还是说美国话、有美国人的行为举止及性格。倘若我们把他们与过分社会化、行为机器化和种族中心主义进行对比，我们不禁做出假设：这个研究对象群体不仅是另一个亚文化群体，而且它更少文化适应、更少平均化、更少模式化。在此存在一个程度的问题，他们处于一个连续统一体中，这个连续统一体是按照从对文化的相对接受，到与文化的相对分离的顺序排列的。如果这个假设成立，那么我们可以在此基础上再推导出一个假设：独立于自己文化的人，不仅其民族性比较弱，而且彼此间在某些方面的相似程度也应当高于本社会中发展不充分的同胞。

总之，经由观察结果可知，相对健康的人有可能在美国文化中产生。那么，“可能在有缺点的文化中做一个健康人或者好人吗？”这个老问题也就有了答案。这些相对健康的人凭借内在自主与外在认可间的复杂结合得以生存下来，当然，前提是，这种文化可以忍受完全拒绝文化认同的独立性。

这当然不是理想的健康。我们的研究对象身上始终被强加着来自不完美社会的种种束缚和局限。这些束缚和局限让他们不得不隐藏起自己的一些秘密。而他们越是保存秘密，其自发性就越少，某些潜能也就越难实现。既然在我们的文化中（也许在任何文化中），可以达到健康的是少数，那么这些达到健康的人往往具备他们特有的孤独感，从而较少自发性，较少潜能的实现[1]。

17. 不完美性

小说家、诗人和散文作家们常犯的错误是，把好人写得太好，以至于把他漫画化了，最后导致谁都不愿意成为那样的人。人们将自己对完美的期望，以及对个人缺陷的罪恶感投射到各种人物的身上，一般大众对他们的要求远远多于对自己的要求。因此，人们通常认为教师和牧师是没有愉悦、没有世俗欲望、没有瑕疵的。在我看来，很多尝试刻画好人（健康人）的小说家将这些好人描绘成了自以为是的讨厌鬼、提线木偶或不真实的虚假缩影，而非还原他们本来的形象——身强力壮、精力充沛、活力四射的个体。我们

---

1 在这一问题上要感谢特拉·丹波博士对我的帮助。

的研究对象会表现出很多人类的小缺陷。他们一样有愚蠢、浪费、大意的习惯，一样会表现出枯燥、执拗、愤怒的状态。他们无法摆脱肤浅的虚荣心和骄傲感，尤其是涉及他们自己的作品、家庭或孩子时。

有时，我们的研究对象还会显露出不同寻常的、出人意料的无情。他们都是很坚强的人，在必要的时候，他们可以凭借非同寻常的能力显露出一种外科医生般的冷静。如果他们发现自己长久以来信任的人不诚实，他们会毫不犹豫地终止这份友情，而不感到痛苦。一个和自己不爱的人结婚的妇女，在下定决心离婚时会显露出近乎残忍的果断。他们中的某些人可以从亲友死亡的噩耗中迅速恢复过来，以致显得有些无情。

这些人既坚强，又不会被大众舆论支配。当一位妇女在一次聚会上被介绍给别人认识时，由于她对对方枯燥的俗套十分气愤，因此会故意让自己的言行使对方感到震惊。可能有人会说，她这样做会使他人对她产生敌意，甚至可能迁怒于主持聚会的主人。虽然我们的研究对象打算疏远这些人，可男女主人却没有这种打算。

我们不妨再列举一个主要来自研究对象对非个人世界十分专注的案例。当他们聚精会神或沉浸于个人兴趣中时，当他们对某种现象或问题极其专注时，他们会对周遭的一切漠不关心、缺乏幽默感、忘记一般的社交礼貌。在这种情形下，他们讨厌聊天、玩乐、聚会的特点往往会表现得特别明显。他们的行为举止或许会令人觉得痛苦、震惊、羞愧或受伤。其他令人不快（起码在他人看来）的后果上文已经列举过。

甚至他们的仁慈也让他们频频犯错。比如出于怜悯而和某人结婚，在同神经症患者、不幸者以及大家厌恶的人交往时陷得太深事后懊悔不已，有时为恶棍行骗大开方便之门，因给出的东西超过了应有的范围，而无意中鼓励了寄生虫与精神变态者，等等。

最后，上文已经说明，这些人也有罪恶感、焦虑、颓废、自责、内心的矛盾与冲突。这些现象并非源于神经症，但今天大多数人（甚至包括大多数心理学家）都忽略了这个事实，往往仅根据上述现象便认定这个人是不健康的。

我们都知道，金无足赤，人无完人。好人、非常好的人，甚至是伟人都可以找到。创造者、先知、哲人、圣人、巨人以及实干家也确实存在。就算这些人非常少有、寥寥无几，但也给人类的未来带来了希望。可是，他们一样有易怒、暴躁、枯燥、自私、颓废等缺点。我们要先放弃对人性的幻想，才能避免对人性的失望。

18. 价值

自我实现者会以哲人的态度接纳自我、人性、多数的社会生活、自然与客观现实，这为他的价值系统提供了牢固的基础。这些接受性价值在日常的个人价值判断中占据较大比例。他赞成或不赞成的、反对的或建议的、高兴的或悲伤的，都可以理解为是这种接受性的潜源特质的表面衍生物。

自我实现者的内在动力不仅自然地、毫无例外地为他们提供了这样的基础（从这个意义上来看，充分发展的人性也许是普遍性、跨文化的）；同样的动力也提供了其他决定因素。这些决定因素有：（1）他们与现实非常舒适的关系；（2）他们的人类亲情感；（3）他们基本上获得满足的状态，最终形成种种富余、富足、充盈的结果；（4）他所特有的对于手段和目的的区分，等等。

这种对待世界的态度及其实践产生的一个重要后果是：在生活的诸多领域，冲突、争斗、选择时的犹豫和矛盾减轻或消失不见了。显然，“道德”在很大程度上是不接受和不满的副现象。在某种异教徒的氛围中，很多问题似乎并无道理，而且淡化了。事实上，与其说解决了这些问题，不如说看清了它们，它们从一开始就不是一些内在固有的问题，而仅仅是一些“病态的人造成的”问题，如打牌、跳舞、穿短裙、（在某些教堂里）接受祝福或（在其他教堂里）不接受祝福、喝酒、只吃某些肉类或只在某些日子里吃肉。对自我实现者来说，不仅这些琐事变得没那么重要了，而且整个生命进程也在一个更重要的水平上不断发展，比如两性关系、对于身体结构及其功能的态度、对死亡的态度，等等。

对于这一发现更为深层的探索让我意识到，被看作道德、伦理及价值的许多东西，也许是大众一般心理病态的副产物。普通人迫于无奈，在冲突、挫折及威胁中做出选择（价值在选择中表现出来），而对自我实现者来说，这些冲突、挫折及威胁都消失了或解决了。在他们眼中，看似不可调和的两性斗争不再是斗争，而是快乐的合作，成人和儿童的利益压根不存在那么强的对抗性。

在他们看来，不仅异性间和不同年龄间的人的不和是这样，先天差异、阶级、种姓差异、政治差异、不同角色间的差异、宗教差异等也是这样。正是这些差异滋养出了焦虑、惧怕、敌意、攻击性、提防和嫉妒。但目前来看，它们似乎不一定如此，因为我们的研究对象对于差异的反应，就很少是这种不值得追求的类型。他们不畏惧差异，反而更享受它们。

师生关系是一个很典型的例子。在我们的研究对象中，教师的行为方式非常健康，这主要因为他们对这种关系的理解与常人不同。比方说，他们把它理解为快乐的合作，而非意志、权威、尊严的冲突。他们用自然的坦率代替做作的尊严，前者很难受到威胁，但后者会轻易地甚至难以避免地被冒犯；他们不会装出无所不知、神通广大的样子，更不会搞恫吓学生的权威主义；在他们看来，学生之间和师生之间是没有竞争关系的，他们不会摆出一副教授的架子，而是保持木匠、管道工人那样大众本色；这一切都营造出一种没有猜忌、敌对和担忧的课堂氛围；在婚姻关系、家庭关系及其他人际关系中也是如此，当威胁减弱时，这些类似对威胁的反应也会随之消失。

绝望的人与心理健康的人的原则与价值观，起码在某些方面是有差异的。他们对自然、社会和自我隐匿的心理世界的感知有很大不同，对这种感知（理解）的组织及有效利用，部分地是这个人价值系统的职责。对基本需要满足匮乏的人而言，世界充满了危险，一片丛林、一个敌占区，其中的居民部分被他们所掌控，部分则掌控着他们。和所有丛林居民的价值体系一样，他们的价值体系也难免受到低级需要、特别是生理需要和安全需要的操纵和组织。基本需要获得满足的人则不同，基本需要被充分满足后，他们可以去追求更高级的满足。也就是说，二者的价值体系不同，事实上也必然不同。

在自我实现者的价值体系中，其最高部分是绝无仅有的，是个人特殊性格结构的展现。这种情况一目了然、毋庸置疑，因为自我实现即实现一个自我，而没有两个自我是完全相同的。只有一个雷诺阿，一个勃拉姆斯，一个斯宾诺莎。我们的研究对象有许多相同点，但与此同时个体化的程度又很高。他们更鲜明地成为他们自己，不像常人对照组的成员那样容易彼此混淆，换句话说，他们之间很相似却截然不同。他们比目前为止描绘过的每一类人都个体化得更为彻底，同时也社会化得更加完整，对人类的认同更加深刻。他们与人类族群共性相近，同时与他们独特的个体性相近。

19. 二分法的消解

现在，我们终于可以允许自己总结并强调一个极其关键、通过对自我实现者的研究而得到的理论上的结论了。在本章和其他章节中有多处推断，过去觉得完全不同、对立或一分为二的东西，其实只在不健康者身上存在。在健康者看来，这些一分为二的问题已经解决，对立已经消失，许多以前认为是内在对立的东西合并成了一个统一体。

比如，在健康者身上，长期以来存在于心与灵、理性与本能或认知与意动间的对立消失了，它们的关系从对立变成了合作，他们之间的冲突消失了，因为它们表达的意思是相同的，得到的是结论也是相同的。归根结底，在健康者身上，欲望和理想互相契合，完美无缺。圣奥古斯丁说：“钟爱上帝，随心所欲”，这句话可以被恰当地诠释为“做健康者，随心所欲”。

在健康者身上，自私与无私的二分法消失了，因为他们的每一个行为从根本上看既利己又利他。我们的研究对象既有高尚的精神生活，又不受制约，喜爱声色口腹之乐，这使得性成为通往精神与“宗教”的路径。当职责相当于快乐、工作相当于消遣时，当尽职尽责、追求实效的人也在追逐快乐，且确实感到愉悦时，职责与愉悦、工作与消遣便不再相互对立。如果最社会化的人本身也最个性化，如果最成熟的人也兼具孩子般的天真与真诚，如果最讲道德的人生命力也最旺盛、欲望也最强，那么继续保持这些区别还有什么意义？

仁慈与冷酷、具体与抽象、接纳与对抗，自我与社会、适应与不适、疏远他人与认可他人、严肃与幽默、认真与随意、庄重与浮夸、酒神与太阳神、内倾与外倾、循规蹈矩与不合习俗、神秘与现实、积极与消极、男性与女性、肉欲与爱情、性爱与基督之爱，对于以上对立我们也有同样的发现。对这些人来说，本我、自我与超我是相互配合的，它们之间不会产生冲突，也不存在利益的根本分歧，但神经症患者则截然相反。他们的认知、意动与情感结合成一个有机统一体，出现了一种非亚里士多德式的互相渗透的情况。

高级需要与低级需要的满足并非互相对立，而是趋于一致的，人们发现，很多关键的哲学推理都有两种以上的答案，或根本没有答案。假如两性冲突在成熟的人那里根本不存在，而只是成长中的障碍或缺点的预兆，那么谁还愿意去选择这种冲突呢？谁会谨慎、刻意地去选择心理病态状态？当我们发现健康的女性又好又坏时，还有必要在好像是互相排斥的、女性的好与坏之间做出选择吗？

健康人与普通人的区别不仅表现在程度上，在类型上也一样有着巨大的差异，以致他们形成了两种完全不同的心理学。我们愈发清晰地看见，对有缺点、发育不全、不成熟以及不健康的人进行研究，只能产生支离破碎的心理学与哲学，而对自我实现者的研究，必定会为一种更具广泛意义的心理科学奠定基础。

第十二章　自我实现者的爱情

经验科学能够提供的有关爱情主题的材料少之又少，令人吃惊。更让人感到奇怪的是，心理学家们在这一问题上不约而同地保持沉默，因为我们也许会把这视为他们的特殊责任。这或许再次表明了学院派爱犯的一个毛病：他们更倾向于去做那些能够轻易做到的事情，却不愿意去做那些他们应该做的事情，就像我认识的那个呆头呆脑的厨师助理，某天，他把旅馆里所有的瓶瓶罐罐都打开了，只因为这是他的看家本领。

我承认，既然我已经接受了这项任务，就有必要更深入地去了解这个问题。在所有传统中，这都算得上是一个非同寻常的棘手问题，在科学的传统中更是如此。我们仿佛置身无人之地的最前端，身怀正统心理学技术却毫无用武之地。

可我们的任务依然清晰。我们务必要理解爱情，务必去传授它、创造它、预知它，不然世界将会在敌意和怀疑中迷失。我们已经在前文讲述了与此相关的一些发现，现在我们面临的特殊问题是，“关于爱情与性活动，这些人可以给我们带来什么教益？”

一、开放性

在西奥多·里克看来，焦虑的消失是爱情的特征之一。我们可以清楚地在健康的人身上看到这一特征。可以肯定，他们在这样的关系中倾向于逐渐完整的自发性，倾向于消除防御、放弃角色扮演、放弃尝试和努力。他们的亲密、诚恳与自我表现随着这种关系的发展而与日俱增，而这一切的巅峰是一种罕见的现象。从这些人的报告中可以看出，和自己亲爱的人在一起，人可以成为自己，感到无拘无束。这样的坦率也包括向伴侣坦然告知自己的缺点、弱点、生理与心理上的短处。

我的研究对象汇报说，健康的爱情关系可以形成一种最深刻的满足，它容许最大程度的自发性、无拘无束、对威胁的提防和防备。在这种关系里，一个人完全没有警惕、隐藏、尽量惹人注目、感到紧张、言行谨慎、压抑或抑制的必要。我的研究对象认为，他们完全可以主宰自己、丝毫感觉不到别人对他们的要求或期待，他们感到自己在心理上（同样也在身体上）是绝对赤裸的，可仍然感到被爱、被需要和安全。我的研究对象往往超出了传统的礼尚往来这类低级需要，可以自由地表现出他们的敌意与愤慨。这一点更进一步支持了上述结论。

二、爱和被爱

不管是过去还是现在，我的研究对象都被别人所爱，同时也爱着别人。在几乎全部可以获得事实资料的研究对象那里，这一点都指向这一结论：心理健康（别的情况也一样）源于爱的获得而不是爱的掠夺。即使禁欲主义算是一条可行的路径，即使挫折仍有某些有益的效果，但基本需要的满足还是更像我们社会中健康的预兆。这不仅就为他人所爱来说是正确的，并且就爱他人来说也是正确的。

此时，我们的自我实现者爱着别人，也同时被别人所爱，这点是准确无误的。因为一些原因，我们最好说，他们有爱与被爱的能力（这句话像前一句话的重复，可实际上不是）。这些都是临床观察到的实际情况，是广为人知、可以被验证或证伪的。

门宁格提出，人们的确需要互爱，可他们往往不清楚怎样去做。这种情况不会出现在健康人身上。他们知道怎样自在、轻松、自然地去爱，而不会被卷入纠纷、威胁或压制之中。

然而，我的研究对象在使用“爱情”这一词语时，又超乎寻常地小心翼翼。他们只是把这一词语用在几个人，而非很多人身上。他们还有把爱某人、喜欢某人、友善、仁慈、兄弟情义完全分开的倾向。他们认为这一词语意味着一种强烈的感情而不是一种温柔或淡漠的感情。

三、性

性生活在自我实现者的爱情生活中有着特别且复杂的性质。我们可以从中了解到很多东西，这绝不是一个简单的故事，其中包含很多互相交错的线索。我不敢说这方面的资料很多，因为我们在私人生活中很难得到这类信息。不过，总体来说，据我所知，他们的性爱生活极具特色，在描述它的时候，我们能够按照性和爱的本质获取种种不同的结论，这些结论既可以是积极的，也可以是消极的。

一方面，我们可以说，健康人的性和爱可以且大部分时间是融合在一起的。当然，它们也能相互分离，我们无意坚持将二者混合在一起，但在健康人的生活中，二者是有完全结合在一起、融为一体的倾向的。我们也可以说，在我们研究的这些人的生活中，性和爱不是相互分离的，它们也不能相互分离。总体上说，自我实现的男人与女人倾向于不为性而性，只有性的话也难以获得满足。我不确定我掌握的资料能否让我这样说：假如没有感情，他们宁可不要性生活。可我非常确信的是，我有几个这样的案例，由于当时没有爱或感情，因此性活动被放弃或拒绝了。

性高潮在自我实现者身上比在一般人身上更加重要，但同时又不像在一般人身上那么重要。性体验往往是一种深刻、几乎是神秘的体验，不过如果性欲未能获得满足，那么性满足的匮乏也较容易被这些人所忍受。这不是一个悖论或矛盾。它源于动力动机理论。低级需要受制于更高需要层次上的爱，爱使得低级需要变得不那么重要、偏离生活重心、容易被忽视。不过，一旦这些低级需要得到了满足，更高需要层次上的爱也会使人们更为专注地享受这些需要。

即使性活动在人生中并非主要角色，可自我实现者依旧能够一心一意地享受它，这是普通人难以获得的享受。这是某种理所当然去享受的东西，某种可以看成天经地义的东西，某种在它之上可以建立其他事物的东西，某种像水和食物一样不可或缺的东西，但其满足应当被看成是理所当然的。自我实现者一方面远比一般人更强烈地享受性活动，另一方面又觉得性活动在整个参照系中没有那么重要。这显然是悖论，不过，在我看来，上文叙述的那种态度应该已经解决了这一悖论。

应当进行强调的是，自我实现者面对性活动时的复杂态度会催生出这样一种情况：性高潮也许会带来神秘体验，可它在别的时间内并不受重视。也就是说，自我实现者的快乐可以很强烈，也可以很平和。这有悖于那种觉得爱情是一种神圣的喜悦、一种怡然自得、一种神秘体验的浪漫观点。

确实，自我实现者的性快乐可以是十分微妙而非过于强烈的。它可以是一种轻松愉悦、有趣的体验，不一定要严肃、深刻，更无须演变成一种中性的职责。这些人并不总是生活在激奋之中——他们往往处于一个比较一般的强度水平上，轻松愉悦地享受性活动，将其视为一种让人愉悦、怡然自得、妙不可言、令人舒畅、回味无穷的体验来享受，而不是将其视为一种天翻地覆的迷狂的情感体验。与普通人相比，自我实现者会更坦诚地承认自己被异性所吸引。我有这样一个印象，自我实现者乐于和异性保持一种很轻松的关系，同时也乐于被异性吸引。不过与其他人相比，他们鲜少不加节制地使用这种吸引。

我在健康人的爱情观中发现的另一个特征是，他们不会明显地区分两性的角色与人格。换句话说，无论在性行为、爱情，还是其他任何事情中，他们不会觉得女性是被动的而男性是主动的。这些人对自己的性别身份如此确定，以致不介意使自己具有一些异性角色的文化特征。尤其要注意的是，他们既可以主动地爱人，也可以被动地爱人，这一点在性行为和性交中表现得最为清楚。亲吻与接受亲吻，在性行为中是上体位还是下体位，主动付出或平静地接受爱，挑逗或接受挑逗——这些都可以在两性之间看到。报告指出，在不同的时间内，不管是被动还是主动都会获得享受。拘泥于主动性交或是被动性交被认为是一种缺陷。对自我实现者而言，两性都可以得到特殊的快乐。

这便与这样一个论点契合：性爱和基督之爱有着本质的区别，不过在最出色的人身上，二者可以融为一体。达西提到的两种爱，要么是男子气的、要么是女人气的，要么是主动的、要么是被动的，要么是以自我为中心的、要么是将自我隐匿起来的。确实，在普通人身上，这一切都是互相矛盾、两极对立的。不过，在健康的人身上情况不同。在他们身上，两极对立得以解决，个人变得既主动又被动、既自私又无私、既有男子气又有女子气，既以自我为中心又能将自我隐匿起来。

四、对自我的超越

对需要的认同，或者说把两个人基本需要的各种层次融合成一个单一的层次，是良好爱情关系的重要方面。其结果是，一个人能感觉到另一个人的需要，好像这是他自己的需要一样，与此同时，他也觉得自己的需要似乎在一定程度上属于另一个人。自我扩张开来，而后囊括了两个人。为了达到某种心理目的，两个人在一定程度上变成了另一个单一的个体、一个单一的人、一个单一的自我。

自我超越问题在爱情关系、利他主义、爱国主义等理论的形成过程中已经是陈词滥调了。安格亚尔的一本书提供了当代专业水平领域对这一倾向的精妙分析。在该书中，他对他称之为协同法则倾向的种种实例进行了探讨，他将协同法则倾向与自主倾向、独立倾向以及个体化倾向进行对比。安格亚尔要求在系统心理学中为这些形形色色的超越自我界限的倾向留有余地，越来越多的临床与历史证据表明，他是完全正确的。同时，这种超越自我界限的需要完全可以变成类似我们对维生素、矿物质的需要。这意味着，如果这种需要难以满足，那么人就会以这种或那种方式生病。可以说，最让人满意、最完美的超越自我的案例，就是健康的爱情关系。

五、嬉戏和娱乐

即使健康人的爱和性生活常常达到迷狂的巅峰，但我们绝对可以将其比喻为少年第一次萌发的稚嫩爱情。它是愉悦的、幽默的、充满趣味的。它从根本上来说并非一种努力，而是一种享受与欢愉。

六、对他人的尊重

每个对健康的爱情进行过探讨的严肃思想家都强调对他人个体性的认可、希望他人成长的意愿，以及对他人个体性与特有人格的基本尊重。这一点在对自我实现者进行观察后得到了有力验证。自我实现者会为伴侣的胜利而感到高兴，不会觉得这种胜利对他构成了威胁。他们以一种耐人寻味的、深刻且基本的方式去尊重自己的伴侣。

对另外一个人的尊重意味着承认他（她）是一个独立的个体、独立的存在。自我实现者不会随意地利用、支配或无视他人的愿望。他愿意给对方一种基本的、无法降低的尊严，不会没有理由地欺辱他。这一点对成人间的关系和自我实现者与儿童之间的关系都适用。他用真正的尊重去对待孩子是绝对可能的，并且在我们的文化中，这一点是其他人做不到的。

两性间尊重关系的一个有趣方面是，这种关系往往会被相反地认为是缺乏尊重，例如，我们都知道，大量所谓尊重女性的标志，其实是不尊重女性的过去遗留下来的产物，直到今天，人们也许还会无意识地表现出内心深处对女性的轻视。当一位女士进屋时，男人总会起立、请她落座、帮她把外套挂好，让她进门、把最好的东西给她、每样东西都先让她挑选。此刻体现出的文化习惯，从历史与动力学上说，蕴含着一个这样的观点，即女性是弱者、难以自我照顾，因为这一切都意味着保护，意味着对弱者与低能者的保护。极具自尊心的女性往往对此类尊敬厌恶不已，因为她们很清楚，这一切或许具有相反的意义。自我实现的男性真正地且从根本上倾向于视女性为伴侣、平等的人、朋友，视她们为完整的人而非人类不完整的成员。所以，从传统意义上来看，他们更从容、随意、不拘泥于礼节。

七、作为奖励的爱情

爱情有很多良好的效果，可这不意味着爱情是由这些效果激发出来的，也不意味着两性是为了获取这些效果才相爱的。在健康人身上发掘的爱情像是一种自然而然的赞赏，这和我们被一幅精美的绘画打动时体会到的油然而生的敬畏与喜悦相似。对于报酬和目的、强化和满足，种种心理学文献都已经做了很多阐释，但对我们称为终极体验（相对于手段体验而言）的那种东西，或自身便是报酬的、在美面前体会到的敬畏却谈得不够。

在我的研究对象身上呈现出来的赞赏与爱情绝大多数本身不要求报酬，也无益于任何目的，却能因其自身的特点而被具体且丰富地体验到。

这种赞赏不要求、也难以获得任何东西。它是没有目的、不求实用的，与其说它是主动的，不如说它是被动的，与老子哲学意义上的单纯接受类似。一个敬畏的感受者几乎完全相信自己的体验并被它所影响。他用纯真自然的眼神注视着、凝望着，好像一个既不支持也不反对、既不赞扬也不批评的孩子，只因痴迷于这种体验的内在吸引力而任由它渗入心扉，发挥自己的效果。这种体验类似于我们在海边那种迫切又被动的活动：接受海浪的任意拍打，享受着其中的趣味；或类似于对变化着的落日美景非情感化的兴趣与敬畏、非投射性的欣赏。我们很少会赋予落日什么意义。

因此，我们不会把自己投射到体验之中，也不会尝试着去塑造它，就像我们在罗夏测验中能做的那样。它不意味着任何东西，我们不是因为什么奖励或关系而去赞赏它。它与牛奶、食物或任何身体需求无关。我们完全能做到欣赏一幅画而不试图去占有它，欣赏一株玫瑰而不试图摘下它，欣赏一个漂亮的婴儿而不试图绑架他，欣赏一只鸟而不试图囚禁它。由此可见，一个人也可以通过一种无欲无求的方式赞赏和享受另外一个人。当然，与敬畏与赞赏一同出现的还有将两个人联系起来的其他倾向；它并非这幅图画中仅有的倾向，可它确实是画中的一部分。或许，这个观察最关键的意义在于，我们会因此和大部分的爱情理论相冲突，因为在大部分理论家看来，一个人爱上另一个人是由于受到了驱动而不是被吸引。弗洛伊德所探讨的是目的被压制的性爱，里克所探讨的是目的遭受压制的力量，而大多数人所探讨的则是对自我的不满，自我迫使我们创造出一个由我们自身投射出来的幻象、一个不真实的（由于被过高估价）伴侣。

清晰的是，健康的人沉浸在情感之中，宛如一个人欣赏伟大的音乐——感到敬畏、被其征服、喜欢上它。事情就是这样，虽然并不存在被伟大音乐征服的先验需要。霍妮在一次演讲中指出，他人本身便是目的而非达成目的的手段，并以此界定非神经质的爱情。随之而来的反应是去享受、赞赏、感受乐趣、照管并欣赏，而不是去利用。圣·贝尔纳的描述十分贴切：“爱情不会在自身之外去寻觅原因与界线，爱情是自身的成果，是自身的趣味。因为我爱，所以我爱。我爱，是因为我可以爱。”

八、利他主义的爱

这样的观点在神学文献中屡见不鲜。人们竭尽全力区分上帝之爱和凡人之爱，因为他们认为，无私的赞赏与利他主义的爱是一种超人的能力，凡人是不具备的。当然，我们一定要驳斥这个论点；当人处于最佳状态、得到充分发展时，会展露出很多过去被视为超自然的独有特性。

在我看来，如果把这些现象置于前几章提出的种种理论框架中，便可以非常透彻地理解这些现象。首先，让我们来思考一下匮乏性动机和成长性动机的差异。自我实现者不受安全需要、归属需要、爱的需要、地位需要和自尊需要的驱使，因为这些需要已经得到了满足。那么，为什么一个获得了满足的人还要恋爱呢？一个被剥夺了爱的人之所以恋爱，是因为他需要爱、期盼爱、缺乏爱，他被驱使着去弥补这一致病的匮乏。

自我实现者并无严重的匮乏需要填补，我们不得不承认，他们已经脱离了匮乏，能够去追寻成长、成熟与发展了。也就是说，能够去追寻更高的个体与人类天性的满足与实现了。成长是这种人行为的源泉，他们的成长过程被很自然地呈现出来，无须主观努力。他们爱，因为他们本身就是对他人充满爱的人；他们善良、真诚、自然，因为他们的本性就是如此；正如玫瑰的芬芳、小猫的优雅、儿童的天真，这些都不是刻意为之。

在自我实现者的爱情中，艰难、紧张、奋斗都很少见，而普通人的爱情却被这一切强烈地控制着。用哲学观点来说，自我实现者的爱情既是存在，又是生成，可以被称为“存在爱”——因他人的存在而爱。

九、分别和个性

自我实现者保留着一定程度的个性、独立性与自主性，这乍一看和我上文阐述的那种同一与爱情互相抵触。这一事实似乎造成了一个悖论。不过，这仅仅是一个表面上的悖论。超然独处、需要认同、与他人建立深刻联系的倾向，这些是可以在健康人身上并存的。

其实，自我实现者是最具个性、最富利他主义精神、最喜欢交际且最有爱人之心的。在我们的文化中，我们把这些性质置于一个单一的连续统一体的相对两极，这很明显是一个现在必须得到纠正的错误。在自我实现者身上，这些性质是可以兼容的，两分问题也在他们身上得以解决。

我们的研究对象身上有一种健康的自私、一种伟大的自尊以及一种不愿做无谓牺牲的倾向。

我们在这种爱情关系中见到的，是巨大的爱的能力和对对方以及自我的极大的尊重的融合。这点表现在，我们无法在一般意义上说这些人和普通的情人一样相互需要。他们在一起时亲密无间，分离后也不会垮塌。他们不互相依赖或存在某种寄生性关系。他们享受彼此，同时乐观地面对长久的分别或死亡，他们始终保持坚强。在绝大多数强烈且让人沉醉的爱情过程中，这些人始终保存着自我的本色，始终是自我的终极主宰者，他们虽然强烈地享受着彼此，可仍旧按照自己的标准生活着。

很明显，假如这一发现得到确证，我们就有必要对我们文化中的理想爱情或健康爱情的定义进行修正或拓展。我们习惯于根据自我的完全融合、自我独立性的丧失、自我的舍弃而不是根据自我的加强对其下定义。在自我实现者的爱情中，个体性得到了加强；自我在某种意义上与他人融为一体，但在另外一种意义上还是和以前一样独立而强烈。超越个体性与强化个体性这两种倾向是伴行的而不是矛盾的。进一步说，这意味着，超越自我的最佳方式是拥有一个强力的自我认同。

第十三章　自我实现者的创造性

15年前，我第一次改变自己有关创造性的观点，那时我刚开始研究健康、高度发展与成熟了的（即自我实现了的）人。自那时开始，这些想法始终演变着，而且我坚信，它们会不断演变下去。因此，本文是一个对极具价值的过程的报道，因为被讨论的主题本身是有价值的，而且我对什么是心理学以及心理学应该是什么的概念也始终在发生变化。

一、先入为主

我们一定要舍弃墨守成规的这种看法——认为健康、天才、才干等与多产意义相同。在我的研究对象中，绝大多数人在我即将阐述的某种特殊意义上是健康的、极具创造性的，可从一般意义上说，他们不多产，也不具备伟大的才干或天赋，更不是诗人、作曲家、发明家、艺术家或极具创造力的知识分子。但显而易见的是，某些极具才能的人类天才肯定不是心理健康的人，如瓦格纳、梵·高、拜伦，等等。

有些天才是心理健康的，有些则不是。伟大的天才或多或少与性格的良好或健康无关，但我们对这一点知之甚少。比如，有证据表明，伟大的音乐天才与数学天才通常源于遗传，而非后天形成。如此来看，心理健康与特殊才干似乎是彼此独立的变量，他们之间可能仅有极少的关联，甚至可能一点关联都没有。我们应当承认，心理学目前对天才人物的特殊才能仍然一知半解。我对此也无话可说，我准备将精力集中在那种较为普遍的创造上——它普遍存在于每个生存过的人身上，而且同心理健康状况一同变化。我很快发现，我和大多数人一样，是根据产物思考创造性的，并且，我只把创造性局限在与人们的努力有关的传统领域。换句话说，我不由自主地假定每一个画家都过着创造性的生活，诗人、作家也是如此。理论家、艺术家、科学家、发明家和作家有创造性，其他人则没有创造性。无论你是否是他们中的一员，无论你是否具有某些天赋，我们似乎都无法否认，创造性仅仅是某些职业的特权。

二、新的例子

然而，我那些类型不同的研究对象打破了我的预期。比如，一名贫穷的女性不曾接受过教育，她是母亲，也是家庭主妇。她没有从事任何传统意义上具备创造性的职业，但她仍是一位优秀的厨师、母亲、妻子。即使经济条件有限，她也会把屋子整理得井然有序。她是一个完美的女主人。她预备的饭菜宛若一场盛宴。她在银器、服饰、玻璃器皿、陶器及家具方面的品位完美无瑕。在所有这些方面，她都表现得新颖、独到、出人意料且富于创意。我必须得承认，她确实极具创造性。她和与她相似的人让我明白：相比起二流的绘画，一流的菜汤更有创造性，而且通常而言，烹饪、为人父母或操持家务也可以是创造性的，但写诗不一定是有创造性的，也有可能是枯燥乏味的。

我的另一个研究对象从事社会服务工作，她为别人包扎伤口，为那些置身于苦难之中的人提供帮助。她不仅以个人的方式，还以组织的形式从事工作。她的“创造”之一就是组建了一个类似的组织为更多人提供帮助。

还有一个是精神病医师，一个“纯粹”的临床医生，他没有任何作品，也不曾创造过任何理论或做过任何研究，但他沉浸在帮扶精神病人重建自我的日常工作中怡然自得。他对待每个患者都像对待世界上独一无二的人。他不会说晦涩的术语，没有太多的期许和自以为是，只有道家式的纯粹与卓绝的智慧。对他来说，每个患者都是独一无二的，他会以一种全新的方式去理解和对待每一个全新的问题。甚至在十分棘手的病例上，他也会获得极大的成功。这无疑能够证实，他的工作是具有创造性的，而非守旧的或一成不变的。

我从一个人身上懂得了，组建一个商业组织一样可以是具有创造性的举动。我从一名年轻运动员的身上懂得了，橄榄球赛中的一次擒抱阻拦，一样能展现出十四行诗那样的美感。也就是说，我不但学会了把“创造性”（还有“美感”）一词用在作品上，还学会了将其用在各有特色的人身上，以及活动、过程或态度上。同时，我将更进一步地将“创造性”应用在除传统的诗歌、理论、小说、实验、绘画之外的其他产物上，而不是仅仅将这一词汇局限于此。

三、自我实现的创造性

这样做的结果，便是我发现有必要对“特殊才干的创造性”和“自我实现的创造性”进行区分。后者更直接地源于人格，广泛显现于日常生活中，而且不只显现于在伟大和明显的产物中，也以很多别的方式，以运用某种幽默感、创造性做某件事的倾向中显现出来，比如在教学活动中。

1. 感知

自我实现的创造性的一个基本方面似乎就是一种特殊的感知，它类似于童话中孩子见到国王没穿衣服的那种感知（这也和将创造性视为一种产品的看法相抵触）。这些人既能看到新鲜的、天然的、具体的以及形象化的事物，也能看到属类的、抽象的、仪式性的、分门别类了的事物。结果是，他们在更为真实的世界里，而非在概念、抽象、渴望、信念以及陈规的虚构世界里生活着。罗杰斯创造的词组——“对体验开放”很好地表达了这一点。

2. 表达

相对而言，我的每个研究对象都极具自发性和表达能力。他们可以更为“自然”地表达，行为也鲜少受到限制和抑制；他们可以更轻易、流畅地展开自己的行为，更少停顿与自我责难。由此证明，这种不受挟制、不惧他人嘲讽而表达想法和冲动的能力是自我实现的创造性的一个基本方面。在形容这个健康的方面时，罗杰斯用了一个十分贴切的词汇——“充分发挥功能的人”。

3.“第二次纯真”

我的另一个观察结果是，自我实现者的创造性与自然快乐、逍遥自在的儿童的创造性在很多方面相似。它是自发的、轻松自然的、纯真的、自如的，是一种与墨守成规和老生常谈截然不同的自由。同样，它的主要组成部分似乎就是无感知的“纯真”、自由以及不受约束的自发性与表达性。几乎每个孩子都可以更为自由地去感知，没有应当存在什么、一定存在什么或始终存在什么的看法。而且，几乎每个孩子都能够即兴创作一首歌、一首诗、一支舞蹈、一幅画、一种游戏或比赛，而无须计划或事先准备。

恰恰是在这种孩子气的意义上，我们说我们的研究对象是极具创造性的。可是，毕竟我的研究对象早已不是孩子了（他们都是五六十岁的人），为了不让人误解，我们不妨这样说，也许他们保持了或再次获得了起码两种孩子气的主要方面，即他们不墨守成规，或者说“对体验开放”；再就是，他们有着自如的自发性与表达性。成年人身上的这些特点必然与儿童不同（质的不同）。如果说儿童是天真的，那么就像桑塔亚纳所说的那样，我的研究对象获得了“第二次纯真”。他们天真的感知与表现，是与老练结合在一起的。

不管哪种情况，都会让人产生这样的感觉：我们似乎在与人性内在的某个基本特征打交道，它是每个人或绝大多数人生来就有的一种潜能，只是在人适应文化的过程中被遗弃、埋没或抑制了。

4. 对未知事物的好奇

在另一个使创造性更进一步成为可能的特点上，我的研究对象也是别具一格的。相对而言，自我实现者不害怕未知、神秘、让人困惑的事物，反倒会被它吸引：选出它们，竭力研究、思索它们，沉醉其中。他们不会忽视未知事物，也不会拒绝、躲避或是试图装作已经对它有所了解，更不会过早地对它进行组织、剖析或归类。就像我们在戈尔茨坦研究脑损伤者或强迫性神经症患者时看到的，自我实现者不会依附于熟悉的事物，对真理的追求也与对确定性、安全、明确性、秩序的灾难性需要不同。在整体的客观情境需要时，他们能够舒适地安于没有秩序、轻率、纷杂、模糊、困惑、不确定、不明确、相似、不严格或不准确的状态（在科学、艺术或生活的某些时刻，这所有的一切都是值得的）。

四、“非此即彼”的消解

一个观察结果已经困惑了我很多年，不过现在它开始逐渐明确了。那就是自我实现者的“二分”问题的解决。简单来说，很多具有相对性和极端性的东西都被心理学家理所当然地认为是直线性和连续性的，不过我的看法不同。下面举一个例子，这是我遇到的第一个“二分”麻烦：我的研究对象到底是自私的还是无私的，这一点我无法确定。请看我是如何坠入“要么是，要么不是”的陷阱之中的。我对于这一问题的表述方式意味着：一方越多，另一方就越少。我们分析问题的方式是，事物的一部分多一些，另一部分就会少一些。然而，单纯的事实压力促使我舍弃了这种亚里士多德式的逻辑。

在某种意义上说，我的研究对象相当无私，可在另一种意义上又相当自私。而且这两种事例合起来之后好像一点也不矛盾，反倒形成一种明智的、动态的统一体或混合物，类似于弗洛姆在他的经典文章中对自爱的描述。我的研究对象能够将截然相反的事物融为一体，不禁令我意识到，视自私和非自私为对立且互相排斥的这一看法本身，就意味着人格发展依旧处在低水平阶段。在我的研究对象中，许多其他种类的“二分”也被溶解为一个统一体；认知对意动（心灵对心智、意图对现实）变为认知“联合”意动，就像本能与理智最终殊途同归一样。职责变成享乐，职责又包含着享乐。工作和游戏的界限混淆在一起，变得模糊不清。在利他行为变成自私的快乐时，自私的快乐又怎能和利他主义对立呢？在人群中，最成熟的那个人可能也最孩子气。自我意识最强、最具个性的人可能也是最没有自我、超越自我、以问题为中心的人。

这些恰好是伟大的艺术家们所做的。他们可以将相互对立的色调、形态及所有不协调的因素放在一个统一体中。这也是伟大的理论家们所做的，他们从令人困惑、不连贯的事实残片中组合出了整体。无一例外，伟大的政治家、伟大的治疗家、伟大的哲学家、伟大的父母、伟大的恋人、伟大的发明家都是如此。他们都是综合者，擅长将徘徊甚至是互相冲突的事物整合在一起。

我们在此谈及的是整合能力，是在人的内部反复整合的能力，是把他在世界上做的每一件事整合起来的能力，直到达到这样一种程度：将创造变为构建、合成、统一和综合，创造明确无误地部分依附于创造者内在的整合。

五、毫无恐惧感

当试图分析为什么这一切会是这样时，我发现事情似乎都可以归纳为这样一点：相对来说，我的研究对象缺乏恐惧感。确实，我的研究对象很少被文化同化，他们很少畏惧他人的言辞、要求或嘲讽。恰恰是这种对他们自身较深层次的自我认同与接纳，使他们更有可能接纳世界的真实本性，也使他们的行为更具有自发性（较少受控、较少抑制、较少计划、较少“意愿”与设计）。他们很少会对自己的想法充满惶恐，就算这种想法是“疯狂的”、愚蠢的或狂热的。他们也很少畏惧他人的嘲笑或拒绝。他们可以放纵自己的情感。与此形成对比的是，普通人与神经质患者因惶恐而隔绝了自己内在的大多数东西。他们操纵自己、压制自己、遏制自己、克制自己，对自己较深层次的自我进行谴责，同时期待别人也这么做。

我想说的是，我的研究对象的创造性似乎是他们更大程度上的整体性与整合性的一个附带现象。更大程度的整体性与整合性意味着自我接纳。一般人身上的内在深层次力量和防御、控制力量之间的内战，在我的研究对象身上似乎已经得到了化解，他们身上的分裂更少。结果是，他们自身有更多可以利用的内在资源，用来达到行动、享受与创造上的目的。他们在保护自我和防御自我的活动中只耗费了很少的时间与能量。

六、巅峰体验

我的另一项对“巅峰体验”的研究支持并丰富了这一结论。我要做的是，针对他们人生中最精彩、最振奋人心的体验去询问更多的人（不单单是健康的人）。

起初，这个研究是在这样一个尝试下展开的：创建一个关于认知变化的普遍、包罗万象（涵盖所有）的理论，这些认知变化就是在种种关于创造体验、感觉体验、爱情体验、顿悟体验、性高潮体验、神秘体验的特定文学作品里被描述的那些认知变化。我运用“巅峰体验”这一词汇来概括这一切。

我的印象是，每个这种体验都以类似或并行不悖的方式改变了这个人以及他对世界的认知。这些变化似乎经常与我描述过的自我实现相并行，至少也是这些人内在分裂瞬间的弥合。

如此，便形成了这一概念。不过我也意识到，我要舍弃以往觉得游刃有余的一些信念。一方面，我比以往更尊重谢尔登类的固有差异，查尔斯·莫里斯也发现了这一点。不同类型的人能够从不同类型的事件中得到他们的巅峰体验。不过，不管他们从哪里得到巅峰体验，他们对主观体验的阐述方式都是基本一样的。当我听到一个女性描述她生小孩的体会时，居然和巴克形容宇宙意识、赫胥黎形容每一种文化与时代中的神秘体验、吉色林形容创造过程、铃木大拙形容禅学的开悟体验时使用的词汇相同，我是十分震惊的。这也使不同种类的创造性、健康等定义进入我的视野。

然而，同我们目前话题有关的主要发现是，巅峰体验的一个基本方面是，体验者内在的整合和随之出现的体验者与世界的整合。在这些存在的状态里，人变成了一体化的；此时，他内部的裂痕、矛盾、分离倾向于被溶解；内在的纠纷既没有胜利也没有失败，而是被超越了。在如此状态中，这个人变得对体验更开放、更具有自发性、更机能健全，而这些恰好是自我实现创造性的基本特征。

巅峰体验的一个方面是完全丧失恐惧、焦虑、压抑、防御与支配，也就是放弃自我抑制、延迟与克制。此时，对分裂、消解的恐惧，对服从于本能的恐惧，对死亡和疯狂的恐惧，所有这些都倾向于消失或停歇。这也意味着因恐惧对感知的扭曲，我们对感知进行了更大程度的开放。

这也可以被理解为一种单纯的满意、单纯的表现以及单纯的得意。不过，既然巅峰体验的确“在这个世界上存在”，它就体现出了弗洛伊德“快乐原则”与“现实原则”的融合。

值得注意的是，这些恐惧都属于我们内在深处的存在。在巅峰体验中，我们似乎会接纳并拥抱更深层次上的自我，而非支配并害怕它们。

首先，不只这个世界，他本人也变得更加一体化、更加整合、更具有自我连续性。也就是说，他变成了更完整的自己、有着自己的特质、更独树一帜，并且由于这种变化，他可以轻而易举地具有表达性与自发性。

他的全部力量都会以最有效整合、最协调的方式聚合起来，远比平时组织和协调得更完善。此后，所有事情都完成得轻而易举，不费吹灰之力。压抑、自我批判逐渐消失，他变成了自发、协调、高效的机体，没有冲突和分裂，没有彷徨和困惑。在一股庞大的力量洪流之中，如同动物一般运转着，且运转得非常轻松。这一切都那么轻而易举，简直能在运转中享受它并放声大笑。可以做在其他时间没有胆量去做的事。

总之，他变得更加完整、更加统一，更奇特、更具活力、更有自发性，能完美地表达抑或消除压制，更轻松且有力，更具胆识与勇气（舍弃恐惧与困惑），更自我超越且忘我。

而且，几乎每个被我询问过的人都有过这样的体验，由此我得出一个试探性的论断：很多人，可能还有更多人，可以达到暂时性的整合状态，甚至可以达到自我实现、自我实现创造性的状态（当然，由于我的取样十分随意且有所不足，我必须十分小心）。

七、创造性的层次

经典弗洛伊德理论对于我们的研究目标而言没有太大的用途，而且它还部分地与我们所掌握的材料相冲突。它基本上是本能心理学，是有关本能冲动及其变化的研究，而且，弗洛伊德基本的逻辑论证看起来就像是在本能冲动和防御本能冲动之间的论证。不过，就理解创造（以及游戏、爱、热情、幽默、想象、幻想）的源泉而言，所谓的原发过程远比被抑制了的冲动更为关键，它基本上是感知的，而非意动的。一旦我们把关注点转移到人类深层心理学这方面就会发现，心理分析自我心理学、荣格心理学以及美国自我与成长心理学之间有着极大的相似性。

在一般意义上来说，正常顺应或适应良好的人，意味着对大多数深层次人类天性（意动和认知的）持续的成功排斥。良好地适应现实世界意味着人格的分裂，意味着这个人要排斥相当一部分的内在，因为这些内在的东西非常危险。这样做无疑让他损失了很多，因为这些深层次内容是他的快乐、游戏能力、爱的能力、笑的能力，以及对我们而言最为重要的创造能力的源泉。在防止自己被内在魔鬼伤害的同时，他也斩断了自己和内在天堂的联系。在某些极端的案例中，他们表现得枯燥、小气、死板、冷漠、抑制，无法大笑、游戏、爱、犯傻、对别人充满信任或孩子气，变为一种强迫性个体，他的直觉、柔情、感情已逐渐被窒息或扭曲。

1. 原发层次

心理分析作为一种治疗，其目的在于最终的整合。方法是借助顿悟治愈基本的分裂，使被压制的成分进入意识或前意识中。不过在这里，对于创造性的深层次源泉的研究结果，我们依然可以进行修正。我们和我们的原发过程的联系，并非在每个方面都和我们难以接受的愿望的联系相同。我可以看到的最关键的不同，就是我们的原发过程不像被禁止的冲动那样危险。我们的原发过程在极大程度上不是受到了压制或审查，而是像沙赫特尔所说的那样，是被忘记或被拒绝了，当我们必须去适应一个残酷的现实时，它被拒绝或藏匿（而非压制）起来了，该残酷的现实要求目标清晰且重视实效的努力而不是幻想、诗意与游戏。换一种说法，在一个富足的社会里，原发心理过程的障碍会少得多。

在将原发过程接入并整合到意识与前意识生活的过程中，我希望教育可以发挥更大的作用，因为教育过程很少对削弱"本能"的压制有什么贡献。在这个层面，艺术、诗歌、舞蹈的教育有很大的潜力。动力心理学的教育也能起到这样的作用。多伊奇与墨菲在《临床访谈》中使用了原发过程的语言，可以将其视为一部诗作。这一点在玛丽恩·米尔纳的著名作品《论不能绘画》中得到了很好的证明。

这种创造性的最佳例证是即兴创作，一如在爵士乐或儿童绘画中（而不是在被称为"伟大的"作品或艺术中）所表现出来的那样。

2. 继发层次

首先，就像我所发现的那样，伟大的作品所需的伟大天赋与我的话题无关。其次，伟大的作品不仅需要灵感、巅峰体验，而且需要勤勉的工作、长久的训练、无情的批评、完美的准则，等等。也就是说，紧随自发性而来的是深思熟虑；紧随接纳而来的是批评；紧随直觉而来的缜密的思维；紧随大胆行动而来的是警惕；紧随幻想和向往而来的是思考。此时，一系列问题出现了："这是真实的吗？""其他人可以理解吗？""它的结构健全吗？""它经得起逻辑的检验吗？""它在现实世界中合适吗？""我能证实它吗？”

在此之后，便是冷静严谨的比对、甄别、评价、反省、选择以及淘汰。

这样说吧，现在，继发过程取代了原发过程，阿波罗神取代了酒神，“阳刚之气”取代了“阴柔之美”。现在，面向我们深处的自动退行被中断了，对灵感或巅峰体验的必要的被动与接受性必须给活动、支配和艰苦的努力让位。巅峰体验在某个人身上降临，然后由他来达成伟大的成果。我们可以将其描述为阳刚阶段继发于阴柔阶段。

严格来说，我只对第一阶段进行了研究，这一阶段属于一种整合的、瞬间内在统一的自发表达。只有当一个人不害怕他的初级思考过程时才有可能出现。

3. 整合创造性

我所提出的“原发性创造性”更多的是源于并借助初级思考过程，而不是第二阶段。主要源于第二阶段思考过程的创造性叫作“继发创造性”。继发创造性包括现实世界中的大量成果，如桥梁、房屋、新型汽车，对他人思想进行加工的种种具体实验和文学作品也属于激发创造性。原发创造性和继发创造性之间的区别，与突击队员、宪兵、拓荒者和定居者之间的区别类似。而那种同时或陆续发挥两种创造性的过程，我们称它为“整合创造性”。整合创造性是伟大的艺术、哲学作品以及科学成果的源泉。

我认为，所有发展的结果都能被概括为创造理论中对整合（或自我连续、统一、一体化）角色的强调。将“二分”消解成更高层次、更具包容性的统一体，意味着消解人内在的分裂，使其更加统一。因为我所说的分裂在人的内部相当于一种内战，即人的一部分反对另一部分。不管怎么说，自我实现创造性似乎直接源于原发与继发过程的融合，而非源于被禁止的冲动与愿望的抑制性掌控。当然，也有这样的可能：从对这些被禁止的冲动的恐惧中产生的防御，也在以一种对一切深层次内容全面、不分黑白、不知所措的战争的形式，抑制初级过程。

八、创造性和自我实现

归根结底，自我实现者的创造性首先强调的是人格而非成就，因为这些成就是人格的附属物，是从属于人格的。自我实现创造性强调性格学上的品质，如无畏、胆量、自由、自发、清晰、整合性及自我接受，等等。这些品质让我所说的一般创造性成为可能。这些创造性借助创造性的生活、创造性的态度以及创造性的个人来表达自身。我也一再重申自我实现者的创造性表达与存在的特点，而非其处理问题及制造成果的特点。

无论自我创造者的创造性存在什么问题，它都会像辐射一样迸发出来，就像精神愉悦的人迸发出快乐一样，无须目的、计划，甚至连意识都不必参与其中。这样的创造性如同阳光一般随处可见，它能使一些（可以生长的）事物成长，同时也能照射在岩石等无法生长的事物上。

我很清楚，在本章快要结束时，我试图突破人们普遍接受的创造性的概念，却难以创造出一个优秀的、定义鲜明且轮廓清晰的概念来代替它。就像茅斯他嘉所说的那样，自我实现的创造性是难以定义的，原因在于，有时其本身就像是“健康”的近义词。

既然自我实现者或健康，都一定会被定义为通往最完整的人性的路径或人的存在，那么自我实现者的创造性便几乎等同于基本人性或它的一个必要因素，或一个定义特征。

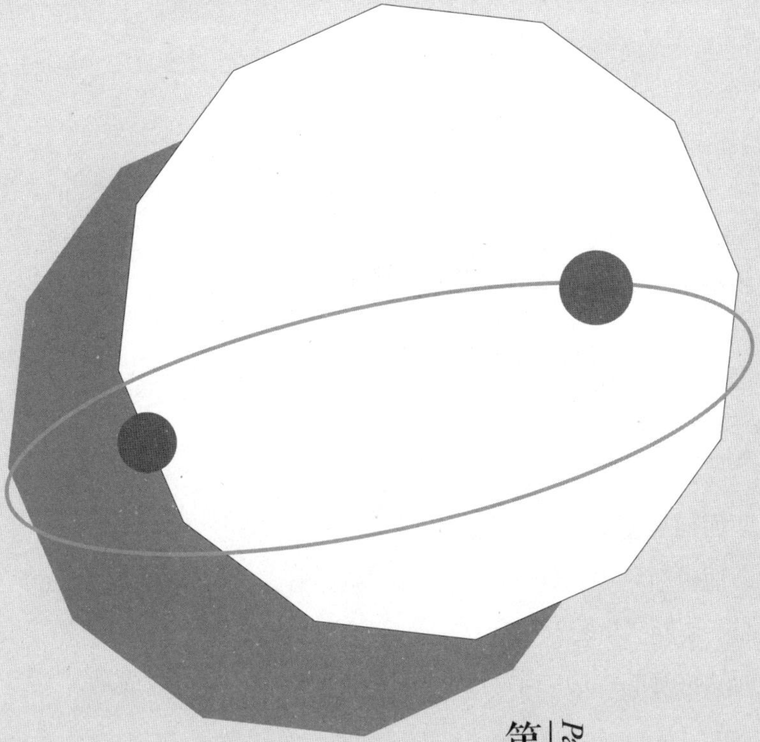

第四部分 *Part four*

人类科学的方法论

第十四章　新心理学的问题

一、学习

人要如何变得聪明、成熟、仁慈？如何获得良好的品味、性格及创造力？如何适应新环境？如何发现并识别真、善、美？换句话说，如何进行内在学习而不是外在学习？

如何从特有的经历中学习？例如灾难、婚姻、生育、成功、恋爱、患病和死亡。

如何从哀怨、病痛、忧郁、挫败、衰老、毁灭中学习？

许多被视为联想式学习的东西其实是内在的、现实需要的，而非相对的、任意的、偶然的。

对那些自我实现的人而言，重复、接触以及无道理的回报不再重要。一般形式的广告对他们也很难起作用，无论是自吹自擂、胡乱捏造，还是无意义的重复，他们都很难动心。而且，这些广告极有可能引起负面作用，让他们更加排斥这些商品。

为什么教育心理学主要关注手段（评分、学位、荣誉）而非目的（智慧、理解力、判断力、审美力）？

我们对情感态度、趣味和爱好的获得不够了解，尤其是“心灵的学习”，没有获得我们的足够重视。

现实生活中的教育大多通过使孩子少制造麻烦、少调皮来满足大人的需要，实际上，积极的教育应该更多地关注孩子的成长和自我实现。教育应该教会孩子坚强、自尊、富有正义感，教会孩子如何抵制宣传，如何抵制对文化的盲从，如何抵制暗示与流行。

我们对无目的、无动机的学习，即完全出于内在兴趣的学习知之甚少。

二、知觉

我们对知觉的研究大多是对错误、曲解、错觉的研究，韦特海默称之为对心理盲目性的研究。为什么不对知觉、阈下知觉、无意识及前意识知觉进行研究？为什么不将对品味的研究，对真、善、美的研究包括在内？又如对审美知觉的研究，为什么有的人可以感受到美而有的人不行？在知觉的大概念下，希望、理想、幻想、创造力、条理化对实际的掌控也应被划归到对知觉的研究中。

我们有大量对于陈规陋习的研究，但很少有对新鲜的、柏格森主义的现实的研究。

健康的人能够感知现实、洞察人心甚至预见未来，他们靠的是什么？是什么让他们忍受或享受那些难以理解又不成规律的新事物?

为什么身心健康的人拥有的期待和意愿几乎不会扭曲他们的知觉呢?

健康的程度越高，各种能力的关联度就越强。这一点适用于各种感觉形式。这些感觉形式使得联觉方面的研究比孤立方面的研究更加基本。并且，感觉系统在整体上与机体的运动方式是存在联系的，对于这些联系，我们需更深入地进行研究。

对于统一的意识，对于存在认知、启发、超个人和超人类的知觉，对于神秘体验和巅峰体验的认知，我们都应该更加深入地进行研究。

三、情绪

积极的情绪，如快乐、满足、接纳、豁然等，尚未得到透彻的研究。对怜悯、同情、博爱的研究也不够透彻。

我们对嬉戏、喜悦、游戏、消遣的定义理解得不够充分。

狂喜、热情、快乐、幸福、神秘体验、政治或宗教的皈依体验、性高潮带来的情绪。

心理病态者对待矛盾、斗争、挫折、紧张、羞愧时与健康者的区别。对健康的人来说，这些可能带来正面的影响。

对情绪的组织作用的研究与对情绪有益作用的研究，要少于如对情绪瓦解性作用的研究。在什么样的前提下，情绪与直觉、学习、思想等能力的加强有关？

在认知的情绪方面，顿悟能使人激动，理解能使人平静，对恶劣行为的理解能带来宽恕和接受。

在感情方面，恋爱与友情能带来幸福和满足。

对于健康者来说，他们的认识、意动和情感是协作关系，而不是对立的、矛盾的。我们要找出其中的原因和运行逻辑。比如，健康者的下丘脑和大脑之间的联系是否与他人不同？我们还要去探索，意动与情感间的协作如何辅助认知，以及认知与意动的关系如何影响情感。在研究心理生活时，要把认识、意动和情感联系在一起进行研究，而不是将它们看作互不相关的个体。

在没有任何依据的情况下，心理学家忽视了鉴赏力。而吃、喝、抽烟等感官满足式的单纯享乐在心理现象中占有重要位置。

乌托邦是出于什么原因建立起来的？什么是希望？人们为什么要创造对于天堂、美好生活和理想社会的想象？

钦佩意味着什么？敬仰和畏惧呢？

如何探究灵感？如何才能使人们为了美好的目标而努力？

比起痛苦，为什么欢乐消散得更快？如何维持快乐、幸福及满足感？对于我们所拥有的一切，我们能否做到加倍珍惜，而不是毫不在意？

四、动机

父母的冲动：为什么想要孩子，为什么爱自己的孩子，为什么心甘情愿为之奉献牺牲？为什么在旁人看来属于牺牲的行为，父母却丝毫感觉不到？为什么宝宝惹人喜爱？

对正义、平等、自由进行研究，对渴望正义和自由进行研究。对于正义，人们为什么能为它不懈努力，甚至以生命为代价呢？为什么会有人不计个人得失向那些遭遇不公的人伸出援手？

客观来讲，人类有明确的目标、目的和终点，并为之付出行动，而不是盲目地被冲动所左右。不过，盲目的冲动也会出现，但不会单独出现。完整的人类活动要求二者同时出现。

迄今为止，我们只研究了挫败的消极作用，却没有去探究它的积极意义。

体内平衡、均衡、适应、自我保护的本能、自我保存并调节，这些只是负面的概念，我们还需补充一些积极的概念。波因卡尔说："一切似乎都旨在保护生命，而很少致力于使生命有意义。"谋生不是人生的困难所在，如何在谋生之余不感到无聊才是我们应该解决的问题。如果我们从自我保存的角度将机能心理学定义为对有用性的研究，那么超越性机能心理学——机能心理学的外延，则是从自我完善的角度对有用性进行研究。

人们之所以在需要得到满足后仍觉得灰心丧气，是因为人们忽视了高级需要与低级需要间的不同。对健康者来说，满足不会带来欲望的终结。一个暂时性的满足期间过后，高级欲望和高级挫折水平随之出现，不满足与不平静再次开始。

食欲、爱好和味道，以及残忍的、危及生命的饥饿。

对完美、真理、正义的渴望，就像扶正一幅挂歪的画，完成一件没有做完的工作，解决一个尚未解决的问题一样。乌托邦冲动能改进客观世界、纠正错误的欲望。

弗洛伊德及学院派心理学家们忽视了人们认知方面的需要。

美学的意动方面和审美需要。

殉道者、英雄、爱国者、大公无私的人，我们往往不能理解这些人的动机。弗洛伊德主义的“不过是”和还原理论解释不了那些健康的人。

如何理解是非心理学和伦理、道德心理学？

科学心理学、科学家心理学、知识心理学，关于知识追求的心理学，关于追求知识背后的冲动的心理学，关于哲学冲动的心理学。

欣赏、沉思、冥想。

我们讨论性问题时，往往只注意到了性的危险性，就像我们讨论瘟疫的问题一样。然而，性也可以是一种非常快乐的消遣，甚至可以是一种非常有效的医疗手段和教育手段。

五、智力

智力靠什么来定义？必须根据情况是什么样，而不是情况应该是什么样来定义吗？智商和智慧完全是两个概念，智商是纯技术的概念。举例来说，格林[1]的智商极高，但是他无疑是一个邪恶的人、一个愚蠢的人。确定高智商这样一个概念并没有什么坏处。但是，如果心理学以此来限制自己，导致更重要的主题——智慧、知识、洞察力、理解力、常识、良好的判断力——被忽视，而仅仅是因为智商在技术上让人更满意，那么这无疑会让人本主义者非常恼火。

影响智商的因素有哪些？是实际的智力、常识还是良好的判断力？但愿有一种智力心理治疗，让我们了解什么对智商有利，什么对智商有害。

1　第二次世界大战时期德国纳粹的一个头目。——译者注

一个智力的机体概念?

这种智力测验是否和文化程度有关?

六、认知和思维

我们的智慧来自哪里?见解的改变、突然的顿悟、心理分析的理解、见解的改变、皈依和原则知觉、幻觉的产生。智慧与我们良好的品味和高尚的道德有关系吗?与仁慈有关系吗?

知识层面的治疗学和性格学的影响。

对创造性和生产性的研究应该在心理学中占据重要位置。我们应该更多地关注思维的新颖性、独创性、新点子的产生,而不是为那些预设好的智力测验寻找答案。既然创造是思维的最佳状态,那么我们为什么不直接研究它的最佳状态呢?

柏格森主义的“直觉”。直觉丰富的人是如何迅速得到正确结论的?

哲学家的心理学和哲学,科学家的心理学和科学。

健康人的思维——如果他们也聪明的话——不仅仅是杜威型的,也是由麻烦或某个打乱均衡的问题激发出来的,问题解决后随即消失。他们的思维是愉快的、充满娱乐性的、自发的,常常是毫不费力就自动产生了的,就像胃分泌胃液帮助消化一样。对他们来说,做一个能自然思考的人是一种幸福,他们不必在受折磨和出现烦恼时才产生思维。

思维不总有目的、目标、方向和动机。无意识思维、孩子气、情绪化、梦想、象征、幻想、不自主的联想,这些思维都有自己独特的生产性。健康者的许多结论和决定都是借由它们产生的,它们在传统上与理性对立,但实际上是和理性相互协作的。

客观是被动地、毫无偏见地对现实的本质做出反应,不掺杂任何自我或个人的成分,是以问题为中心而不是以自我为中心的认知。爱的客观性、旁观者的客观性、道家的客观性的比较。

七、临床心理学

从广义上来说，所有自我实现的失败都应该被我们视为心理病理学的病例，包括普通人和正常人，即使他们症状不明显，也应和精神病患者一样属于病例。

我们应积极地看待心理治疗的目标和目的（对教育、家庭、医疗、宗教、哲学也应如此），应着重强调成功的、好的生活经验的治疗价值，如婚姻、经济、友谊等方面的成功。

临床心理学与病理心理学不同。临床心理学也研究健康的人、幸福的人和成功的个体案例。临床心理学既可以研究患病的人，也可以研究健康的人，还可以研究残忍、怯懦、软弱的人以及无畏、强大、仁爱的人。

病理心理学不应该只研究精神分裂症，还应该研究自私自利、价值观偏差、贪婪、仇恨、独裁、愤世嫉俗、放荡不羁、道德沦丧等问题。从价值观的角度来看，这些都是典型的重病。从技术角度来看，狂躁症、早发性痴呆是人类的重病，它们限制了人的效率。但是，如果希特勒和墨索里尼能因严重的精神分裂症而倒台，那可不是灾难，而是上天的恩赐。从具有积极价值导向的心理学观点来说，我们应该研究是什么使人在价值意义上变坏或是有局限性的妨碍和干扰。因此，从社会意义上来看，道德沦丧比抑郁症更值得研究。

我们花了大量的时间去研究犯罪，但我们也应该花费大量时间去研究遵守法律、社会良知、博爱以及对社会的认同。

除了研究好的生活体验，如爱情、健康、事业有成、婚姻、养育子女等的心理治疗作用外，我们还应该研究不幸和糟糕的体验，如疾病、挫折、饥饿、冲突等的心理治疗作用，探究心理健康的人是如何将这些不好的体验转化为有利的体验的。

研究兴趣（与研究厌烦相对）。研究生命力旺盛的人对生活的憧憬以及对死亡的对抗，研究他们的热情和兴趣。

我们对于心理调节、人格动力及健康的所有理论都来自对病人的研究。

研究健康的人不仅能修正这些知识，直接获得心理健康的知识，而且还能使我们获得远超现有水平的关于神经病症、心理病理学、精神病和心理变态的相关知识。

对智力、能力、技术、技艺的临床研究。天职，感召，使命。

对天资、天赋的临床研究，我们在低能者身上花费的精力和物力，要比在智者身上花费的多得多。

人们通常理解的挫折理论是残废心理学的一个典型示例。在许多教育儿童的理论中，孩子被一种原始的弗洛伊德理论设想成了一个完全保守的机体，依附于已经完成的调整，而没有继续进行新的调整，并且按照自己的风格成长、发展。

到今天为止，心理学上的诊断技术仍被用来诊断病症而不是健康。对于创新力、催眠、疾病抵抗力、健康、自我实现、自我力量，我们没有罗夏测验、主题理解测验或明尼苏达多相人格检查表的常模。大多数人格调查表仍然遵循伍德沃斯最初的模式。它们列举了许多症状，只要没有出现症状列表中的反应就可以获得好的或健康的测验评分。

心理治疗可以使人们的状态得到改善，如果我们没有研究治疗后的人格，那么就失去了一个了解人们最佳状态的机会。

对于“巅峰者”和“非巅峰者”的研究，就是对有巅峰体验和没有巅峰体验的人的研究。

八、动物心理学

在动物心理学中，饥和渴一直是重点研究对象。研究饥和渴会不会过于简单？因为我们实际上不知道，白鼠是否和我们一样，具备情感、审美、理解、地位等高级需要的东西。动物学家理解的方法我们无从得知，但我们必须越过那种令人绝望的老鼠的心理学，这些老鼠在实验中忍受饥饿、电击和疼痛，被逼入一种极端的处境。而人类很少能经历这种极端的处境（类似的实验在猴子和猿身上做过）。

相较于智力水平的高低、盲目联系学习法、思维的简单与复杂程度、机械记忆等方面的研究，对于洞察力和理解能力的研究应该得到更多的重视。对于一般动物的研究常常使我们忽略动物智力的高级水准。

当赫斯本德发现一只老鼠能够像人一样学会走迷宫后，迷宫就不再被当作研究学习能力的工具。我们早已知道人类比动物拥有更高的学习本领，任何不能显示出这种差异的研究方法，都如同在一个屋顶很低的房子里给人们测身高，人们只能弯腰驼背地被测量，而这种测量方法得出的无疑是屋顶的高度而非人的高度。因此，把迷宫当作衡量智力水平的工具，不能测出学习能力和思维能力的高低，甚至不能测出老鼠在这方面水平的高低。

似乎可以确定的是，以高等动物而不是低等动物为研究对象，能得到更多的人类心理研究方面的成果。

我们应时刻铭记，以动物为对象的研究无疑会漏掉人类特有的一些能力，如幽默、审美、道德、爱国主义、殉道、羞愧、梦想、音乐与诗歌创作、牺牲自我、语言、哲学与科学研究，等等。动物心理学对于研究人类与灵长类的共同特点是有帮助的，但是对于研究人类独特的特点，或那些远超动物的能力（如潜在的学习能力）是丝毫没有帮助的。

九、社会心理学

社会心理学的研究不该局限于模仿、偏见、仇恨，等等。对于健康人来说，这些并不是主要力量。

应当对民主制的理论、无政府主义的理论加以研究。研究民主的人际关系及领袖，研究民主政体的权力、民主制中人民的权力、民主制中领袖的权力。研究领袖为何无私。健康的人不喜欢控制别人。低上限的概念和低等动物的权力概念过多地支配了社会心理学。

对竞争的研究多于对合作、友好、无私及利他主义的研究。

如今的社会心理学中几乎没有对于自由和自由人的研究。

文化如何演进？异端的存在有哪些积极作用？可以说，异端的存在使文化得以前进和改善。为什么一直以来没有对异端进行更多的研究？为什么异端常常被视为病态而不是健康的？

在社会领域中，对兄弟般的关系、平等主义的研究应该与对阶级、社会等级及统治的研究一样，得到应有的重视。宗教兄弟会、消费者与生产间的配合、有目的性组建的和乌托邦式的社区为什么没有得到研究？

在研究文化与人格的关系时，文化经常被视为原动力，它似乎拥有难以忽视的塑造性力量。然而，更强大、更健康的人们足以对它进行抵抗。文化适应只在一定程度上对一部分人起作用。我们应对独立于环境的情况进行研究。

非批判性地接受低层次的人的可能性这一概念，是民意测验的基础。比如，假设人们的私信或单纯的习惯会左右投票的情况。这是事实，但只是99%的不健康人的事实。对于健康的人来说，他们会根据逻辑、公平、正义、现实做出判断，即使这样会使自己的利益受损。

在民主国家，那些努力成为领袖的人是为了服务别人而非控制别人。我们对于这个事实还不够重视，但这一事实对美国历史和世界历史来说，都是不可磨灭的重要力量。杰斐逊谋求领导地位绝非是为了谋求私利，相反，他是为了奉献自己，为了将需要做的事情做好。

我们花费大量的时间研究犯罪，却很少研究责任、忠诚、社会义务、社会道德，很少研究优秀的公民和诚实的人。

我们应当研究参与社会运动的人，研究为原则、正义、自由、平等而奋斗的人，研究理想主义者。

我们应当研究偏见、剥夺及挫败的积极影响。心理学家很少研究病态心理的多面性。受到排斥也有好的后果，当某种文化遭到质疑或它不健康、腐朽时尤其如此。如果受到这种文化的排斥，虽然会感到痛苦，但也未必不是一件好事。自我实现的人经常进行这样的自我排斥，他们对自己不认同的那些亚文化群敬而远之。

我们对于暴君、罪犯、心理变态者的了解，要远比对圣徒、骑士、善人、英雄、无私的领导者的了解更多。

习俗拥有好的作用和积极的影响。好的习俗。健康与病态社会中相互对立的价值观。“中产阶级”的价值观是如此。

在社会心理学的教科书中，几乎没有关于善良、慷慨、博爱的概念。

富有的自由主义者，如富兰克林·罗斯福和托马斯·杰斐逊，他们为了追求正义和公理而牺牲了个人的经济利益。

仇视外国人、抵触黑人、反犹太的、种族主义的作品大量存在，但也有支持犹太人、支持黑人、怜悯不幸者的力量存在，只是这些力量并没有得到充分重视。

应当研究体育运动的道德、正义感、公平、公正以及对他人的关注。

人际关系和社会心理学的教科书中很少对爱情、婚姻、友谊及医疗关系进行探讨，但这些问题实际上应该得到重视。

心理健康者对推销、广告、宣传、他人意见、建议、模仿和威望的抵制能力及自主性要比其他人高，社会心理学家应当对这些心理健康的标志加以研究。

文化相对论过分强调人的被动性、可塑性、不定形性，却忽视了自主性、成长趋势和内在力量的成熟。社会心理学应该突破这种局限，既要研究被动的力量，也要关注积极的力量。

心理学家和社会学家应为人类提供经验价值系统，否则没有人能够提供。单单这一个问题就能引申出无数问题。

从人类潜能积极发展的理论来说，在第二次世界大战期间，心理学是失败的，心理学家只是把它当作一门技术来应用，而且只应用已知的那部分知识。实际上，二战期间的心理学的研究仅有一些迟到的发展，而没有新的理论进展。许多心理学和其他科学家与那些只在意赢得战争、不必关心和平的目光短浅者为伍。他们不关心战争的实质，只将其看作一场技术决斗，没有意识到这也是一场观念的战争。这样的错误没有得到心理学界的阻止，比如当时没有区分技术与科学的原则，没有任何理论能使人民看透何为民主，人们不知道自己为何而战，不理解战争的重点在哪里以及应该在哪里。它们可以被民主力量利用，也可以被纳粹主义利用，他们的付出对于国家抵抗独裁力量的发展毫无作用。

一直以来，社会制度、文化从未被看作一种满足心愿、创造幸福、实现自我的力量，而是被看作一种塑造或阻碍个性的力量。“文化究竟是一系列的问题，还是一系列的机会？”文化塑造论可能是长期与病态心理打交道的结果，对健康心理的分析表明，文化是满足愿望的源泉，这种观念同样适用于那些能够塑造、影响个性的家庭。

十、人格

所为适应力良好的人格或概念，只不过是为成长和进步提供了一个较低的天花板。母牛、奴隶甚至是机器人，都可以是适应良好的。

儿童的超我通常被认为是恐惧、惩罚、被遗弃投射在儿童心理上的产物。对已获得爱与安全感的成人及儿童的研究表明，以爱的认同为基础，以希望他人获得幸福为基础，以真理、正义、是非、责任感为基础，可以树立一种内在的良知。

健康人的行为大多由公平、正义、真理、是非感决定，而不是由焦虑、恐惧、愧疚、不安感决定。

我们对无嫉、无私、健康的性格、意志力、现实主义、自我超越、友好、果敢、真诚、耐心、责任等有过研究吗？

对于积极心理学来说，心理健康是相关性最强的研究对象（也包括审美、观念及身体健康等）。但积极心理学更重视对健全的人的研究，比如那些善良、慷慨、平和、安稳、自信的人，以及那些富有创造者、圣徒、英雄、天才，等等。

优秀的品格，如善良、友好、正义等究竟从何而来？

我们有许多病理学方面的词汇，可健康与超越方面的词汇却少之又少。

被剥夺和焦虑感也有积极的作用。应当对正义和非正义的原则进行研究，与此同时，也应当对自我约束的原则进行研究。自我约束原则源于与现实的接触，源于不断总结经验教训的过程。

对于个性和个性化的研究，有必要设立一门个性科学。

为什么人与人之间存在差异?

什么是为工作牺牲? 是什么促使我们将自我献给一项事业或使命?

幸福、平和、安稳的性格。

在很大程度上，自我实现者的价值观、态度和选择建立在内在的、现实的基础上，而不是外在的、相对的基础上。所以，他们向往真、善、美，而非假、恶、丑，他们生活在稳定的价值观念体系中，而非如同机器人般没有价值观念的世界中。

自我实现者的焦虑水平和焦虑容忍度较高，他们对内疚、冲突、羞愧的容忍度也是如此。

一般来说，研究父母与子女的关系通常被认为是一个研究错误与困难的过程，然而这一关系中本该充满乐趣和享受。令人烦恼的青春期少年也应如此。

第十五章　有关科学的心理学研究

科学是人类创造出来的，而不是自主产生的、与人没有关系的、存在固有规律的事物。人类的动机是科学产生的源头，科学的目标和人类的目标相同。人类对科学进行创造、更新及维持。它的规律、组织及表达不仅取决于现实的性质，还取决于发现它们的人的性质。心理学家，尤其是那些有一定临床经验的心理学家，他们会自然而然地与病人接触，以自己特有的方式研究人，而不是研究人所制造的抽象事物。科学家与科学的关系也是如此。

然而有些人不这样认为，他们坚持认为科学是完全自主的、能够自我调节的、与人类利益无关的，他们认为科学有着像棋类游戏般固定的规则，这是完全错误的。心理学家务必将这种看法定义为不切实际的，甚至是违反经验实证精神的。

首先，科学是一种人类的创造，必须通过心理学的检验。我将在本章中给出这一认识的重要含义及其结果。

一、科学家的心理

1. 科学家的动机

科学家同所有人类一样，受到多种需要的驱使。这些需要是人类共有的，比如食物、安全、保护、关注、群居、尊重、感情、地位、自尊、自我实现、发挥个人特有的或人类共有的特长的需要。这些需要对于心理学家来说再熟悉不过，因为它们一旦遇到困难，就会引发病态。

研究较少，但通过一致观察可以得知的是，对于纯粹知识的认识性需要（好奇），以及对理解的需要（哲学的、神学的、建立系统价值解释的需要）。

最后，最容易被忽视的是对于美、对称、简洁、完美、秩序等的冲动。这些属于审美、表达及表现方面的需要，除此之外，还有与审美需要有关的、使事物趋于完美的需要。

截止到现在，似乎所有其他需要、欲望、驱动力要么是以上列举的基本目的的手段，要么是神经症或某些学习过程的产物。

显然，科学哲学家最为关注的就是认识的需要。在科学的自然历史阶段，人的好奇心是推动科学向前发展的最大动力。在更理论化、抽象化的过程中，理解、解释以及系统化的欲望是科学的源泉。对科学来说，最不可或缺的是最后一种理论的冲动，因为好奇心在动物世界里也是很常见的。

纵观科学发展的全部过程，当然也包括其他动机。最初，科学理论家认为科学本质上是一种帮助人类的手段，但这一点在今天经常被忽视。比如，培根希望科学能改善人类的贫穷并延缓疾病的蔓延。在希腊科学中，虽然柏拉图式的非体力沉思是一种固有的传统，但重视实际和人道主义的趋向也十分重要，这一点现在已得到证实。对科学工作者来说，他们的原始动机是对人类的趋同和归属的感情，甚至更强烈的对人类的爱的感情。献身于科学的人同献身于社会工作和医学的人一样，都是以帮助人类为目的。

我们应该明白，任何人类的需要都能成为涉足科学、从事科学及深入研究科学的原始动机。科学研究可以作为一种谋生的手段、一种获得威望的途径、一种自我表达的方式，来实现大多数神经症需要的满足。

对大多数人来说，比较常见的是多种动机同时发生并以不同程度相结合，而不是某个动机单独作用。比较权威的观点是，科学家的研究工作不仅出于爱，也出于好奇；不仅出于权威，也为了谋生……总之是由多种需要共同促动的。

2. 理智与冲动的协作性质

总的来说，把理性和动物性对立起来的两分法已经过时。与进食一样，理性也完全是动物性的，至少是人类的动物性。冲动也不一定就是与智力判断的对立面，因为智力也是一种冲动。总之，在健康者身上可以明显看到，理智和冲动协同作用，最后殊途同归。非理性不一定是反理性的，也常常是亲理性的。意动和认知之间的差异和对抗，通常是社会或个人病态的产物。

人们对爱和尊重的需要，同对真理的需要一样，是无比“神圣的”。“纯”科学的价值不比“人本主义”科学的价值多，当然，也不比它少。人性在同一时间掌控着它们，不必将它们区分开来。科学既能给人带来乐趣，又能给人带来益处。希腊人对理性的尊崇是对的，只是过分排他。亚里士多德没有认识到，爱和理性一样，都是出于人性的。

认识需要的满足和情感需要的满足之间存在冲突，但这种冲突只是暂时的，是偶然出现的状况，是整合、协调、并行的问题，而非冲突、对立的问题。理论科学家的纯粹、客观、非人本主义的好奇心可能会威胁其他同样重要的人类动机的满足，比如安全。在这里，我指的不仅是典型的原子弹的例子，还包括一个更普遍的事实，即科学本身是有一个价值系统的。总而言之，纯理论科学家所能达到的境界不是爱因斯坦或牛顿，而是研究集中营的纳粹科学家和好莱坞“疯”科学家。我相信，我们可以找到更完美、更人道、更具超越性的关于真理和科学的定义。同为了艺术而艺术一样，为了科学而科学也是病态的。

二、科学的多元性

就像人们在生活、工作、婚姻中一样，人们在科学工作中也寻求更多种类的满足。科学能够对所有人投其所好，无论青年人还是老年人，无论勇敢的人还是怯懦的人。在对科学的追求中，有些人追求人道主义目标，有些人则喜欢科学非个人、非人类方面的性质。有些人追求清晰的条理和明确的规则，有些人则追求更多的内容，想知道更多“重要的”事情，即使它们还不够准确。有些人想另辟蹊径，有些人则乐于从事整理的工作。有些人在科学中寻求安稳，有些人则追求刺激。我们不可能描绘出唯一理想的爱人，同样的，我们也不可能描绘出唯一的科学、唯一的科学家、唯一的问题和研究方法。正如我们认同婚姻，但也能保留自己的选择一样，我们对科学的选择也是如此，它是多元化的。

我们至少可以罗列出科学的以下功能：

（1）它的寻找问题、提出问题、鼓励预见、提出假设的作用。

（2）它的试验、检测、证明、批驳的作用；它的重复与检查实验的作用，它的积累事实的作用；让事实更加牢靠的作用。

（3）它的条理化、理论化和建设的作用，它进行范围越来越广的概括的作用。

（4）它的搜集历史、博学的作用。

（5）它的工艺方面的作用；作为工具、方法、技术的作用。

（6）它的管理、经营与组织方面的作用。

（7）它的宣传与教育的作用。

（8）它的为人类服务的作用。

（9）它供给人们欣赏、享受及欢庆的愉悦，以及它给人们带来荣誉的作用。

这些不同的作用意味着劳动的分工，毕竟可以集这些技能于一身的人少之又少，劳动的分工要求不同种类的人，以及不同种类的兴趣、能力与技巧。

兴趣反映并表现了性格与人格，科学家对于学科的选择很好地体现了这一点，比如选择物理学而非人类学。在学科内部每个领域的选择上也是如此，比如对鸟类学进行研究而非主攻遗传学。在某个具体领域中对某个具体研究课题的选择也体现了这一点，只是程度较低而已，比如研究倒摄抑制[1]而

1　也叫倒摄干扰，指后来学习内容对先前学习内容的干扰。——译者注

不是顿悟；此外，这一点在对方法、材料、精确度、适用性和可行性与目前人类利益的关联程度的选择上同样适用。

在科学中，我们相互弥补和需要。如果所有人都喜欢物理而排斥生物学，那么科学就无法进展了。幸运的是，在对科学的追求上，我们每个人都有着不同的兴趣点。这与不是每个人都喜欢相同的气候、乐器如出一辙。正是因为有些人喜欢小提琴，有些人喜欢单簧管，有些人喜欢鼓，乐队才能成功组建并顺利演奏。科学也是如此，不同的兴趣点使广泛意义上的科学有了存在的可能。既然每个人都能够提出不一样的问题，熟悉不一样的领域，正如在艺术、哲学和政治中那样，那么科学也一样需要各式各样的人（而非忍受各式各样的人），就连精神病患者也有其独特的用处——他们的疾病促使他们在某些特殊方面非常敏感。

因为一个人“有关人类的知识”总是仅仅指的是“有关他自身的知识”这个事实，所以在科学的范畴内，一元论的压力是一种真正的危险。我们往往轻易把自己的兴趣、偏见和希望投射到整个宇宙。比如物理学家、生物学家以及社会学家早就指明，由于他们选择领域的差异，他们在某些方面存在着本质性的区别。这种兴趣上的差异使我们有绝对正当的理由期盼他们对科学、方法、目标和科学的价值进行各种各样的定义。显而易见，就像我们在人类其他领域中的举措一样，在科学家之间，我们也要忍受并接纳个体的差异。

三、对科学家的研究

研究科学家显然是研究科学的一个基本的或者说是必须的方面。原因在于，科学作为一种体制，在某种程度上是人性的某些方面扩大后的投影，这些方面的知识的任何形式的增长，都会很自然地在科学上扩大很多倍。比如，每种科学以及每种科学中的每种理论，都将受到下列知识增长的影响：（1）偏见与客观性的本质；（2）抽象过程的本质；（3）创造力的本质；

（4）文化适应和科学家对文化适应抵触的本质；（5）意愿、希望、担忧、期望等对感知的干预；（6）科学家的角色或地位的本质；（7）我们文化中的反理智论；（8）信仰、信念、信心、坚定等的本质。

四、科学与人类价值

科学是以人类的价值观为基础构建起来的，它本身就是一种价值系统。科学的产生以及目标的确定，源于人类情感的需要、认知的需要、表达的需要以及审美的需要。任何这种需要的满足都是一种“价值”。对真理或确定性的追求是这样，对安全的追求也是这样。简单明了、语言凝练、优美雅致、质朴率真、精准无误、均匀美观，这类审美需要的满足不仅对工匠、艺术家或哲学家极具价值，而且对数学家与科学家也同样极具价值。

这些情况还不曾涉及这一事实——作为科学家，我们共享着我们文化的根本价值，而且，在一定程度上，可能会永远如此。这种价值包含诚实、博爱、尊重个人、社会服务、纵然被误解也依旧民主地尊重个人所做决定的权利，维护生命和健康、祛除痛苦、尊重他人应得的荣誉、讲求信用、讲体育道德、“公正”，等等。

显然，“客观性”与“客观的观察”是需要重新解释的术语。“排除价值”起初指排除神学的、独裁主义者的教义，因为它们事先判定事实。这种排除在今天和在文艺复兴时期一样是极其必要的，我们希望我们的事实尽量不被干扰。在我们的国家中，对科学而言，眼下有组织的宗教活动仅仅是一种轻微的威胁，更重要的是，我们要对抗强大的政治、经济信条。

五、理解的价值观

目前我们已知的，让我们对自然、社会以及我们自身的感知免受人类的价值观干扰的唯一途径，是一如既往地对这些价值观有着十分清晰的认知，理解它们对感知产生的影响，并通过这种理解做出必要的修正（所谓干扰，是指精神决定因素和现实决定因素间的混淆，后者是我们需要去尝试理解的）。对价值、需要、愿望、嗜好、担忧、兴趣和神经症的研究，必须成为一切科学探究的基础。

这一论点还包括以下几个对人类来说最具普遍性的倾向：抽象、分类、发现异同点，大致上有选择性地关注现实，根据人的兴趣、需要、愿望、担忧改变并重新安排现实。通过这种方式来组织我们的感知，在某些方面是有利的且有用的，但在另一些方面却是不利的且有害的，因为它导致现实的某些方面格外突出，而另一些方面默默无闻。要知道，即使自然界给我们提供了分类的思路，并且偶尔还有“天然的”分界线，但这些思路往往是最低限度的、模糊不清的。我们必须创造出一种分类或强行在自然中加上某种分类。在这个过程中，我们既要遵从自然的启示，也要遵从自我的个性，遵从我们自己无意识的价值、偏见与兴趣。如果科学的理想是将理论中人的决定因素减至最低，那么我们只能去理解这些人为因素，而不能对它们的影响予以否认，只有这样才能达到这一目的。

惊慌失措的、单纯的科学家应该放宽心，毕竟所有关于价值观的、扰乱人心的观点，都是为了更有效地达成科学的目标，改进我们对自然的认知，通过对掌握知识的人进行研究，来清除我们现存知识中的杂质。

六、人类与自然界的规律

人类的心理学规律在某些方面与自然规律一致，可在某些方面又截然不同。人类在自然界中生存，不意味着人类的法则和规律都要与自然界相同。人类在现实世界中生活，不得不对现实让步，但这并不意味着人类不能拥有与自然界不同的内在规律。愿望、恐惧、梦想、希望，它们的规律与卵石、电线、温度、原子的规律截然不同。构架哲学的组织与建筑桥梁全然不同。

研究一个家庭和一块水晶必须使用不同的方式。我们在对动机与价值观进行阐述时，不一定要使非人类的自然界主体化或心理化，不过，我们必须使人性心理学化。

非人类的实在独立于人类的愿望与需求。它们既不慈善，也没有恶意，它们没有意图、目的、目标或责任（只有生物才有意图）。它们没有意动与情感倾向。就算全人类都消失了，这个实在依然存在。

按照实在的原本面目，而非我们对它的喜好去认知它，不管是站在“单纯的”没有利害关系的好奇心角度，还是站在为了当前人类的直接目的而预想并操控它的实际角度，都是可以的。康德的主张的确是正确的：我们不可能完全理解非人类的实在，但我们有可能趋近于彻底理解，也就是多少可以真正理解。

七、科学社会学

我们应该更加关注科学社会学以及科学家社会学的研究。如果科学家是由文化变量来决定的，那么科学家的产物也是如此。为了能够更合理地感知，如果科学需要其他文化中的人的贡献，那么科学家也需要突破他所属文化的局限，正如有时科学家必须是一个国际主义者而非仅仅是一个美国人。在很大程度上，科学家的阶级或阶层决定了他们的产物——要想全面理解文化对感知自然的“污染”情况，这是人类必须要面对并解决的问题。

八、一些认识实在的方法

科学只是认识自然、社会以及心理实在的一种手段。只要具备创造性，不管是艺术家、哲学家、人道主义作家，还是挖掘渠道的工人，都能成为真理的发现者。他们理应像科学家一样受到鼓励。[1]我们不应当把这些人视为相互排斥，甚至彼此分离的。一个科学家，同时也可以是一位诗人、哲学家甚至梦想家，基本上可以肯定的是，他们远比他们狭隘的同事更进一步。

如果我们因这种心理学的多元论而将科学视为五花八门的才能、动机、兴趣的管弦乐曲，那么科学家与非科学家间的界限就会变得模糊不清了。忙于批评和分析科学概念的科学哲学家与对纯理论感兴趣的科学家之间的区别，必然小于研究纯理论的科学家与纯技术科学家之间的区别。提出系统化的人性理论的剧作家和诗人，自然与心理学家更相似，其相似程度必然超过心理学家与工程师的相似度。科学史学家既可以是历史学家，也可以是科学家，无论哪个都可以。细致研究小说情节个案的临床心理学家或医生，他们从小说家那里获得的收益，也许要远多于从实验或抽象研究的同事那里获得的收益。

我还不曾发现能够完全区分科学家和非科学家的方法。人们甚至无法将从事实验性研究当成一个标准，因为很多身为科学家的人从没做过、也永远不会做一个真正的实验。一个在大学教授化学的人，虽然他在化学方面没有任何发现，但仅仅是阅读化学杂志、重复他人的实验，他也会觉得自己是一个化学家。比起一个想对地下室进行系统探索的12岁聪明学生，或一个对值得怀疑的广告宣传进行核实的家庭妇女，也许这个人离一个真正的科学家距离更远。一个研究协会的主席怎么可能依然是一个科学家？也许他把时间都用在了搞行政和组织工作上，但他仍然很愿意称自己为科学家。

假设一个理想的科学家，他同时是颇具创造性的假设者、细心的实验检查者、哲学体系的创立者、历史学者、工艺学家、组织家、教育家、宣传家、应用者以及鉴赏者，那么，我们很容易想到，理想的科学小组至少要由

1　如今，理想化的艺术家与科学家的重要区别也许能够阐述如下：第一，一般来说，前者是绝无仅有（唯一、特殊、个体）的知识或发现领域的专家，而后者是普遍规律（一般化、抽象）方面的专家；第二，艺术家更接近发现问题、提出问题、设想问题的科学家，而与解决问题、检验问题、确定问题的科学家没那么接近。后三项功能用于处理变量及可检查量，这一般是科学家特有的职责。

九个特殊的、具备不同作用的专家组成，其中不需要全能的科学家！

然而，当我们表示科学家-非科学家的两分法太过简单时，我们务必要重视一个普遍性的发现：从长远的角度来看，专业范围过于狭窄的人是难成大事的，因为他作为一个完整的人难免有所损失。与一般化的残缺人相比，普通化的、全面的健康人可以把事情做得更好；一个试图借助抑制自我冲动和情感来成为思想家的人，反倒会变成为一个仅能以病态方式思考问题的病态人，也就是说，他变为了一个糟糕的思考者。归根结底，与丝毫没有艺术细胞的同事相比，一个多少有些艺术细胞的科学家无疑是更好的科学家。

如果我们采取个案历史的办法，那么这一切就更加清晰了。一般来说，伟大的科学家普遍兴趣广泛，确实不是狭隘的技术专家。从亚里士多德到爱因斯坦，从达·芬奇到弗洛伊德，这些伟大的发现者同时也是多才多艺的全能者，他们对人文主义、哲学、社会学及美学都颇有兴趣。

我们理应得到这样的结论：科学中的心理多元论告诉我们，通往知识与真理的道路不只一条，创造性的艺术家、哲学家、人道主义作家，无论作为个体还是作为单一个体中的几个侧面，都可以成为真理的发现者。

九、心理健康

在其他条件一样的情况下，我们可以认为，一个愉悦的、自由的、平和的、健康的科学家（或艺术家、机械师、行政官员），相比他不再愉悦、不再自由、不再安稳、不再健康的状态，自然是更好的科学家（或艺术家、机械师、行政官员）。神经质的人曲解现实、苛求现实，将过早的概念化强加于现实，他们恐惧未知的、新奇的事物，他们过多地被他们的人际需要所决定，他们不是一个对现实的出色报告者，他们会轻易地受到惊吓，他们过于渴望获得他人的赞许，等等。

这一事实起码有三层含义：第一，科学家要想做得更好，其在心理上应当是健康的，而非病态的。第二，或许也可以这样说，一旦改进了某种文化，相当于改进了它所有人民的健康，改进了对真理的追求。第三，我们应当认为，心理治疗可以改进科学家的个人机能。

我们已经承认这样一个事实：通常来说，较好的社会条件会通过施加争取学术自由、终生教职、提高薪水等方面的压力，为真理探索者提供助力。[1]

1　对于那些意识到这是一种革命性的倡导的读者，以及那些觉得有必要进一步阅读的读者，我强烈推荐你们对该领域的伟大著作，也就是波拉尼的《个人知识》进行研究。如果你尚未阅读这一著作，那么你是不敢说自己对下一个世纪了如指掌的。如果你没有时间或精力去读那本书，那么我为你推荐我的这本《科学心理学：一个新的探索》，这本书短小易读，其中的观点和波拉尼很接近。本章以及这两本书，较好地阐述了反映在科学领域中的新人本主义的时代精神。

第十六章　方法中心和问题中心

几十年来，人们越来越多地关注到“官方”科学的缺点与罪过。然而，除了林德的卓越分析外，人们基本上忽略了对于致使这些过失的根源的探讨。本章试图说明传统科学，特别是心理学的诸多缺点的根源，在于以方法中心或技术中心的态度来对科学进行阐释。

我借助方法中心这一词汇来指代这样一种倾向：认为科学的本质在于它的仪器、技术、程序、设备和方法，而非它的疑问、问题、功能或目的。在其简单形式上，方法中心把科学家与工程师、内科医生、牙科医生、试验室技师、吹玻璃工人、尿液分析家、机器操作工等混为一谈。而在思考的最高层次上来说，方法中心把科学与科学方法混为一谈。

一、过分强调技术

盲目强调优美、完备，强调技术与设备，会导致这样一种后果：在整体上削弱了重要性与深远价值，同时削弱了问题的意义与创造性的意义。基本上所有攻读了心理学博士学位的学生都明白这在实践中意味着什么。不管一个实验多么普通，只要它在方法上让人满意，就很少会受到批评。而一个大胆的、开创性的问题，因为有遭遇“失败”的可能，所以总是在被检验前就被扼杀了。确实，科学文献中的批评似乎只针对方法、技术、逻辑性，等等。在我熟悉的文献中，我想不出哪篇论文会批评另外一篇论文缺少重点、太过繁琐或无甚意义。[1]

所以，逐渐增强的趋向是，学位论文课题本身无足轻重，只要表达得好一些就足够了。总之，论文不再是对人类知识的新贡献。博士研究生只需对其研究领域中的技术手段和现有资料了如指掌，而不再强调优秀的研究计划的重要性。结果是，毫无创造力的人一样可以变成“科学家”。

在较低的层次上——高中及大学的理科教学中——也能看到类似的结果。学校鼓励学生将科学与直接操作装置混为一谈，并且按照操作手册中的刻板程序来执行——简而言之，遵从他人的指导，重复他人的发现。没有人告诉学生，科学家与技术员或科学书籍读者是截然不同的。

这些论点很容易被误解，当然，我没有贬低方法的意思；我想说明的是，即使在科学中，手段也有和目的混为一谈的可能性。只有科学本身的目标与目的能使科学获得尊重及有效性。真正专业的科学家自然非常关心自己的方法，不过这只是因为它们可以帮助他达成自己合理的目的，即解决重要问题。一旦忘了这一点，他就会变成弗洛伊德口中的那种终日擦眼镜却并不用眼睛的人。

通常，方法中心论会把技师、“设备操纵者”而非“提问者”、解决问题的人推向科学的领导地位。即使无意制造一个极端与不真实的分裂，也还是有可能指出只知道如何做的人与也知道为何这样做的人之间的区别。前者人数众多，难以避免地倾向于变成学术界中的一个术士阶层，以及仪式、程序方面的权威。起初，这类人只是一些让人厌恶的小角色，可眼下因为科学关乎国家及国际政策，他们便有了成为一个有作用的危险因素的可能。而外行理解操作者比理解创造者和理论家更容易，这使上文的倾向更加危险了。

1　然而，有些学者也热衷于竭尽所能地在小课题上大做文章，他们将其称为开创性研究。关键在于他们发现了前人没有发现的事实，而不在于这样的事实是否值得发现。或许，别的专家早晚会让这些事实派上用场。每所大学里的专家们，其实都在朝着不可知的结果，凭借蚂蚁筑巢般的耐心为彼此而写作。

方法中心的一个强烈倾向是不分黑白地过于重视数量关系，甚至把它视为目的本身。究其原因，是因为以方法为中心的科学过于强调表达方式，而非表达内容。因此，形式的美妙和精准与内容的诚恳和丰富产生了对抗。

秉持方法中心论的科学家通常会使自己的问题适合于自己的技术。他们通常会想，凭借目前掌握的技术与设备，自己能攻克哪些课题；而不会问自己，我能够为之贡献精力的最要紧、最迫切的问题是什么。因此大部分平庸的科学家把一生的精力都消耗在一个狭窄的领域中，但该区域的界限并不是由一个关于世界的根本问题来划定的，而是由一件设备或一种技术的局限性来划定的。

在心理学中，很少有人可以体验到“动物心理学家”或“统计心理学家”一类概念的幽默。它指的是那些只知道使用自己的动物资料或统计资料，而对它们能否解决问题视而不见的人。这让我想起那个有名的醉汉，他在路灯下而非钱包丢失的地方寻找钱包，而只因为“那里（路灯下）光线好”。还有一个医生，他的病人们对他非常愤怒，因为他只会一种治疗方法，他用这仅有的药方去治疗每一种疾病。

方法中心论的另一个强烈趋向是把科学分成等级。这种做法有害而无益。在这样的等级中，物理学被认为比生物学更“科学”，生物学比心理学更“科学”，而心理学又比社会学更“科学”。这种等级是基于技术的完美、成功和精准设想出来的。以问题为中心的科学绝不会设想出这种等级。因为，如果按照这种观点，大多数人在某种本质上会认为，星体问题、钠的问题、肾功能的问题比失业问题、种族偏见问题及爱的问题更重要。

方法中心论对科学的各个部门的划分是十分僵化的，它在各领域之间垒砌高墙，让它们相互分离。当有人问 J. 洛布究竟是心理学家、化学家、物理学家还是哲学家时，他的回答是：“我解决问题。”我们需要这样的回答，要是科学界有更多像洛布一样的人就好了。可是，我们急需的这种特性却受到了某种哲学的明确抵制和干扰：这种哲学旨在把科学家变成技师或专家，而非变成富于冒险精神的探索真理的人，即懂得什么而不是思考什么的人。

假如所有科学家都不把自己视为专业技术员，而把自己视为提出问题和解决问题的人，那么人们的关注点就会落在最新的科学前沿上，落在那些我们最少了解又最需要了解的心理与社会问题上。为什么这些领域鲜有人涉猎？研究心理学问题的科学家和研究物理学、化学研究的科学家人数相差巨大，这一现象是如何产生的？让一千个头脑聪明的人专心致志地研究更先进的炸弹、更好的青霉素，或民族、心理治疗、剥削问题，这二者哪个对人类更有利？

科学的方法中心论在科学家和其他探寻真理的人之间，在他们理解问题和探寻真理的种种不同方法之间造成了极大的分裂。假如我们将科学定义为寻求真理、顿悟与理解，那么会很难区分科学家和诗人、艺术家和哲学家。[1]他们关心的也许是同样的问题。当然，最终还是要承认它们在语义上的差别，而且要承认这种差别是由于采用了不同的防止失误的技术和方法。可是，如果科学家和诗人、哲学家之间的界限不像今天这样难以逾越，那么这明显有利于科学的进步。方法中心论只把他们划归到不同的领域；问题中心论则认为他们是互助的合作者。众多伟大的科学家的个人经历证明，比起前一种情况，后一种情况更加真实。很多大科学家同时也是艺术家和哲学家，他们从哲学家那里得到的帮助，不少于从自己的科学同行那里得到的帮助。

二、方法中心和科学上的正统

一般来说，方法中心难免会产生一种科学上的正统，而后科学的正统又会产生一种异端。科学上的问题与疑义很难借助公式来表达，更无法被分类或划归到档案系统中。从前的问题不再是问题，而变成了答案。未来的问题还不曾出现。但是，用公式表达过去的方法、技术并将它们进行分类，这是

1　“你一定要热爱问题本身。”——里尔克

“我们已经知道了所有答案，所有的答案：那就是我们不知道的问题。”——A. 麦克利什，《麦克利什的哈姆雷特》，米夫林出版公司。

有可能的。因此，我们将这些公式称为“科学方法的原则”。它们被奉为经典并笼罩上传统、忠实以及历史的光环，但也成了对今天的约束（而不是只具备启发与帮扶作用）。在创造力匮乏、循规蹈矩、怯弱的人手里，这些“原则”要求他们必须依照前人的方法来解决现有的问题。

对于心理学和社会心理学来说，这种态度极其危险。绝对科学这道命令通常被解释为要运用自然科学与生物科学的技术。因此，心理学家与社会科学家中出现了这样的倾向：只依靠模仿旧技术，而不去发明新技术。他们的发展程度、探讨的问题、他们掌控的资料同自然科学存在本质上的差异，这愈发使新技术必不可少。在科学中，惯例是个非常危险的“赏赐”，而忠诚则绝对是更危险的。

科学正统观念最大的威胁是，它倾向于阻碍新技术的发展。如果科学方法的原则已经公式化，那么我们要做的就只能是运用它们了。新的方式方法固然值得怀疑，它们甚至常常遭到敌视，如心理分析、格式塔心理学、罗夏测试，等等。它们之所以遭到这样的敌视，可能在某种程度上是因为，新的心理科学与社会科学都需要的、同时并存且互相联系的逻辑推理与数学尚未发明出来。

一般来说，科学的发展是协作的结果。否则，有局限性的个人怎么会做出重要的乃至伟大的发现？协作的缺失很容易让发展彻底裹足不前，直至某个无须帮助的巨人的出现。正统观点意味着拒绝异端的帮助。既然正统与异端领域都鲜有天才，那么也就是说，只有正统科学可以不断地、平稳地发展。我们可以想象，在长期让人厌烦的忽略或反对中，异端观点大受阻碍，而后忽然突破障碍（如果它们是正确的），摇身一变成了正统观点。

另外，还有一种由方法中心论滋生出来的正统观点，这种正统观点可能更具威胁性，它会越来越多地去限制科学的权限。正统观点不仅会阻碍新技术的发展，还会阻碍很多问题的提出，它认为这样的问题（比如关于主观、价值和宗教的问题）是目前已有的技术难以解决的。这种愚蠢的依据导致了一种根本没必要的认输，导致了前后相抵的说法以及那个“非科学问题”的概念的产生，导致我们没有胆量提出任何问题并解决它们。确实，读过科学史并对其了如指掌的人，是没有胆量去探讨无法解决的问题的，他们只会去探讨那些尚未解决的问题。按照后一种说法，我们的行动就有了明确的动力。它会促使我们进一步发挥独创性和创造力。用目前科学正统观念的说法——我们依靠（我们了解的）科学方法可以做什么？——我们被鼓励走向反面——情愿使自己局限于此，退出人类兴趣的广阔舞台。这种倾向会让人踏上难以想象的危险极端。

近期，国会试图建立一个全国研究基金会，在讨论中，居然有很多物理学家建议，任何心理科学与社会科学都不能享受基金会的利益。因为这些学科“并不科学”。如果不是因为纯粹尊重成功的高精尖技术，彻底忽略科学提问的实质以及它是由人类价值观与动机而来的这一事实，谁会提出这种建议呢？身为心理学家，我该如何解释我的物理学家朋友们的这种嘲讽？我要使用他们的技术吗？可这些技术对我的问题并无用处，如何运用它们解决心理方面的问题？这些问题应该得到解决吗？科学家是否应该彻底退出心理领域，将其归还给神学家？或许，可能存在某种从个人偏见出发的嘲笑。那么，这是否暗示着，物理学家是聪明的而心理学家是愚笨的？这种说法的依据究竟是什么？是印象吗？那么，我一定得谈谈我的印象，哪个科学团体中都有蠢人，谁也不比谁多，谁也不比谁少。只能说他们暗地里把技术放在了重要位置——可能是唯一的位置，不然的话，我真的找不到其他可能的解释了。

以方法中心为基础的正统观念鼓励科学家要始终“安全、明智、稳妥”，而非“勇猛胆大”；它导致科学家的事业像是在坦荡之路上一点点挪动，而非在未知领域中开拓新路。它使人们对于未知事物秉持保守而非上进的态度。通常，它会让科学家变成定居者，而非拓荒者。[1]

科学家最适合的位置是（偶尔）处于未知、混沌、模糊之中，他们面对的是难以应对的、神秘的、不曾被清楚表达的事物。一个以问题为主导的科学家会根据需要，马上进入这种状态，但在这里，他们被强调手段的科学方

1　“天才人物是先头部队，他们迅速踏入无人之地，不过肯定会留下不设防的侧翼。”（科斯特勒，1945年）

法所阻碍。

过于强调方法与技术会导致科学家产生这样的概念：（1）他们比自己的实际情况更具客观性，更少主观性；（2）他们对价值漠不关心。在道德层面看，方法是中立的，可疑难、问题却不是这样，因为总有一天它们会引起有关价值的、无法调节的争论。不强调科学的目标，而强调科学的技术，是回避价值问题的一个办法。确实，科学方法中心趋向的一个根本源泉，似乎就是全力追求尽量客观（价值中立）。

然而，在第十五章中我们已经看到，科学从前不是，现在不是，未来也不会做到绝对客观，它无法绝对独立于人类的价值之外。另外，科学是不是要尽量做到绝对客观（而非人类能够达到的客观），这一点也值得探讨。本章举出的种种错误，指明了忽略人性的缺点会产生的种种危险。神经症患者不仅为其徒然无功的努力付出了极大的主观上的代价，更有讽刺意味的是，他们的思想能力同时也逐渐变得越来越差了。

这种假想的相对价值的独立使价值的标准变得愈发模糊。假设方法中心论哲学十分彻底（实际上它们很少这样），且完全一如既往（实际上它们不敢这样，因为他们害怕得到愚蠢的结果），那就没办法区分重要与不重要的试验了，而只会有技术上成功或技术上糟糕的试验。[1]如果只用方法标准，那么最没有价值的研究便可以要求与最富有成效的研究受到同等重视。当然，现实情况还不至于这么极端，这仅仅是因为使用了与方法中心不同的尺度和标准。这种错误虽然很少出现，但它确实存在。科学的历史中有很多可以证明这一点的案例：不值得做的事情也不值得把它做好。

如果科学只是一套规则与程序，那么它和国际象棋、炼丹术、牙科医生的行业以及防护学又有何不同呢？[2]

1　“之所以说科学家伟大，与其说是因为他解决了一个问题，不如说是因为他提出了一个问题，并把这个问题解决了……这有助于真正的进步。”（坎特里尔，1950年）

2　牛津大学基督圣体节学院的理查德·科文斯通爵士，将技术专家解释成“除自己工作的最终目的，以及它在宇宙次序中的位置外，对自己工作的每件事情都完全理解的人”。另外，还有人用相似的语调把专家解释成这样的人：当他陷入大错误时，便避免了一切小错误。

第十七章 陈规化的认知和真正的认知

纵然当它（理性）承认对于呈现给自己的对象并不熟识时，它也坚信自己的无知只表现在不知道在那些经过时间考验的范畴中，哪个更适合于这个新的对象。在即将打开的许多抽屉中，我们该把这个对象放进哪个里面？在已经做好的外套中，我们该让它穿上哪一件？是这一件还是那一件，或其他的？不管是“这一件”“那一件”，还是“其他的”，都是早已被构想好的，是已知的。

有一种观点认为，我们一定要为所有新的对象都创造出一个新的概念，可能还得给它创造出一种新的思维方式。这种观点非常令人厌恶。但哲学史已经向我们展现出种种体系之间永恒的冲突，我们不可能让别人心满意足地把现实的东西套进我们现成概念的现成外套中，这也体现出量体裁衣的重要性。

——柏格森：《创造性的进化》，1944年

对心理学的各个领域而言，在没有偏见、期待、意愿、希望、恐惧或焦虑扰乱的状况下，在对具体的、特异的、特殊的、纯粹的认知的两种类型：陈规化认知与清新的、谦虚的、包容的、道家式的认知之间，有一个重要差异。情况似乎是这样，大部分的认知行

为是对陈规心不在焉的分类。这种在已存在的类型目录中进行的散漫分类，与聚精会神地对特殊现象的多面性进行真实的、具体的感知不同。这种真实、具体的认知是任何体验的全面评价与品位的唯一源泉。

心理学家对所有经验、行为与个体都可以采取两种截然不同的态度。他可以对一种经验或行为本身进行研究，将其视为绝无仅有的、独具特质的，也就是说，将其视为与全世界的任何经验、人或行为不同的。又或者，在对经验做出反应时，他也可以不将其视为独一无二的，而将其视为典型的，即将其视为这种或那种经验类别、范畴或标题中的一个例证或代表。也就是说，他绝非在最严格的意义上对某件事进行检查、注意、感受或体验。一个档案员只需检查几页档案，就能把它归为甲类或乙类。上文提到的那种心理学家的反应，与这位档案员的反应相似。我们可以用“标签化”一词来表示这种活动。对那些讨厌新词的人来说，“BW似的抽象活动”一词可能会更好。字母B和W分别代表柏格森与怀海特。这两位大思想家对我们理解那种危险的抽象活动贡献最大。

这种区别是严肃地研究作为心理学基础的基本理论时自然出现的副产物。总之，大部分美国人都是这样进行心理活动的：现实似乎是固定不变的，而不是发展的（是一种状态而非过程），它似乎是分离的、附加的，而非彼此关联、形成格局的。学院派心理学的很多弱点及失败，都是这种对现实的动力学方面与整体论方面的盲目无知导致的。即便如此，我们也无须制造出一种彼此冲突的二分法，或选择一个制高点来作战。在这里，稳定性与变化，相似性与差异性都是兼而有之的。“整体–动力论”或许也会如“原子–静态论”那样片面且异想天开。假如我们强调一方而完全牺牲另一方，只能是因为，若想将这幅图画圆，使其恢复平衡，这样做是绝对有必要的。

在本章中，我会立足于一些理论上的思考，对一些认知问题展开讨论。我深信，其实很多被视为认知的东西仅仅是认知的代替物，仅仅是一些经过两道手的戏法。人类是在流动变化着的现实之中生存的，只不过人们不想承认这一事实，因此导致了一些生活的急切需要，这些急切需要使得这种戏法成为必不可少的事物。现实的动态性，加上当代西方人仅对静止不动的东西有比较良好的认知，这导致我们大量的注意、感觉、学习、记忆以及思维所处理的，仅仅是源于现实的静态抽象物或理论建构，而不是现实本身。

可能会有人认为，本章的核心在于对抽象化和概念进行反驳。为避免这样的误解，我要明确指出，一旦远离概念、概括及抽象化，我们会难以生存。问题在于，它们一定要以经验为基础才可以建立起来，不能空洞无物。它们一定要在具体现实中扎根，同具体现实结合起来，且要具备有意义的内容，而非仅仅是一些词句、标签及纯粹的抽象概念。

本章旨在论述那种病态的抽象活动，即“将具体事物简单归纳为抽象概念的活动”，以及种种抽象活动的危险性。

一、注意

注意与感觉的概念还是存在一定差异的。相对来说，注意更偏重于那种选择性的、准备性的、具有组织功能与动员性的行动。这些行动未必完全取决于人们要注意的现实的本质，也未必都是单纯的或新鲜的反应。众所周知，注意也由个体机体、人的兴趣、动机、偏见以及以往的经验决定。

不过，以下这个事实更符合我的论断：我们在注意反应中，能够察觉到新鲜的、极具特色的注意与陈规化的、标签化的注意（借助这种注意，一个人能够在外部世界中分辨出一套已经在他脑海中存在的范畴）之间的差异。这意味着，注意完全有可能只是为了在世界上分辨出或发觉那些我们早已放在那里的东西，也就是说，在经验发生之前事先对它进行判断。因此，注意可能只是对从前的合理化，或为了努力维持现状，而不是对变化的、新奇的、流动的事物的真正鉴别。我们要做的只是对那些已知的东西给予一定关注，或把那些新奇的事物转化为熟悉的形式。

这种陈规化的注意对机体既有好处也有坏处。显然，如果我们只把某一种经验贴上标签或划归到某一类，可以节约很多精力。毋庸置疑，贴标签不像全神贯注地注意那般耗费心神。贴标签无须聚精会神，无须机体调动所有资源。注意力高度集中对于感知或理解一个关键的、新奇的问题来说是不可或缺的。不过我们都清楚，这是非常劳神费力的，所以它相对来说没有标签化那么司空见惯。一般来说，公众普遍钟情于流行的读物、简短的小说、文摘杂志、一成不变的电影与满是陈词滥调的谈话。总之，他们竭力避免真正的问题，且强烈地偏爱那种一成不变的虚伪的解决方法。

标签化或者类型化是一种部分的、象征性的、名不符实的反应，它不是一种完备的反应。它使行为的自动化成为可能（使一个人同时做几件事），而这又预示着，低级活动在以一种与反射反应相似的方式进行下去的同时，会促使高级活动变成可能。总之，我们无须注意经验中那些我们早已熟悉的因素。[1]

这里涉及一个悖论，因为以下两种情况都是真实的：（1）我们喜欢忽视那些无法贴上标签的东西（也就是一些陌生的东西）；（2）我们的注意力很容易被不同寻常的、陌生的、危险的和盛气凌人的东西所吸引。某个新奇陌生的东西或许极具危险性（比如黑暗中的声音），也或许是没有危险的（比如窗户上挂着的新窗帘）。我们喜欢把注意力放在那些陌生且危险的事物身上，却很少注意那些熟悉且安全的事物；另外，对于那些既新奇又安全的事物，我们会给予适当的注意力，否则它会转变为熟悉且安全的事物，随即被

1 更多的实验案例可以参见巴特莱特的研究（1932年）。

贴上标签。[1]

有一种有趣的思考是从这样一个怪异的倾向出发的：新鲜陌生的东西，要么根本没有吸引力，我们不会去注意它；要么长驱直入，将我们所有的注意力都夺走。我们中的绝大多数人（不那么健康的人）似乎都只会对那些威胁性的体验有所反应。似乎一定要把注意当作对威胁做出的反应，好像是在警告我们一定要采取某种应急反应。这些人将那些非威胁性的、毫无危险的体验抛在一边，好像这些体验是不值一提、无须注意的，人们没有对它们做出任何其他认知或情感上的反应的必要。对他们而言，生活要么是遭遇一场危险，要么是解除一场危险。

可对一些人来说事情远非如此。这些人不仅会对危险的事情做出反应。也许是出于安全或自信，他们也会对那些非但毫无危险而且令人愉悦的体验做出反应，他们注意那些体验，甚至为之如痴如醉。

我们已经指出，这种积极的反应，无论是温和的还是强烈的，无论是微弱的愉悦还是剧烈的狂喜，都和紧急反应一样，是自主神经系统和机体五脏六腑的总动员。这两种经验的主要区别在于，人们从内省中感觉到，一种经验是让人愉悦的，而另一种是让人不快的。我们可以从这一观察中看到，人类不但被动地顺应世界，还会积极地从世界中获得享受，甚至会主动把自己强加到世界上去。大部分这类差异都可以用精神健康这一因素的变化来解释。对那些焦虑不安的人来说，注意是一种应急机制，世界被单纯地划分成危险与安全两种类型。

这种注意和标签化注意间的真正差异是由弗洛伊德有关“自由浮动的注

1　如果一个人从生到死都可以吸收那些新的东西并将其同化到旧的东西中去，如果每次有什么新东西盛气凌人地违背或破坏了他所熟悉的一连串概念时，他都能看到它仅仅是表面上与那些熟悉的概念不同，而且能够给它贴上标签，把它视为一个乔装打扮的老朋友，那么没有什么会比这更令人惬意了。……对于那些高高在上的，我们没有概念去指引、没有标准去衡量的东西，我们既不会感到新奇，也不会感到诧异。（詹姆斯，1890年，第2卷，第110页）

意”[1]这一概念提出的。弗洛伊德之所以把被动而非主动的注意推荐给人们，是因为主动的注意往往会把人的一连串期待强加给世界。若现实的声音太过微弱的话，这类期待会把现实的声音淹没。弗洛伊德要求我们服从、谦逊且被动，只去关心现实对我们说什么，让物质的内在结构决定我们能感受到的一切。这相当于说，我们一定要将体验视为绝无仅有的，视为同世界上一切其他事物截然不同的，把握体验自身的性质，而不要去试图发现它是怎样适应我们的理论、方案及概念的。这无疑是在鼓励“以问题为中心”，反对“以自我为中心”。如果我们想对某一体验的本质有所把握，那么必须最大限度地抛开自我及其经验、预想、希望与恐惧。

在这里，对科学家、艺术家研究体验的不同方法进行比较，可能会对我们有所帮助。假设我们允许自己构想“真正的科学家”与“真正的艺术家”这样的抽象概念，那么我们完全可以说，科学家会力求对体验进行分类，把一种体验和另一种体验联系在一起，把它放在有关世界的一元哲学中应有的位置上，同时寻找该体验与其他体验的相同点和不同点。科学家倾向于给这一体验取一个名称，贴上标签，把它放在应有的位置上，总之，倾向于对它进行分类。而一个艺术家最感兴趣的是自己的体验所具有的独一无二的特

1　因为，每当一个人刚刚有意识地将注意力集中到一定程度，他就会马上对他面前的资料进行选择。他脑海中会固定住一点，这一点格外清晰，而其他的则被忽略了。在这样的选择活动中，他会遵循对自己钟意事物的种种期待。但这是万万不可取的；假如一个人在这样的选择活动中完全遵循自己的期待，各种各样的危险就会接踵而至——他除了可以发现那些已知的东西外，其他什么东西都发现不了。如果一个人始终遵循自己的种种趋向性，那么每种必须感知的东西都会被弄得虚幻失真。我们不要忘记，不管一个人听到的事实的意义如何，有很大一部分只有在将来才能被意识到。

医生会要求病人不带任何评价和选择地报告出即将在他身上发生的一切。我们可以看到，平均分配注意力的原则是这种要求导致的必然结果。病人服从“心理分析的基本原则”会给医生的治疗工作提供极大便利，可一旦医生不遵从“平均分配注意力”的原则，很多便利性便会因此丧失。医生应该这样阐述这一规则：所有有意识的努力均应被排除在注意力之外，“无意识的记忆”应充分发挥作用。或者，我们可以依托于简单的技术术语对这一规则进行描述：我们应单纯地去倾听，而不是吃力地去记特殊的事情。（弗洛伊德，1924年）

点。他一定会把体验视为一个个特别的对象。每个苹果都是绝无仅有的，都是和其他苹果不同的，每位模特、每棵树、每个大脑都是独具特色的——没有一样东西会和另一样东西一模一样。一位批评家在评价一位艺术家时这样说："他看到了别人熟视无睹的东西。"艺术家没有兴趣划分体验，也没有兴趣将各种体验划归到头脑中的卡片目录中。艺术家的主要任务是寻找体验的新鲜之处，然后，用他具备的某种才能将这种经验凝固起来，使那些不擅长体验的人也可以看到它的奇妙之处。齐美尔说得好："科学家看到某物是因为他了解它，而艺术家了解某物是因为他看到了它。"

本章中隐藏的一个观点是，科学家的直觉与艺术气质完全可以变得更强，他也能够更加欣赏、尊重不曾加工过的、直接的经验。同样，在科学家对现实的研究与理解中，除了要使艺术家的反应更为合理、成熟外，还要加深这种反应。但是，无论是艺术家还是科学家，都必须执行这样一个命令："务必要认识整个现实。"

二、感知

陈规化的概念既适用于分析偏见的社会心理学，也适用于感知这一基本心理过程。或许，感知并非是对真实事件内在本质的吸收与记录。对经验进行分类，给它贴上标签，而非检查它。事实上，这种活动并非真正的感知。我们在这种一成不变的感知中所做的一切，正好类似于我们在言语中对陈词滥调的持续使用。比如，当我们被介绍给一个人时，我们也许会对他感到新鲜，同时努力将其视为一个和生活中其他人迥然不同的、绝无仅有的个体。但事实是，我们会给他贴上标签，或将其划分到某个类型的人中。我们把他放置在一定范围内，而没有把它看作一个独一无二的个体。换句话说，一个进行陈规化感知的人应该更类似于档案管理员而非照相机。

在标签化感知的众多事例中，我们可以列举出人们对下列事物进行感知时的倾向：

（1）那些熟悉、破旧的东西，而非那些陌生、新鲜的东西；

（2）那些系统化与抽象化的东西，而非那些实际的东西；

（3）那些有组织、有结构及单纯的东西，而非那些杂乱、毫无组织与模棱两可的东西；

（4）那些已经命名或能够命名的东西，而非那些不曾命名或无法命名的东西；

（5）那些有意义的东西，而非那些没有意义的东西；

（6）那些司空见惯的东西，而非那些不同寻常的东西；

（7）那些人们满怀期待的东西，而非那些出人意料的东西。

并且，当一个事件是陌生的、具体的、模棱两可的、没有命名的、不同寻常的或出人意料的时候，我们趋向于歪曲这一事件，生搬硬套地将其打造成一个更常见、更抽象、更有组织的形式。我们通常把某件事当作某些范畴的代表，而没有依据这些事件本身把它们当作绝无仅有的、独具匠心的。

在罗夏测试中，在格式塔心理学、投射测验及艺术理论的文献中，有关这些趋向我们能够找到各种各样的描述。早川曾列举过一个艺术教师的例子："这位教师总是对他的学生说，他们不可能画出一只特别的手臂，因为他们终究会把特别归纳为普通，自以为自己了解这只手臂应当是什么样子的。"诸如此类的例子在沙赫特尔的书中随处可见。

很明显，如果一个人的目的仅仅是把某一刺激物划归到一个已经建立起来的范畴系统之中，那么他是不必更多地去了解该刺激物的；然而，一旦他想对这一刺激物有所了解并进行准确评价，就没那么容易了。真正的感知应当把刺激物视为独一无二的，应当包容它、吸收它、理解它，这要求花费更多的时间，而相对来说，贴标签、编目录是一眨眼就能完成的。

标签化很可能远不如新鲜的感知有效，这主要是因为它有着一眨眼就能完成的特质。在标签化感知中，只有那些最突出的特质能用来决定反应，但这些特质极易令人误入歧途。所以，标签化常常使人犯错。

这些错误有着两方面的重要性，因为标签化感知不太可能让人们将原本的错误修正过来。一个被归入标签中的人，会有很强的保持原状的趋向，所有不合规矩的行为都是例外，不必认真对待。比如，我们因某些原因而认定某人不真诚，打算在玩纸牌的时候抓到他，可惜没有实现，但我们还是会习惯性地觉得他是贼，而他之所以变老实了，一定是因为某些特殊的原因，或是为了欲盖弥彰，或是出于偷懒，等等。如果我们对他的不真诚深信不疑，那么即使我们不曾发现他做出了什么不真诚的事情，我们也会把他当成一个正好没胆量在我们面前耍把戏的贼。或者我们会把他这个和平时不一样的行为看成是有趣的，认为这不足以代表他的本性，只是逢场作戏罢了。

有关标签化或陈规化的这一认知，可以在很大程度上对下面这个古老的问题进行解答，也就是人们为什么会在真理已经昭然若揭的时候，还固执地相信谬误。人们往往觉得，对于这种拒绝接纳证据的态度，只要借助压抑或动机力量就能完全解答。当然，这种看法是对的。不过问题在于，这种看法是否揭示了所有真理，是否其本身就是一个充分完美的解释。

我们的研究表明，还有一些原因导致人们难以看到证据。假如我们处于接纳这样的陈规化态度的这一端，就能够稍微体验到强加于对象身上的不公正待遇，假如别人随意地将我们与他人混为一谈，而我们觉得自己在很多方面都与这个人不同，那么我们就会觉得受到了侮辱，觉得这一评价不够公正。关于这一点，没人比威廉·詹姆斯阐述得更好。他说："理智在处理对象时首先要做的，就是将它同别的东西一起归类。但是任何对我们来说具有不可估量的重要性、可以唤起我们献身精神的对象，都必然是独特的、绝无仅有的。如果一只螃蟹能够了解到我们会毫不拖泥带水、没有丝毫歉意地把它们划分到甲壳纲动物类别中，且据此来处置它的话，它可能会愤怒不已。它会说'我不是这样的东西，我是我自己，只是我自己'。"

三、学习

习惯的意思通常是试图使用以往某个成功的办法来解决眼下的某个问题。也就是说：（1）一定要把眼下的问题放在某个问题范畴之内；（2）一定要选择对该特殊范围内的问题效果最好的解决方法。因此，这里必然会涉及分类，也就是标签化。

习惯现象很好地对一个同样适用于标签化注意、感知、思维、表达的现象进行了描述，即所有标签化的结果都是"将整个世界冻结起来"。可事实上，世界永远在流动着、改变着，宇宙万物全都处于一个发展的过程中。从理论上来说，世界上不存在绝对静止的东西（即使对于实际的目的来说，很多东西的确静止不动）。如果我们非常严肃地看待理论，那么每种经验、每个事件、每种行为都会以不同的方式区别于以往发生过的或未来还会发生的经验、行为，等等。

这样，将我们关于科学和常识的种种理论与哲学，全都建立在这一基本的、难以避免的事实的基础上，似乎就是合情合理的了。怀特海也一再重申这一点。可实际上，大多数人都不是这样做的。曾有人觉得世界上存在虚无的空间，那些处在时间延续之中的事物被推动着漫无目的地遨游其中。虽然，如今那些最老到的科学家、哲学家已经舍弃了这些陈腐的观念，但这些口头上被舍弃的观念作为较为低级的思维反应的基础，还是一如既往地存在着。即使我们已经且必须接纳一个变化发展着的世界，我们也依然很难对此心怀感情和热情。我们依旧是牛顿的信徒。

这样一来，对所有可列为标签化的反应，都能够做这样一个重新界定，它们都试图冻结或阻止一个运动变化的过程世界，都试图使它静止不动，以便于处理这个世界，我们似乎只有当这个世界不动时才能处理好它。这种倾向的一个例子是，那些静态的原子论数学家们为了用一种静态的方式对待运动与变化，发明了一个天才的把戏——微积分。然而，考虑到本章的目的，可能心理学方面的案例会更加切题。那些头脑静止的人倾向于把一个过程世界凝固，让它暂时静止不动，因为他们无法处理一个处在流变中的世界。在我看来，每一种习惯，包括种种复制性学习，都无一例外是这种倾向的有力证明。

这种倾向已经达到这样一种程度，归类是对论断的过早固化，由于这个人对未知充满恐惧，因此削弱及避免焦虑的期望便促成了固化。面对未知事物镇定自若的人能够较好地忍受模糊，因为在他们的感知中极少受到促动。最好将动机与感知间的紧密关系当作心理病态，而非健康的表现。坦白说，这个关系是一个略显病态的机体征状。它在自我实现者的身上极少存在，而在神经质与精神病的人身上大量存在，一如在企图与幻觉中体现的那样。阐述这种不同的方法是，认知在健康人那里相对来说是非动机性的；而在病态人那里相对来说是动机性的。

就像詹姆斯所说的那样，习惯是保守性的机制。因为，所有习得性的反应，仅仅是其存在就足以对同一个问题的其他习得性反应的形成产生阻碍。另一个重要原因是，学习不只是肌肉反应，还关乎情感偏爱，这一原因同样关键，但往往被学习理论家所忽略。我们不但学习英语，而且还会学着如何钟爱并偏向它。这样一来，学习就不是一个绝对中立的过程了。我们不能说："假如这一反应是错的，我们就抛弃它，或用一个正确的反应替代它，这是再简单不过的了。"因为，通过学习，我们已经在一定程度上限制了自己，奉上了自己的忠诚。因此，如果我们有学好法语的意愿，那么我们可以在找到口音不标准的教师时干脆不学，等我们能找到一个好老师时，学起来会更见成效。出于这样的原因，对于科学范围内那些不着边际地对待假设与理论的人的观点，我们是绝不能赞同的。他们说："即使是错误的理论也比没有理论好。"如果我们上述的思考多少有些道理的话，那么现实的情况绝不会这么简单。就像一句西班牙谚语所说的那样："习惯一开始像蛛丝，最后会变成钢缆。"

这些批评并不适用于所有学习，只适用于原子式的、复制性的学习，即对于相互孤立的特殊反应的辨别与回想。很多心理学家都将这种复制性学习视为过去对现在产生影响的唯一方式，视为以往的经验可以被用来解决目前问题的唯一方式。这种想法是很天真的，因为我们在这个世界上习得的很多东西既非原子式的，也非复制性的。我们过去最重要、最有影响力的学习类型，是我们所谓的特征或内在学习，即对我们所有经验在性质上的一切影响。经验绝非像捡硬币那样是机体一个一个习得的；若是有某些深刻的影响，这些经验就能把一个人彻底地改变。如此一来，某个悲剧性的经验会让一个不成熟的人变成一个非常成熟的人，可以让他变得更明智、更宽容、更谦逊，可以让他更妥善地解决成年人生活中的每一个问题。与之相反的理论认为，这种人仅仅是通过某种特殊方式得到了解决这种特殊问题（比如他母亲的死）的一个技巧。他除了这方面的变化外，不会再有其他方面的变化。

如果世界是处在一个过程中的，那么每个瞬间都会是新的、独一无二的。从理论上来说，每个问题都必然是新的。根据过程理论，所有典型问题都是不曾遇到过的，都是同其他问题不一样的。按照这个理论，一个类似于过去问题的问题，必定会被理解成一种特殊情况而非一种典型情况。如果事情真是这样的话，那么依靠过去来寻找一个特殊的解决办法就不仅是有益的，而且是危险的。我坚信，这一点不管在理论上还是实际上都是真实的。不管怎样，一个人，无论他有怎样的偏见，都会赞同这样一个事实：至少有些生活问题是新的，所以必须有新的解决方法。

从生物学观点出发，习惯在人的适应方面具有双重作用，因为它既是必要的，也是危险的。习惯必定预示着某种不真实事物的存在，即存在一个固定不变、静止不动的世界。但习惯又常常被视为人类最有效的适应工具之一，而这又意味着一个变化的、动态的世界。习惯是一种已经形成的、对某种情况的反应或对某一问题的解答。由于它形成得早，因此难免会发展成一种惰性，即排斥变化。不过，一旦某一情况发生了变化，我们对它的反应也要随即发生对应的变化，或在迅速变化上有所准备。因此，习惯的存在可能比毫无反应更加糟糕。因为习惯阻止了我们，并让我们无法对新的情况做出必要的新的反应。

倘若我们在阐述这一悖论时立足于另外一个观点，可能会使这一点更加清晰。可以说，我们是为了在处理反复出现的情况时节省时间、努力与思考才建立起习惯的。假如某个问题以相同的形式重复出现，而我们又有自动出现的某种习惯性的应对方案，那么无论这个问题什么时候出现，我们都可以节约大量的思考时间并轻松地处理问题。如此看来，习惯不外乎是对某一再三出现的、固定的、熟悉的问题的反应。之所以说习惯是一种“好像”反应——“好像世界是静止的，常住不变的”，原因即在于此。很多心理学家都意识到了作为适应性机制的习惯的基本重要性，所以一致强调重复现象。上述解释毫无疑问就是这样出现的。

很多时候，这一情况都是按照它本来的样子出现的，因为我们生活中的很多问题都是重复性的、熟悉的、相对固定的。一个从事较高级活动、思想、发明、创造的人会发现，作为前提条件，这些活动需要不计其数的习惯来解决日常生活中的小问题，以便创造者可以将他的精力更多地投入到更高级的问题中。只是，这里还涉及一个矛盾，甚至可以说是一个悖论。实际上，世界并非静止、熟悉、反复不变的；相反，它始终处于一个流变的过程中，是常新的，最终会发展成一个新的东西，变化不停、流变不止。我们无须讨论这一点是不是合理地对世界的一切特质进行了概括；为了便于陈述，我们不妨把世界的某些方面当成是永久不变的，另一些方面则不是这样。这样一来，我们就能避免某些不必要的、形而上学的争辩。假如我们承认这一点，那也必须承认，不管习惯对于处理世界那些永久不变的方面多么有用，当机体必须处理世界上那些持续变化、变幻莫测的方面时，当机体必须解决那些绝无仅有的、新的、不曾遇到过的问题时，习惯必然会起到某种阻拦作用。[1]

在这里，我们遇到了一个悖论，习惯既必要又危险，既有用又有害。习惯可以节约我们的时间和精力，可我们要为此付出巨大的代价。习惯是适应的重要武器，又对适应起着阻碍作用。习惯可以解决问题，可又从根本上与新的非标签化思维相悖。换句话说，习惯在面对新问题时无计可施。尽管习

1　“我们眼前是这样一幅人的图景：他面对的是一个这样的世界，在这个世界上，他只有依托日益精巧的反应才能适应世界的无尽多样性，他必须脱离直接环境的绝对控制，只有这样才能存活下去，变成世界的主人。”（柏格森，1994年）

“如果我们的自由不借助持续的努力对自己予以更新的话，那么在它被肯定的一瞬间，它就会养成持续增长的习惯，而这些习惯会让自由窒息，自由会被自动性破坏。哪怕是最活跃的思想，它的表达方式也会变得干枯、刻板。语言和思想格格不入，字母会毁灭精神。”（伯格森，1944年）

惯有利于我们适应世界[1]，可它常常阻碍我们的发明能力与创造性，也就是说，习惯常常阻碍世界适应我们自己。最后，习惯常常借助一种散漫的方式，将真实的、新鲜的注意、感知、学习、思维取而代之。

四、思想

在心理学领域内，标签化包括以下几个方面的含义：（1）人们只有陈规化的问题，以及/或者（2）人们在解决这些问题时，只能使用陈规化的、机械化的习惯与技巧，以及/或是（3）在生活中的每个问题出现之前，人们已经有了一连串现成的、渐变的和枯燥乏味的解决方法与答案。这三种倾向结合起来，基本上可以完全扼杀人的创造性。[2]

1. 陈规化的问题

一个倾向于贴标签的人会避免或忽视几乎所有类型的问题。那些患有强迫症的病人已经以一种极端的形式证明了这一点。他们非常系统地管理并安排生活的各个方面，他们害怕面对一切突发事件，任何一个没有现成答案且

---

1 我们最后还可以补充一点，如果我们无法获得一套标签（参照系），那么复制性记忆就会举步维艰。该结论的实验方面的证据，有兴趣的读者可以参考巴特莱特和沙赫特尔的书。

2 “清晰和有秩序使得教授们可以处理那些能够预见的情况。它们对于维系现存社会状况而言是必不可少的。可只有它们还远远不够。对于那些难以预料的情况，对于进步，对于发现那些振奋人心的东西，超越清晰和秩序是很有必要的。假如生命只拘泥于组织结构，是必然会退化的。那种将经验中的朦胧杂乱的东西组合起来的能力对于新的进步来说至关重要。”（怀特海，1938年）

“生活的本质在于已经建立起来的秩序受到挫折。我们的世界拒绝接受那种完全的一致、咄咄逼人的影响。拒绝了这一影响后，世界会朝着一个新的秩序迈进，把这种秩序当作重要经验的基本前提。我们必须解释那朝向种种秩序形式的目标，那朝向新秩序的目标，那成功与失败的衡量标准。”（怀特海，1938年）

需要借助自信、胆量及安全才可以解决的问题，都会使他们觉得受到了严重威胁。

假如这类人一定得去感知问题的话，那么他首先会将这个问题归入某一范围中，并将这个问题视为一个熟悉的范围中的一个代表（因为熟悉的东西不会让人产生焦虑）。他们企图去发现，“这个问题可以放到以前经历过的那类问题中吗？”或“这个问题适合纳入哪类问题的范围？”当然，这种“置入”只有在人们感到相似性时才有可能。对于相似性这种复杂的问题，我们不打算进行深入探讨，只说明以下这一点：这种对相似性的感知不一定都是对被感知的现实的内在本质所做的谦卑的、被动的记录。不同的人，是根据不同的、适合他们个人爱好的标签来进行分类的，但他们通常可以成功地使经验标签化。上文得出的结论，也通过这一事实得到了证明。这种人绝对不愿陷入茫然无措的境地中，他们希望能够划分一切经验，即使要将这些经验进行裁剪、挤压甚至歪曲。

2. 陈规化技巧

一般来说，标签化的一个有利之处在于，只要能够将问题归入某一范围内，就会自动出现一套这一问题的解决技巧。这还不是标签化的唯一理由。一位医生在处理一种就算治不好却已知的疾病时，要比处理疑难杂症轻松得多。我们可以看到，那种将问题归入某个范畴的倾向背后，其实隐藏着很深的动机。

假如某个人以前曾多次处理过一个问题，那么相应的机制会运转良好，并时刻发挥效用。当然，这也预示着这个人会强烈地倾向于按照以往的方式来处理相同的事情。就像我们看到的那样，对问题的习惯性解决是好坏并存的。它的好处表现在实行上的轻松自主、节约精力、自动性、情感性选择以及没有焦虑，等等。他的坏处则是丧失灵活性、适应性以及创造性。也就是说，习惯一般情况下会导致这样一个结果，即人们觉得这个动态的世界可以被当成静止的世界来看待。

3. 陈规化结论

合理化似乎是这一过程最广为人知的例子。考虑到我们的研究目的，不妨对这个或与之相似的过程做出界定：人们事先便有一个现成的观念或难以避开的结论，然后人们会进行大量的思维活动来支持这一结论，或为它找出证据。（“我不喜欢那个人，我要为此找个正当理由。”）事实上，这类活动仅仅徒有思维的外表而已。它并非严格意义上的思维，因为它不顾问题的本质就轻易得出了自己的结论。凝重的神情、激烈的探讨、搜索证据，这一切仅仅是欲盖弥彰的烟幕弹，事实上在展开思考前，结论就早已注定了。人们甚至常常抛弃这种思考的外在，连似乎是在思考的姿态都懒得做，只是相信就已经足够了。这比合理化还要省心。

一个人绝对可以遵循他在生命前十年中得到的一套完整观念过活，这套观念可能从来没有过、以后也不会有丝毫改变。这种人可能有着极高的智商，可以花费很多时间来进行思维活动，在这个世界中筛选哪怕是最琐碎的证据来证明他现成的观念。虽然有时这种活动也有益于这个世界，可是人们似乎都愿意对生产性的、创造性的思维活动与熟练的合理化活动进行字面上的区分。人们往往因合理化活动而对世界视而不见，对新的证据漠不关心，从而在感知与记忆时产生扭曲，失去对一个变化莫测的世界的适应能力。比起这些十分明显的现象，以及思想停止发展的其他苗头，合理化活动具有的好处实在不值一提。

不过，合理化活动不是我们唯一可以列举的例子。当一个问题只是对我们的种种联想形成刺激，促使我们从中挑选出最适合这一特殊场合的联想时，自然也属于标签化。

标签化思维看起来似乎与复制性学习存在一种特殊的相似性或关系。上文列举的三种类型的过程，能够被轻易地视为习惯活动的特殊形式并进行处理。这里明显涉及与过去的某种关联。事实上，解决问题的办法不过是从过去经验的角度对新问题进行分类与解决的技巧罢了。这种类型的思维等于不自觉地处理并重新安排过往得到的复制性习惯与记忆。

整体动力学的思维显然与感知过程有关，而不是与记忆过程有关。了解了这一点，便能清晰地看出整体动力学与标签化思维之间的差异了。尽可能清晰地感知一个人遇到的问题的内在本质，“在问题中感知其解决办法”。所有问题都依托于自身的情况与形式被细致考察，就像人们以前似乎从未遇到过相同的问题一样。这样的努力旨在发现问题的内在本质，但在联想思维中，却是为了发现该问题是如何与以前历过的问题联系起来的。

从一个实际的意义来看，就行为而言，这一原则可以简化为一句箴言：“我不知道——我们不妨来看看。”也就是说，当一个人面对一个新情境时，他不会不假思索地用已经确定好的方式来对它做出反应。这一场景实际上在许多方面都与以往的情景有区别。当一个人说“我不知道——我们不妨来看看”的时候，他是对这一切区别持有某种敏感性的，同时他会根据具体情况迅速做出反应。

这并不是说我们不能在整体思维中使用过去的经验。我们肯定要使用过去的经验，重点是，我们采取了一种截然不同的方式来使用这些经验，这一点已经在上文“学习”一节中有关特征或内在学习的探讨中进行了描述。毋庸置疑，联想思维一定会出现。不过我们要探讨的是，到底哪种思维应该被视为中心、范例或理想的模式。整体动力学家们的观点是，思维活动应具备发明创造性、独特性与天才性方面的意义。思维是一种技巧，人类可以依靠它创造出某种新的东西，而这又预示着，思维一定要时不时地和已知结论发生冲突，这个冲突在某种意义上是革命性的。假如它和一种思维的现状产生冲突，那么它就会变成习惯、记忆或我们早已习得的东西的对立面，而这只是因为，它从定义上说一定要和我们已经习得的东西产生冲突。倘若我们已经习得的东西与我们的习惯都运转良好的话，我们完全能够通过一种自动的、习惯性的、熟悉的方式来做出反应。也就是说，我们无须再去思考了。从这个观点来看，我们可以把思维视为学习的对立面，而非一种学习类型。夸张点说，我们可以把思维定义为一种突破我们的习惯、忽略我们以往经验的能力。

人类历史上那些伟大的成就所代表的那种真正的创造性思维，还涉及另外一个动力学层面，也就是创造性思维的特征——冒险精神与胆量。如果这些词语用在这里不太合适的话，那么，我们可以通过一个怯懦的孩子和一个勇敢的孩子之间的对比来更进一步了解这些词汇的意义。怯懦的孩子一定会紧紧依偎在母亲的身旁，因为在他眼里，母亲是安全、熟悉和保护的代名词；相对大胆的孩子不是这样，他们倾向于无拘无束地冒险，他们可以走出家门很远。那种类似于怯懦地紧紧依偎在母亲身边的思维过程，就属于怯懦地固守习惯。一个有胆量的思想家——这一形容词基本上是多余的，仿佛在说“一个思想着的思想家”一样——在冒险离开安全熟悉的港口时，一定可以摆脱过往，摆脱习惯、期盼、学识、惯例以及习俗，摆脱焦躁不安的情绪。

我们还能看到，许多人的观点是通过模仿权威人士的建议产生的。这种案例给我们提供了另一种类型的陈规化结论。它们通常被视为健康人性中的基本趋向，但它们更像是某种细微的心理病症的表现。在涉及较为关键的问题时，这类观点主要表现为某些焦躁不安的、传统化的、懒散的人（或者说是某些没有主见的、不知道自己的观点是什么的、不相信自己的人）对某种没有组织结构的情景的反应，而且这种情景并无固定的参照系。[1]

我们获得的结论与解决问题的方法在生活的很多领域都属于这一类型。我们在思考问题时会注意他人得出了怎样的结论，为的是我们自己也可以得到这样的结论。很明显，这样的结论并不是真正意义上的思想，这种结论不是由问题的本质决定的，而是一些来自他人那里的陈规化结论，我们相信别人远胜过相信自己。

毫无疑问，这种认知有助于我们理解为什么美国的传统教育远未达到其预定目标。在此我只想重申一点，即人们几乎无法通过我们的教育来学会直接观察现实。相反，人们会提前戴上一副眼镜，并通过它来观察世界各个方面的信息，比如应该相信什么、喜欢什么、赞同什么以及感到什么有罪。人们的个性鲜有获得充分发挥的机会，也鲜有人鼓励他充满勇气，用自己的方

1 我们可以在弗洛姆那里找到这种情景的动力学讨论。爱因·兰德的小说《本源》中也讨论过这个主题。在这一点上，《1006及所有这一切》不但有趣，还非常有教益。

式对待现实，清除迷信，提出自己的不同观点。

在高等教育中，陈规化趋向同样比比皆是，这方面的证据可以在大学的课程表中获得。在这类课程表中，无论一门课程涉及怎样变化莫测、不可言表、难以捉摸的现实，都会被同样地安排为3个学分，更奇怪的是，这些课程一样需上满15周。它们像橘子一样，被整整齐齐地区分为互不相同、彼此排斥的门类。[1]这种标签不是从现实中得来的，相反，它们是被强加于现实之上的。

这些事实是十分明显的，可是我们并不清楚应该对这一事实采取怎样的措施。在对标签化思维进行考察后，很多人都认为应该让学生慢慢挣脱标签的限制，去关心那些新鲜的经验与特殊具体的现实。怀海特在这一点上说得很对：

我本人对传统教育方法的批评是，它们过于关注思维的分析活动和公式化信息的获取。我们应该加强对个人事实做具体评判的习惯，可我们常常忽视了这一点。我们完全意识不到这些个别事实中出现的种种价值之间的相互作用，只一味地对种种抽象的陈述进行强调，但这些抽象的陈述却忽视了不同价值之间的相互作用。

现在，我们的教育结合了以下两点：一方面透彻地研究少数的几个抽象概念，另一方面减少了对大量的抽象概念的研究。我们的教育程序太过陈腐。学校的普通训练应该把重点放在引导年轻人把握具体事物上，应该满足他们活动的期望。这里当然离不开分析，不过这种分析只要把不同领域不同的思维方式描述出来就够了。在伊甸园，亚当先看到了动物，然后才给它们命名，可在我们的传统制度中却恰好相反，孩子们先知道动物的名字，然后才看到它们。

1　“科学总是被当作某种牢固不变的东西并教授给人们。事实上，科学是一个知识系统，它的流动性决定了它的生命与价值，只要新的事实与观点暗示可能有别的结构，它就应当马上对它那些弥足珍贵的结构进行修正。遗憾的是，现在的科学没有被视为这样一个知识系统来进行教授。”

“我是这所大学的主人，一切我不知道的都不是知识。”（怀海特，1938年）

这种专业训练只涉及教育的一个方面，这一方面的重点是智力，书籍仅仅是其依托的主要工具。专业训练还应该包括另一个方面的内容，这方面的重点应该在直觉上，应避免脱离整体环境，尽量少对整体进行分割，而去直接把握整体。目前，我们最需要的那种一般性，就是对各式各样的价值进行直接评价。

五、语言

语言是体验及传达一般规律性信息的最佳手段，即一种标签化手段。当然，语言也试图界定并传达一些特殊具体的东西，可常常因其最终的理论目标而失败。[1]在对某一特殊事物进行处理时，它最多赋予这一事物一个称谓，可称谓终究难以对这一事物进行描述和传达，而仅仅是给它贴上了一个标签而已。一个人若想认知特殊事物，就一定得充分体验它，而且一定要亲身体验它，除此之外没有其他办法，就算为体验命名也只会给它蒙上一层屏障，让人无法进一步直接评价它。

比方说，某天，一位教授和他的艺术家妻子在一条乡间小路上散步，当他第一次见到一朵美丽的花时，他向妻子询问这朵花叫什么名字，想不到话音未落，就被他的妻子呵斥道："知道这朵花叫什么对你有好处吗？一旦你知道它叫什么，就会感到心满意足，也就不会再欣赏这朵花了。"

语言强制性地把经验塞进标签中，从这一点来看，它确实是置于现实与人之间的一道屏障。总之，语言能带给我们好处，但也令我们付出了代价。

1　诗歌的目的是传达或起码表达出大部分人"难以言表"的独特体验，表达出那些实质上无法诉说的情感体验，它试图用那些起到组织安排作用的标签，来对一种新鲜的、独一无二的体验进行描述，不过，那些标签本身并不新鲜，而且也不是绝无仅有的。在这种无奈的情况下，一个诗人可以做的，就是利用这些词语制造出一连串类比、比喻或新的句式，等等。通过这些手段，纵然他还是无法清晰地描述出一种体验本身，但他仍寄希望于能够在读者身上触发类似的体验。他偶尔可以成功，但这不得不说是一种奇迹。

语言能给人的理论思维带来极大的好处，可即使是这样，它的缺点也是有目共睹的。假如人们把语言可以勉强达到的那一点特殊性也彻底放弃了，只一味地使用那些俗套的、陈旧的话语、箴言、标语、口号和形容词的话，那么情况要远远比这糟糕。倘若真是如此，语言会彻底沦为一种消除思维的手段，会使人变得迟钝，阻碍人的精神发展，使人变成一个废物。因此，“与其说语言的功用是传达思想，不如说是隐藏思想”。

所以，即使我们不可避免地要使用语言，在使用它时也一定要时刻留心它的缺点。为此，我们提出了一个建议，科学家应学着尊重诗人。一般来说，科学家往往认为只有他们的语言是最准确的。但诗人的语言是个例外，就算诗人的语言不是最准确的，也一定是最真实的。如果一个人极具才干，那么他可以在较短的篇幅内讲出一个从事理论研究的教授需要十页纸的篇幅才可以讲出的东西。这一点可以从林肯·斯蒂芬斯的一个故事中体现出来。

蒂梯芬说：“有一天我和萨坦正在第五大道散步，这时，我们看到一个人忽然停了下来，从空气中抓下了一片真理。他的确是从空气中取下一片活生生的真理。”

我问萨坦：“你看到了吗？”

“难道你不为它担忧吗？难道你不知道它足以将你毁灭吗？”

“我当然知道，可我并不担忧。让我来告诉你原因。这片真理现在还是一个美丽的、活生生的东西，不过这个人即将先为它命名，然后再把它加以组织，那时它就死掉了。假如他让它活着并且去体验它的话，它就会毁灭我。可他不会这么做的，因此我并不感到担忧。”

语言的另外一个特征同样会给我们带来麻烦。这个特征就是，语言是超出时空之外的，起码有些词汇是这样。“英格兰”一词经过漫长的岁月不见丝毫成长、发展与变化，可是它象征着的那个民族早已天翻地覆。然而，当我们想描述处于时空变化中的事件时，手中也只有这样的词汇。假如我们说“永远都有一个英格兰”，这意味着什么？就像约翰逊所说的那样：“现实飞舞的手指书写起来要快于舌头的预见。现实的结构远比语言的结构更加流畅。就像我们此时听到的雷鸣其实是早已经逝去的雷电的回响，我们此时讨论的事实早已不复存在。”

六、理论

在标签化基础上建立起来的理论基本上都对人有着很强的吸引力，因为它强调了现实的一些性质，认为这些性质比其他性质更重要，起码更值得注意。这样一来，这种理论，加上一些其他的抽象概念，能够轻易去除或忽略现象的某些特质，也就是说，容易遗漏掉部分真理。这些拒斥与选择的原则，使得所有理论难免对世界持有一种部分的、专断的、偏颇的看法。就算这些理论都结合在一起，我们也很难对现象与世界得出一个完整的认知。这种情况不是没有可能。理论家与知识分子通常无法体会到一种经验所有的主观丰富性，相反，那些在艺术与情感方面极其敏感的人却可以体会到。这种可以充分掌握特殊现象的全部特征的绝佳的和极端的表现，也许正是我们所说的神秘经验。

经过对比，我们上文所述的那些考虑揭露了特殊化个别经验的另一个特点，也就是它的非抽象特点。不过，这和戈尔茨坦口中的“具体”完全是两码事。当一个大脑受损的人做事时，他看不到对象或经验的所有感官特征。他看到的仅仅是因这一特殊情况所决定的某个特征，并且他也只能看到这个特征，比如一瓶酒是就是一瓶酒，不是其他东西，不是一种武器或装饰，不能用来镇纸或灭火。假如我们将抽象活动定义为一种选择性注意，无论出于何种原因，抽象活动只会关注某一事件众多特征中的一部分，而不是全部。那么可以说，戈尔茨坦的病人都在进行抽象活动。

将体验分门别类并进行具体评价，对体验进行利用和欣赏，借助某种方式认知它们，这些活动之间很明显是存在某种区别的。在那些专业的心理学家中，基本上没人认识到这一点，相反，那些对神秘体验和宗教体验进行研究的学者们却异口同声地强调这一点。比如，阿尔道斯·赫胥黎说：“随着一个人的成长，他的认知形式会逐渐发展为概念性的，逐步变得系统，那些与事实相关的功利的认知也会骤然增加。人们原有的对于事物进行直接把握的能力会出现退化，人的直觉能力也会变得迟钝，甚至化为乌有。这样一来，他取得的某些收获就被抵消掉了。”[1]

然而，我们与自然的关系并非只有直接欣赏这一种，其实，站在生物学意义的角度来看，在我们和自然的所有关系中，它是最不急迫的，所以我们无须因理论与抽象概念存在危险而对它们百般刁难，这么做是很愚蠢的。理论与抽象概念可以提供的好处是巨大的、一目了然的，从交流、对世界的实际掌控方面来看更是如此。假如我们有责任规劝各个方面的研究工作者的话，我们或许会这样规劝他们：一般来说，知识分子和科学家的认知活动并非他们武器库中唯一的武器，倘若他们可以铭记这一点，那么毫无疑问，他们的认知活动会变得更为有力。确实，研究工作者的武器库里还有其他武器。如果说这些武器总是被交给诗人或艺术家的话，那是因为人们不理解，这些被忽略的认知形式可以通往另一部分真实世界，而这部分真实世界是那些一味从事抽象活动的知识分子看不到的。

另外，就像我们即将在第十八章中看到的那样，整体论的理论活动是完全可能的。在这一理论活动中，事物并非相互分割、相互独立的，而是完整的，均充当整体的一些方面且相互联系，被包容在同一个整体中。就像大地上的影子，它们处在不同的放大级别上，展现出种种迥异的层次，从而构成一幅无比宏伟的景象。

1　关于神秘体验论的内容可参见阿尔道斯·赫胥黎的《常青哲学》与威廉·詹姆斯的《宗教经验之种种》。

第十八章 心理学的整体论方法

一、整体动力学方法

1. 心理学的基础资料

想要准确地说出这种基础材料到底是什么，似乎没那么容易，可要说出它不是什么却不难。很多人尝试着说它“只不过”是某物，可是这些还原的尝试却常常以失败告终。我们知道，基础的心理学资源并非肌肉痉挛、反射作用、基本感觉、神经细胞一类，甚至不是可以被观察到的一点外部行为。它是一个更大的整体单元。更多的心理学家开始认为，它起码是一个与适应性或应对性行为一样大的整体单元。它必然包含一个整体、一个情境、一个目标或目的。从前文有关非动机性反应与单纯表达的阐述来看，即使如此，还是显得太过局限。

总之，我们最后得到了一个自相矛盾的论断，即心理学的基础资料恰好是心理学家们试图还原成种种成分或基本单元的那种早就存在的复合状态。假设我们一定要保留基础资料这一概念，那么它必然是一个比较特殊的概念，因为它指的是复合体而不是单一的结构，是整体而不是部分。

如果思考这个矛盾，我们就会了解到，这种对基础资料本身的探究所反映的恰好是一套世界观，是一种将世界构筑在原子论假说之上的科学哲学——在这个世界里，一切复杂的事物均由简单的元素组成。那么，主张这种世界观的科学家的第一要务，便是把所谓的复杂简化为所谓的简单。实现这一点要依托于分析，依托于愈发细致的分解，直到不能再分为止。这一任务在科学的其他领域完成得很好，起码在一段时间内是这样，可在心理学领域却并非如此。

这一理论揭示了整体还原性的努力在根源上的理论性本质。我们一定要清楚，还原性的努力与一般科学的根本性实质无关。它仅仅是一种原子论、机械论的世界观在科学上的反映，目前，我们有充分的理由对这种世界观进行怀疑。那么，责难这种还原性努力并非是在责难一般科学，而只不过是在责难对科学可能采取的一种态度罢了。不过，我们依旧面临起初提出的问题。现在，我们不妨再问一次，不是问“心理学的（不可再分的）基础资料是什么？”而是问“什么是心理学研究的主题内容？”“什么是心理学资料的本质？”以及“应如何研究这些资料？”

2. 整体分析的方法论

若不将个体还原成它们的“简单部分”，我们是无法对它进行研究的。证据表明，这个问题比拒绝还原努力的一些人所认为的简单得多。

首先要弄清楚的是，我们并不反对一般分析，而是反对那种被我们称为还原的特殊类型的分析。因此，没有必要否认分析、部分等概念的有效性。但我们要对这些概念进行重新界定，以便更有效地开展工作。

举例说明，我们都知道，可以采用两种差异化的方式对这些行为进行研究。一方面，我们在研究它时，可以把它视为一个独立、分立的现象，其本身自由独立且能够被独立理解。另一方面，在研究它时，我们也可以把它视为整个机体的一种表达形式，尽量在它与机体整体及机体其他的表达形式间的关系上加以理解。要想说明这一区别，我们不妨借助一个类比，用两种方式来对胃这样一个器官进行研究：（1）它可以被取出人体，放置在解剖台上进行研究；（2）我们可以在它处于自然状态，处于有生命、有功能的机体内部时对它进行研究。

两种不同的研究方式得到的结果完全不同，解剖学家也意识到了这一点。与借助于试管方法得到的结果相比，通过第二种方式得到的结果更有效、更有用。当然，现代解剖学不认为对胃的解剖与孤立研究一文不值，这一技术手段仍在广泛使用，但只能在一个更广阔的知识背景中使用，包括对人体并非单一器官的组合的认识，以及可供解剖的尸体组织与有生命的人体组织并不相同。总而言之，目前解剖学家所做的事情早在以往就被做过了，不过（1）他们做事时的态度不同；（2）他们现在所做的比以前更多——他们使用了过去从未使用过的技术手段。

只有这样，我们才能带着两种有区别的态度回到对人格的研究。我们可以设想研究对象是一个分立的实体，也可以设想它们是某个整体的一部分。前一种办法叫作还原-分析法；后一种方法叫作整体-分析法。在实际应用中，对人格的整体分析有一个基本特征，那就是一定要事先初步研究或了解整个机体，然后才可以对整体的那个部分在整个机体的组织与动力学中起到的作用进行研究。

这种整体-分析法在作为本章基础的那两组研究（对自尊症候群与安全感症候群的研究）中也得到了运用。其实，与其说这些结果来自对自尊心或安全感本身进行的研究，不如说这些结果来自对自尊心或安全感在整体人格中的作用的研究。用方法论的术语来说，作者发觉，一定要先将所有研究对象理解成是具有整体性、功能性、适应性的个体，然后才能试图对研究对象的自尊心状况进行理解。就这样，在具体涉及关于自尊心的问题之前，研究者已经调查了研究对象与他的家庭、他所生活的亚文化群的关系，以及他对生活难题的一般应对方式，他对于前途的希冀，他的理想、挫折、矛盾、冲突，等等。该过程持续如此，直到作者认为已经在运用简单技术手段的情况下，最大限度地了解了研究对象。直到那时他觉得自己能够理解，自尊在种种具体行为片段中的实际心理含义。

我们不妨举例说明，这种理解的背景对于正确解释某一具体行为是多么必要。通常来说，与自尊心较强的人相比，自尊心弱的人会对宗教更加虔诚，可是对宗教的虔诚程度也取决于许多其他因素。为了研究在某一特定个体身上，宗教情感是否依附于其他力量，我们必须要了解该个体受到了怎样的宗教熏陶，作用于个体身上的亲宗教与反宗教的外在强制性因素，以及个体的宗教情感是深沉的还是肤浅的、是表面的还是真诚的。总而言之，宗教对于一个个体的人来说究竟意味着什么，这是我们一定要了解的。即使某个人定期去教堂，我们在评价这个人时，也可能会说他不如一个压根就不去教堂的人虔诚，导致这种情况的原因可能是：（1）他是为了不被社会孤立才去教堂的，或（2）他是为了讨母亲的欢心才去教堂的，或（3）对他而言，宗教意味着对他人的操纵而非尊重，或（4）这可以证明他是上层集团的一员，或（5）甚至就像克莱伦斯·德埃的父亲所说的那样，“这对愚昧的芸芸众生有益，所以我务必要顺应时代”。或其他类似的因素。

从动力学的意义上来看，他可能没有一点虔诚之心，不过他还是表现出了极度的虔诚。显然，我们一定要率先了解宗教对于一个作为个体的他而言意味着什么，然后才可以对它在人格中的作用进行检验。纯粹行为性的礼拜可以意味着很多东西，这种行为对我们而言可能是毫无意义的。

同一种行为在心理上可以有两种截然不同的含义，另一个例子可能更典型一些，那就是政治、经济上的激进主义。如果只涉及它本身，也就是说只涉及行为，而将其分立出来，与上下文脱节，那么当我们对它与安全感的关系进行研究时，只能得到一个相当混乱的结果。当一些激进分子极具安全感时，另一些激进分子则极度缺乏安全感。如果我们对这种激进主义的来龙去脉进行分析，便会轻易发现，一个人之所以变成积极分子，也许是因为他的生活并不如意，他埋怨、绝望、万念俱灰，他不曾获得别人拥有的东西。对这种人进行仔细分析可以发现：他们往往对自己的同类心怀敌意，有时是有意识的，有时是无意识的。这样去形容这种人再恰当不过——他们常常把自己的困境当成一种世界性的危机。

另一种类型的激进分子与我们刚刚描述的那种人一样，他们会投票、行动、讲话，但这二者实际上是两个全然不同的个体类型。对这种类型的激进分子来说，激进主义的动机和含义与前一种完全不同甚至截然相反。这种类型的激进分子逍遥自在、生活安乐、事事顺心，他们由于深爱人类，因此一定要改变不幸之人的命运并挑战不义，就算不义并未直接发生在自己身上。这类人可以在很多方式中随意选择一种来表达自己的急迫愿望：他们可以借助于慈善事业、宗教规劝、耐心的教导或激进的政治行动。一般来说，收入波动、个人不幸一类的因素并不会影响他们的政治信仰。

总而言之，激进主义这一表现形式，可以源于截然不同的潜在动机，也可以由截然相反的性格结构类型而来。在一个人身上，它可能主要源于对同类的恨，而在另外一个人身上，它可能源于对同类的爱。假如在研究激进主义时仅仅局限于其本身，是不太可能得到这种结论的。[1]

这里要阐述的一般性观点不是原子论的而是整体论的，不是分类性的而是功能性的，不是静态的而是能动的，不是因果式的而是动力学的，不是简单机械论的而是目的论的。以动力学方式思考的人们发现，整体的、有目的的思维比非原子论式的、非机械的思维更便利、更自然。我们称这种观点为整体动力学观点，也可以将其称为戈尔茨坦意义上的有机论观点。

一种条理化、一元论的观点与这种阐释是相对立的，该观点融合了原子论、分类说、静态论、因果论与简单机械论。原子论思想家们意识到，静态的、机械的思维比动力的、有目的的思维要自然得多。对于这种一般性的观点，我把它叫作武断的一般原子论观点。我毫不怀疑，不但可以证明这些片面的观点趋于一致，而且可以证明它们在逻辑上必然会走向一致。

3. 因果理论的局限性

在这里特别谈一下因果概念的问题还是很有必要的，因为在我们眼中，一般原子论的观点至关重要，可是它却被心理学领域内的作者弄得模糊不清甚至被彻底忽略。在一般原子论的观点中，因果概念处于核心地位，是该观点的自然甚至必然的结果。若把整个世界视为一些在本质上互相独立的实体集合，那么会有一个显而易见的现象性事实有待解释，即这些实体间无论如何总是有关联的。

1　一个较为常用的整体方法（一般来说不会表明是这种方法）是用于组织人格实验的重复方法。在研究人格症候群时，我也应用了这种方法。从一个把握到的模糊的整体出发，我们把它的结构划分成小类、部分等。通过这种分析，我们发现之前对于这一整体的看法是很难成立的。然后，该整体会被更准确、有效地重新组织、重新界定、重新描述，并与以前一样被诉诸分析。这种分析又使得更完善、更精准的整体成为可能，如此循环往复下去。

解决这一难题的最初尝试，导致了简单的弹子球式的因果论看法，在这样的因果关系中，一个分离的物体对另外一个分离的物体产生了某种作用，但每一个被涉及的实体却始终保持它们各自的基本特质。坚持这种观点并不困难，只要我们的世界观以旧物理学为基础，就很容易形成这样的观点。不过，物理学与化学的进展却使得这种观点得到了修正。比如，如今我们在进行更为复杂精细的描述时，通常使用复合因果律的观点。

人们普遍认为，世界内部的固有联系过于错综复杂，无法简洁快速地对其进行描述。最为常见的解决办法只有将原本的看法复杂化，而非对它进行根本性的变革。有许多原因，而不只是一个，不过它们都被想象成在以相同的方式行动——互相分离、独立进行。现在，弹子球不是被一支球击中，而是被另外的十只球击中，我们要做的仅仅是凭借一种稍显复杂的算术来理解发生的事情罢了。基础的过程依然是把分离的实体相加成韦特海默所说的“算术和”，我们不会察觉有任何必要去改变对这种复杂事件的根本看法。无论表面现象多么复杂，实质上并未发生过新的事情。就这样，因果观念被不断延伸，以适应新的需要，直到它与旧概念只有历史上的联系而不再有其他的联系。可事实上，它们即使外表不同，本质却依然是相同的，因为它们始终反映同一种世界观。

一旦涉及人格资料，因果理论就会完全破产。因为每种人格症候群中都存在着因果关系以外的其他关系。用因果律的词汇可以这样表达：综合征的所有部分都是所有其他部分以及这些其他部分的所有组合体的因和果，而且，所有部分都是该部分所属整体的因和果。假如我们只使用因果律的概念，那么无疑会得到一个荒谬的结论。就算我们试图使用循环因果与可逆因果这类较新的概念来处理这类情况，也无法将症候群内部的种种关系以及部分与整体之间的关系完整地描述出来。

因果论术语的缺点不止如此。描述一个完整的症候群与影响它的“外界”力量间的相互作用，同样十分困难。比如，自尊症候群已经被证明是作为一个整体发生变化的。如果我们想纠正某个人的口吃，并对此专心致志，我们多半会发现：（1）我们无法纠正任何事，或是（2）我们不仅改变了他的口吃，还顺带把他的自尊心，甚至整个个体也一并改变了。一般情况下，外部影响倾向于对整个人的改变，而不仅仅局限于他的一小块或一小部分。

无法用因果论术语来描述的特征还有很多。有一个现象更是极难描述，只能勉强表达为：好像一个机体（或任何其他症候群）“把原因吞下、消化后，排出了结果”。当一个有效的刺激物，比方说一种创伤性的经历，在人格上发挥作用，这种经历便会产生某种结果。但这种后果不会和作为原因的那种经历构成一对一的或直线的关联。可能发生的是：那种经历一旦产生效果，就会作用于整个人格。这种人格既然已经和过去不同，就要用与从前不一样的方式来表现自己。我们暂时假设这一后果是其面部痉挛的恶化。这种痉挛的10%恶化是由于其遭受创伤的情况导致的吗？如果确实如此，那么可以说，作用于机体的所有有效的独立刺激物，共同导致这一面部痉挛恶化了10%。因为机体吸收了每一种经历，就像食物被消化并通过摄取营养的过程变为机体自身一样。那么，我写下这些字的原因，是因为一个小时前我吃的那个三明治，还是因为我喝的咖啡，还是因为我昨天吃的东西，还是因为许多年前我上过的写作课，还是因为一周前我读过的那本书呢？

我们能够明显地看出，所有重要的表达，比如写一篇自己很感兴趣的论文，不是某个特别的事物导致的，而是整体人格的一种表达或创造，反过来可以说，整体人格是它经历过的所有事情的结果。在心理学家的设想中，刺激物或原因经人格的调整后摄入，这和它撞击、推动机体一样自然。这一过程的最终结果是一个新的人格的产生（无论新的程度多小），而不再保持分离的因与果。

此外，还有一种方法能证明传统的因果观点无法适应心理学的需要，那就是证明机体并非某个原因或刺激物对其造成某种影响的被动的活动者，而是积极主动的活动者，可以与原因构建起复杂的双边关系，同时对原因产生一定影响。对于读过心理学论著的人来说，这一切都是老生常谈，但在此有必要提醒读者注意：我们也许会对刺激物熟视无睹，也许会误解刺激物，而一旦误解了它们，我们是可以对其重新构造与定型的。我们不但能找到它们，而且能回避它们。我们可以把它们筛选出来并从中进行选择。最后，如果有必要的话，我们甚至可以创造刺激物。

因果论的观念立足于这样的假设——世界是原子论式的，就算其中的实体相互作用，它们还是相对分立的。但是，人格是无法与它的表达、效果和对它产生作用的刺激物（原因）分割开来的，因此，起码对于心理学资料来说，它应该被另一个概念——整体动力学所取代。[1]我们很难简单地解释这一概念，因为它涉及对基本观念的根本性改组，必须对它进行详细的解释。

二、人格症候群的概念

如果存在一种更有效的分析方法，我们如何更进一步地研究整个机体？显然，被分析资料的结构性质决定了这个问题能否得到解决，同时我想问：人格是怎样被组织起来的？对症候群这一概念进行分析，是我们回答这个问题的第一步。

1. 医学用法

在试图对人格的种种相互联系的性质进行描述时，我们借用了一个医学术语——症候群。在医学领域内，症候群指一种多症状的复合体，某些症状常常同时发生，因此被统一命名。因此，这个医学术语是长处与短处并存的。首先，它意味着疾病与反常、而非健康与正常。现在，我们不在任何这种特殊的意义上应用它，而只将它当作一个普通概念。这个概念只与某种组

1 比较有头脑的科学家已经用一种基于“函数”关系所做的解释取代了因果论概念。也就是说，甲是乙的一个函数，若甲存在，乙也一定存在。借助这种做法，我们认为他们已经放弃了因果概念的核心方面，即必然性、反应等。关联状况的简单线性系数是函数表达的例子，但它们往往被用来与各种因果关系进行对照。假设“因果”一词今天的含义与以往的含义正好相反，那么保留“因果”一词也是无济于事的。不管怎样，我们已面临着必然或内在关系，以及发生变化的方式等问题。这些问题必须被解决，而不是被放弃、否认或消除。

织有关，而不涉及这个组织的“价值”。

其次，在医学上，症候群常常意味着一种单纯的相加，指的是一系列的症状，而不是一组有组织、有结构、互相依附的症状。但在心理学中，我们往往在后一种意义上使用它。最后，在医学上，症候群常常在因果关系中被使用。人们普遍认为，任何一种多种症状的症候群都有一个假设的、单一的原因。研究者们一旦发现肺结核中的微生物一类的东西，就会心满意足，觉得自己已经大功告成了。这样一来，很多在我们看来举足轻重的问题便被他们忽视了。我们不妨列举几个此类问题的例子：（1）结核杆菌随处可见，肺结核却没有因此而变得更常见；（2）症候群中的很多症状往往不会出现；（3）这些症状轮流出现；（4）在个别人身上，这种疾病的成因难以解释，其严重程度无法预料，等等。归根结底，科学家应研究导致肺结核的每一种因素，而非只研究最富有戏剧性、最重要的某个因素。

我们对人格症候群的初始定义如下：它是由许多明显不同的特征（行为、思想、行动的冲动及感知等）组成的有结构、有组织的复合体，若细致、有效地对这些特征进行研究，就会发现它们具有某些一致性，这些一致性彼此相似，包括动力意义、表达、“风味”、功能、目的，等等。

2.动力性可交换部分

既然这些特征有着相同的来源、功能或目的，那么它们就可以相互替换，并且实际上可以被认为是彼此的心理学同义词（都“指的是同一件事”）。比方说，一个孩子的暴怒症与另一个孩子的遗尿症可以由同一情况（比如遗弃）导致，也许是为达成同一目标的尝试（比如为获得母亲的爱与关注）。这样一来，尽管它们的行为不同，可在动力学上的意义却是相同的。[1]

---

1 可以根据目标行为上的差异与动力学上的类似性来在明确互换性，也可以从或然性这方面来对它进行界定。在一个特殊案例中，假如症状甲与症状乙在症候群X中存在被发现或不被发现的同样的或然性，那么它们就可以说是具有互换性的。

我们会在一个症候群中遇到一组行为上不同，或起码称谓不同的情感或行为，但这些情感或行为互相交织、纠缠、依附，可以被称为动力学意义上的同义词。这样，我们不但能将他们当成部分或特征来对它们的多样化进行研究，还能将他们当成整体或统一体来研究。在这里，语言是个非常棘手的问题。我们应如何标记这个蕴含于多样性中的统一体呢？可能性是多种多样的。

3. 人格风味

我们可以引入“心理风味”这个概念，并以此为例：一盘菜由多种不同的成分构成，可它仍有自己的特色（比如一碗汤、一盘菜、一锅炖肉等）。[1]我们在一锅炖肉中放了很多原料，继而调配出了一种独特的风味。它的风味在所有原料中弥散开来，可以说是与单独的原料不相关的。又或者，假如我们以一个人的样貌为例，就会很容易发现，一个人可以长着一个形状怪异的鼻子、一双小眼睛、一对大耳朵，可看起来还是十分英俊。在此，我们同样既可以考虑每个独立的部分，又可以考虑由部分组成的、颇具“风味”的整体，这一风味与任何一个单独的部分带给整体的都不一样。在这里，我们能够得出的症候群定义是，它是由具备一种共同的心理风味的各种各样的因素组成的。

4. 心理意义

从心理意义入手是解决定义问题的第二种方法，心理意义的概念如今在动力精神病理学领域备受关注。如果说疾病的不同症状有着相同的意义（夜间出汗、体重减轻、呼吸带有杂音等都意味着肺结核），那么它的含义是：它们都是上述统一的假设原因的不同表现形式。又或者，在心理学探讨中，孤立感或不受欢迎感的种种症状都意味着不安全感，因为它们都能被这一范

1　“我必须要讲这个故事，不过我不会像从左至右画出一条线那样从始至终，我的讲述更像是不断把玩古董过程中的深思。”（塔格德，1934年）

围更大、范畴更广的概念所包括。那就是说，若两个症状属于同一个整体，那么它们就意味着同样的事情。这样，一个症候群会以一种稍显循环的方式被定义为多方面因素的有机组合体，其中每一个因素都具有相同的心理意义。

调换、风味、意义等概念虽然能发挥一定的作用（比如用于对一种文化模式进行描述），但却存在着理论与实际上的具体难点，这迫使我们要继续寻找一个让人满意的术语。假设在我们的讨论中使用动机、目标、目的或应对目标等功能性概念，那么其中一些问题是可以得到解决的（不过，还是存在一些需要借助表达、无动机等概念来解决的问题）。

5. 对困难的反应

站在功能心理学的角度来看，统一的机体始终面临一些难题，始终试图使用被机体的天性、文化与外界现实所容许的种种方式来解决这些难题。这样一来，在看待所有人格组织的主要原则与中心所在时，功能心理学家们便会站在机体是在一个充满难题的世界里进行解答的角度上进行思考。换句话说：在理解人格组织时，一定要站在它面临的难题以及它为了解决该难题正在做出怎样的努力这个角度。因此，大多数有机行为必然是在就某些事来做某些事。[1]

在探讨人格症候群时，假如两个特殊的行为对某一难题有着同样的应答宗旨，也就是说，他们正围绕着同一件事在做某件相同的事，那么我们当然要把它们归入同一个症候群。这样一来，我们就能把自尊症候群解释成机体对于获得、失去、保持、捍卫尊严的问题所做的有条理的回答；同样，也能把安全症候群解释成机体对于争取、失去、保持他人的爱的问题所做的回答。

在此，我们还没有简单的最终答案，这一点也被以下事实证明：如果用动力学的方法来分析一个单独的行为，就会发现它不只有一个，而是有几

1　这一规律的例外参见第六章。

个应对目标。除此之外，对于一个关键的生活难题，机体往往会给出以上回答。

我们不妨再补充一点：与性格表达无关，不论在什么情况下，目的都不能被视为症候群的主要特征。

我们不可能对一个有机组织在集体之外的世界中的目的进行讨论。格式塔心理学家们已经证明，在被感知到的、已知的、被考虑过的资料中，组织结构随处可见。当然，这些资料不可能都具备我们所用过的那种意义上的应对目标。

一般可以这样说，格式塔心理学家赞同韦特海默的原始定义，即当在它的部分之间存在一个鲜明的相互依附时，整体是有意义的。我们对症候群的定义与韦特海默、苛勒、考夫卡等人对格式塔的定义存在一定的相似之处。在我们的定义中，两个埃伦费斯特标准并不冲突。

6. 内在对部分的整体意义

埃伦费斯特提供的一个有机精神现象的第一个标准是，单独给某些人施加的独立刺激（比如一个乐曲中的单个音符）缺少了什么，而这缺少的东西是一个得到了有机体的总体刺激的人可以体验到的。换句话说，整体与部分相加的和是不一样的。同样，症候群也不同于其孤立的、被分解出来的部分相加之和。[1]除此之外还有一个重要区别。在我们的症候群定义中，假设它的部分是被整体性地理解而不是被分解性地理解，那么我们可以在它的任何一个部分中观察到整体特征的主要品质（意义、风味或宗旨）。当然，这只是一个理论性的陈述，操作起来很有可能遇到困难。在大多数时间里，通过理解某个特殊行为所在的整体，应该可以发现该特殊行为的风味或宗旨。但是，这个规律有足够多的例外让我们相信，宗旨或风味不仅仅是整体固有

1　不过，症候群不等同于它的部分以整体方法得到的相加之和，这一说法还是存在疑问的。分解出来的部分只能合成一个加法和，但是一个整体的各个部分当然可以被认为是合成了一个有机整体，如果这一说法中的所有术语都获得了明确界定的话。

的，也是部分固有的。比如，我们往往借助部分来推断、演绎整体，比如，我们只听某个人笑一次，就能肯定他是不安的。再比如，我们只根据人们选择的服饰，就能够了解他们自尊心的大致情况。当然，必须承认，这样一个来自部分的判断，一般来说远不如来自整体的判断更让人信服。

7. 置换部分

第二个埃伦费斯特准则是关于整体内部元素间的可置换性的。一支曲子，即使用两种不同的调子来演奏，且这两种调子中的单个音符不同，这支乐曲仍然会保留自己的本来面貌。这与一个症候群内这种成分的可换性相似。有相同宗旨的成分能够互换，或彼此都是动力意义上的同义词，在一支乐曲中起着相同作用的不同音符也是如此。[1]

8. 关心人类机体

格式塔心理学家研究的重点在于现实世界的结构组织，主要是在机体之外的“材料”的“场”。可是，具有最高的组织形式且内部依赖性最强的正是人类机体本身——戈尔茨坦早已充分了这一点。机体看起来似乎是证明组织与结构规律的最佳场所。对资料的这种选择还有另外一个好处，即动机、目的、宗旨、表达、方向等基本现象会更加清晰地在机体内部显现出来。从应对目标的角度对症候群进行界定可以创造出另一种可能性，即可以将功能主义、格式塔心理学、意图论、心理分析化学，与阿德勒派心理分析学家所主张的那种伪动力学，以及戈尔茨坦的有机整体论等各自独立的理论统一起来。这意味着，得到正确界定的症候群概念完全能够充当一种将世界观统一起来的理论基础，我们把这种世界观称为整体动力学观点，并将这种世界观与一般的原子论观点进行对比。

1　请对比苛勒对埃伦费斯特标准的批评。（1961年）

三、人格症候群的特点

1. 互换性

上文已经论述过，行为上有差异的两个症候群部分或两个症状，由于其目的相同，因此是可以相互替代、完成相同的任务，并有着相同的出现的可能性、相同的可预测性概率和把握的。也是在这种意义上，一个症候群的所有部分都是可交换的或等效的。

在癔病患者身上，症状从这个意义上来看明显是能够互换的。在传统病例中，催眠术或其他暗示疗法是能够将一条麻痹了的腿"治愈"的，可之后却不可避免地会被另外一种症状所替代——可能是一只麻痹的手臂。我们可以在弗洛伊德学说的著述中看到很多对等症状的例子，比如对一匹马的恐惧也许预示着或替代了压抑下的对父亲的恐惧。对于一个充满安全感的人来说，在表达重复同一件事等于获得安全感这个意义上，他的一切行为表达都能互换。

在上文提到的安全型激进主义的案例中，协助人类的一般性愿望最终不但可能导向激进主义，还可能导向慈善或对邻居的仁慈或对乞丐与流浪者的救济。在一个来源不明的病例中，如果只知道患者有安全感，我们就能够断言他会有某种仁慈或社会关注的表现，但无法预测具体的表现形式。可以说，这种对等的症状与表达形式具有一定的交换性。

2. 循环决定

对循环决定的最佳描述源于对精神病理学的研究，霍妮的恶性循环概念便是循环决定的一个特例。霍妮试图描述症候群内部持续进行的动力性相互作用的流变，每个部分都在以某种方式对其他部分产生影响，并反过来被它们影响着，整个行为就这样持续进行着。

绝对的神经症性依赖意味着期盼的必然受挫。绝对的依赖本就带有对软弱无能的认同，而这样的必然受挫又很可能对早已存在的怒气火上浇油。而且，这种怒气的发泄对象通常是那个人们依赖、希望能帮助自己躲避灾难的人，因此这种愤怒的情绪会立刻引起内疚、焦虑以及对报复的惶恐，等等。不过，在导致完全依赖这一需要的因素中，这些状态早已存在。假如遗传学的分析能够证明一个特征比另一个特征在时间上领先，那么动力学的分析是永远不会证明这一点的。一切因素都不只是因，也同时是果。

再比如，一个人可以借助一种高傲跋扈、居高临下的态度来保持自己的安全感。如果他没受到排挤、嫌弃（或感到不安全），他是不会有这种态度的。可是，这样的态度反而让人们更加讨厌他，同时增强了他对高傲跋扈态度的需要。

我们可以十分清楚地在种族歧视中看到这类循环决定。心怀种族仇恨的人会指出一些令他们厌恶的性格来为自己的仇恨开脱，但被厌恶人群的这些性格却基本上都是这种仇恨与遗弃的产物。[1]

假设在对这一概念进行描述时，我们准备使用较为熟知的因果这一词汇，那么我们得说，甲乙双方既互为原因，又互为结果。或者我们也可以这样说，它们彼此依附，或彼此支撑，或是互补变量。

3. 拒绝变化

无论安全感处在何种水平，想提高或降低它们都是很困难的。这种现象与弗洛伊德描述的阻抗现象相似，但可以得到更广泛、普遍的应用。如此一来，我们可以同时在健康与不健康的人身上发现某种拒绝放弃既定生活方式的趋向。倾向于相信人本善的人与倾向于相信人本恶的人，都会对改变各自的信念展现出相同的抵抗力。在临床上，可以借助实验心理学家试图提升或降低一个人的安全感水平时遭遇的困难来界定这种对变化的抵制。

人格症候群会在外界产生巨变时依旧保持相对稳定。有很多在流亡中经历痛苦却依旧保持安全感的案例。我们也可以从对轰炸地区士气的调查中看

1 在这些例子中，我们阐述的仅仅是同步动力学。整个症候群的起源与明确的问题，循环决定是如何形成的问题，都是历史性的问题。即使这样一种发生学上的分析表明，一个特性因素是系列中首先出现的，也不能保证同一种因素在动力分析中会有基本的或首要的重要性。（奥尔波特，1961年）

到，很多健康人对外界的恐慌有着令人震惊的抵抗力。统计数字显示，精神病态病例并未因经济萧条和战争而大量增加。[1]通常，安全感症候群方面的变化与环境中的变化极不成比例，有时候似乎根本没有发生人格上的变化。

曾有一位非常富有的德国流亡者，被剥夺得身无分文后来到美国。他被诊断为是一个极具安全感的人。细致询问后发现，他从改变对于人的本性的根本看法。他始终认为，人的本性从本质上说始终是健康、善良的，他所经历过的痛苦能够以各种方式被解释成一个因外部原因导致的现象。在德国，熟悉他的人表明，他在丧失自己的财富前也是这样的人。

在病人抵制心理治疗的过程中也可以看到很多例证。有时，经由一个阶段的分析疗法，病人可以对某些信念的错误依据以及有害后果具备程度惊人的洞察。可即便如此，他也可能继续执迷不悟地坚守自己的信念。

4. 变化后的复原

如果一个症候群的水平被迫改变，人们往往能注意到这种改变只是一时的。比如，一种创伤性的经历往往只有非常短暂的影响。然后就可能会自发地调整到以前的状态。或者，创造导致的症状可以被轻而易举地消除。有时，也可以推测症候群的这种趋向是一个更大变化系统中的一个过程，其他症候群趋向也被囊括在这一变化着的系统中。

以下是一个典型病例。一位性无知的女性与一位同样性无知的男性结为伴侣。婚后的第一次经验让她万分惊诧。她的整个安全感症候群的水平有了显著的变化——从一般降至低安全感。调查显示，症候群的诸多方面产生了总体性的变化，比如在她的外在行为、人生观、梦境、对人的本性的看法，等等。就在这时，她获得了帮助与慰藉；她的情况得到了非技术性的谈论，在四五个小时的谈话中，她获取了一些简单的点拨。逐渐地，她的情况变得

1　这种资料常常会被误解，人们会用精神病的环境或文化决定理论对此进行反驳，但此类论点仅仅证明了人们对动力心理学的一种误解。事实上，精神病是内部冲突与威胁的直接结果，而不是外部灾难的直接结果。或者起码，外部灾难仅在同一个人的主要目标与防御系统产生关联时，才会对人格产生动力方面的影响。

好转，也许是因为这些交谈的缘故，她的安全感逐步提升，可再也无法达到以往的安全感水平。她的经历留下了一些细微但持久的结果，之所以会留下这些结果，可能部分地由于她丈夫的自私，而比这种结果更让人吃惊的，是那种不顾一切地想要回归婚前思维的强烈倾向。在一位第一任丈夫精神失常后再次结婚的女性身上，一样能看到这种剧变之后伴随着迟缓而彻底的恢复感的情况。

对于一位在正常情况下被认定为身心健康的朋友，通常我们会怀有这样的期望，即只要给他充足的时间，他就能从任何打击中恢复过来，这种趋势显然是十分普遍的。家人的死亡，经济状况的恶化，以及其他基本性创伤经历，足以使人们在一段时间内彻底失去平衡，但他们通常会彻底恢复。唯有长期恶劣的外部或人际状况，才会导致一个健康的性格结构发生永久性变化。

5. 变化的整体

上文已探讨过的这种趋势可能是最有目共睹的。不管一个症候群的哪部分发生了怎样的变化，调查表明，症候群的其余部分也会发生同向的伴生性变化。这种伴生性变化基本上在症候群的每个部分都能看到。人们常常会忽视这些变化，原因也十分简单：不曾期待它们存在，也就不会去寻找它们。

需要强调的是，这种整体变化的趋势与我们谈到的所有趋势相同，仅仅是一种趋势，而非一种必然。某些病例，其中的个别刺激物存在特殊的局部效应，但却没有能够察觉得到的普遍效应。可是，如果将明显的表面化精神错乱排除在外，那么这种病例是非常少见的。

1935年进行过一次并未公开结果的试验，内容为借助外部手段来增强自己的自尊心。一位女性被指示要在大约二十个特定的、普通的情境中以一种非常挑衅的方式行事（比如，她要坚持买某个牌子的商品，而从前往往是杂货店的老板替她做主）。她遵循了这样的指示。三个月后，研究者对她进行了一次范围更广的人格变化调查。[1]毋庸置疑，她的自尊发生了普遍性的变化。比方说，她梦的特征产生了变化。她首次购买了可以凸显身形、展现出身体曲线的衣服。她在性方面也变得更主动，她的丈夫发觉了这种变化。她第一次去游泳，而她之前是绝不好意思在大庭广众之下穿泳衣的。在很多种情况下她都觉得信心十足。这些变化并非因暗示而起，而是自发的变化，甚至连她自己都不曾意识到这一变化的重要性。因为行为的变化也会导致人格的改变。

一位原本缺乏安全感的女性，在喜获成功的婚姻后，其安全感会获得普遍性的提升。我第一次见到她时（在她结婚之前），她感到孤单、自卑、没有人爱她。但她的丈夫让她相信了他对她的爱——对一位缺乏安全感的女性来说，这是有难度的——就这样，他们结婚了。现在，她既觉得丈夫爱她，也觉得自己值得被爱。以前她难以接受友情，现在也接受了。她对人类的普遍性憎恨已经大部分消失了。她变得温柔和善、心地纯良；而我第一次见到她时，她是鲜有这些品质的。一些特殊的症状减轻或消失了——包括常做噩梦、对聚会的畏惧、长期轻度焦虑、对黑暗和一些让人不悦的力量的特定恐惧以及对残忍行为的幻觉，等等。

6. 内部的一致性

即使一个人在多数情况下缺乏安全感，他也一样可以保持某些具有安全感特征的特殊行为、信念与感受。这样一来，就算一个极度缺乏安全感的人常常做噩梦，他也不太会有不愉快的梦生活。不过，即使是非常微弱的环境变化，也会让他们噩梦连连。在这些不一致的成分上，似乎有一种特殊的压力在持续作用着，以迫使它们和症候群的其他部分趋于一致。

自尊心差的人通常比较谦逊、害羞。他们一般不愿在大庭广众下穿着泳衣，就算穿了也会觉得很不自在。可是，却有一位自尊心较差的姑娘，她不但在浴场上身穿泳衣，并且穿的泳衣还比较暴露。从一连串的交谈中获悉，

1　现在我们称之为一种治疗。

她觉得自己的身体十分完美，并对此十分自豪——这样的想法与她的行为相同，这对一位自尊心较差的女性来说是不同寻常的。但通过她的叙述我们了解到，她对游泳的看法前后矛盾：她总是觉得不那么自在，始终在身边放一件浴衣把身体遮住，别人对她的大胆注视会让她离开浴场。种种外界的意见使她相信，她的身体是具有吸引力的，她在理智上认为应该对此有所展现，同时竭力实践这样的行为，可受制于她的性格结构，这一实践困难重重。

安全感较强的人一般是勇敢无畏的，可他们身上常常有一些特殊的恐惧。导致这些恐惧的原因往往由于从前的某些特殊经历。但这类人身上的恐惧极易去除，只需借助简单的重新调整、榜样力量、劝告他人要意志坚强、付诸理智的解释，加之其他这一类的表面化心理治疗措施就足够了。可是，对于缺乏安全感的人来说，这些简单的行为疗法就没什么效果了。可以说，与人格的其他部分不协调的恐惧容易消除，而与人格的其他部分相协调的恐惧是很难消除的。

换句话说，一个缺乏安全感的人倾向于发展成一个彻底且始终缺乏安全感的人，而一个自尊心强大的人则趋向于发展成一个自尊心始终强大的人。

7. 走向极端的趋向

与我们已然描述过的保存性倾向并行的，起码还有一个源于症候群内部原动力的对立力量，该力量对变化很有助力，而对持久不变毫无帮助。这种趋势如下：一个安全感较为匮乏的人发展到极度缺乏安全感，而一个安全感较强的人发展到极具安全感。[1]

在一个非常缺乏安全感的人身上，所有外部影响、所有作用于机体的刺激物，都会以一种缺乏安全感的方式，而不是以一种具有安全感的方式来被解释。比方说，咧嘴一笑会被看成蔑视，遗忘会被理解成羞辱，漠视会被视为厌恶，平和的喜爱会被视为冷漠。在这类人的世界里，安全的影响少而不安全的影响多。对他来说，迹象的重心在不安全的一边，他就这样被不断拉

1 这种倾向与前文描述的倾向于更大的内部一致性的倾向关系密切。

向愈发极端的不安全感。这一因素理应被下列事实加强：缺乏安全感的人会以一种缺乏安全感的方式行事，从而导致人们厌恶他，继而遗弃他，而这又会让他更缺乏安全感，以一种更缺乏安全感的方式行事——就这样在一种恶性循环中持续发展下去。这样一来，其自身内在的原动力必然会导致恐怖的事情发生。

妒忌行为是最显著的例子。它是缺乏安全感的产物，且带有进一步的排斥与更为严重的缺乏安全感。一个男人会这样对自己的妒忌行为进行解释："我很爱我的妻子，要是她离开我或不再爱我，我会垮掉。很自然地，她和我兄弟的友情让我惶恐不安。"就这样，为了阻挠这种友情，他采取了很多措施（都是些愚蠢的措施），结果逐渐把妻子和兄弟的爱都失去了。这无疑令他变得更加冲动、多疑。幸好，在一位心理学家的帮助下，这个恶性循环被打破了。这位心理学家先是劝他，就算感到妒忌，也不能有妒忌的行为，然后才开始采用各种办法来消除整体的不安全感。

8. 来自外在压力的变化

当所有注意力都集中在症候群的内部原动力时，很容易忘掉任何症候群都应当对外部情况做出反应。在此提出这个显著的事实是出于完整起见，并且也是为了提醒大家，机体的人格症候群并不是一个孤立的系统。

9. 症候群的变量：水平与特点

症候群层次这一变量是最重要且最显著的。某个人安全感的高低，自尊心的强弱，这一变化并不是一个单纯的连续统一体。我们所说的变化只有由多到少、由高到低的含义。在讨论症候群的品质时，主要着眼于自尊或支配症候群。我们可以在低等的灵长类动物物种中看到操纵现象，不过，它在不同的物种中会表现出不同的特点。在自尊心极强的人类身上，我们始终能够辨别出起码两种品质的高度自尊，一种是力量，一种是权利。具有高度自尊且极具安全感的人，会以慈悲、协作、和善的形式表现出自己对自尊心强度的感受。而高自尊但无安全感的人，与其说他们对帮助弱者感兴趣，不如说他们对操纵与伤害弱者更感兴趣。这两类人都有着高度的自尊，因机制的其他特征不同而以不同的形式展现出来。在极度缺乏安全感的人身上，这种不安全感有许多种表达方式。比如，它有归隐和退缩的特点（如果自尊心水平较低），或敌意、攻击性、卑鄙的特点（如果自尊心水平较高）。

10. 文化决定因素

的确，文化与人格间的关系深刻、复杂，必须进行深入探讨。出于对完整的考虑，我们必须指出：总体来说，各种文化的性质决定达到主要生活目的的道路。自尊得以表达和获得自尊的方式，在很大程度上即使不完全取决于文化，也是由文化来决定的。爱情关系也是如此。我们通过文化所允许的渠道赢得他人的爱，表达我们对他们的情感。

在一个复杂的社会里，身份地位也是部分由文化决定的，这个事实往往能够改变人格症候群的表现形式。比如，在我们的社会里，具备高度自尊的男人比起具备高度自尊的女人，具有更多、更公开的表达这一症候群的方式。而儿童能够直接表达自尊的机会极少。还需指出的是，每个症候群都有一个文化首肯的症候群水平（如安全感、自尊心、社交行为、活跃性等）。该事实在跨文化的比较和历史的比较中看得最清楚。今天的女性被认为比一个世纪前的女性更具自尊心。

四、探索人格症候群

1. 标准的关联方式

我们至今仍将症候群的每个部分说成是均质的，就像大雾中的颗粒一样。可事实并不是这样。在症候群组织中，有许多重要性不同的程度等级和聚集现象。对于自尊症候群，这个事实已经以最简单的可能方式得到了论证，即以关联的方法。假如症候群的内部没有分化，那么它各个部分和整体的关联程度应该是一样的。可事实上，自尊（作为一个整体来衡量）与其他部分的关联程度并不相同。比方说，借助社会人格量表，测得整个自尊症候群与烦躁性产生关联r=–0.39，与无宗教信仰者的性观念产生关联r=0.85，与许多可意识到的自卑感产生关联r=–0.40，与各种情况下的窘迫感产生关联r=–0.60，与很多可意识到的恐慌产生关联r=–0.29。

对这些资料进行临床验证后我们发现，存在一种各个部分聚集起来、变成内在联系密切的群体的倾向。比如，因袭旧俗、道德感、拘束、尊重规则等可以归为一类，同另外一组聚集起来的各种品质，如自信、从容、没有窘迫感、不胆怯和羞涩等，正好形成对比。

这种聚集倾向使我们一开始就有可能在症候群内部进行分类，但当我们真正开始从事这项工作时，却遭遇了各种各样的困难。首先，我们遇到了所有分类都必然面对的共同难题，即分类应以什么原则为基础。当然，如果我们已经知道了所有资料与它们之间的相互关系，那么事情就会变得简单很多。可是，如果像我们那样，在部分的无知中向前摸索，那么会发现，不管我们试图对资料的内在本质表现得多敏感，有时也必须迅速做出判断。这种内在的聚集状态为我们提供了一条可用的线索，也为我们指明了大致的方向。但我们只能依靠这种自发的聚集，一旦我们不再能感知到它们，我们就只能凭借自己的推断摸索前进了。

另一个明显的困难是，在对症候群资料进行分析时我们发现，可以将人格症候群随心所欲地划分成十几个、一百个、一千个，甚至一万个主要的群体，一切都取决于我们想要多高的概括程度。我们怀疑，一般的分类方式只不过是原子论、连续论观点的另一种表现。自然，借助原子论的工具来处理相互依赖的资料不会对我们有太大帮助。如果一般的分类不是各个部分、独立项目的分离，那又是什么？或许我们该抛弃原子论的分类，去寻找某种整体论的分类原则，就像我们抛弃还原性分析，接受整体性分析一样。我们提出以下类比，以指明一个方向，或许我们只能顺着这个方向去探寻这样的整体分类方法。

2. 放大倍数

这种说法是一个物理学类比，由显微镜的工作方式而来。在对显微镜镜片上的组织样本进行分析时，先使载片对着光，然后用肉眼直接观察样本的整体情况。这样一来，我们就会得知样本的整体特征、总体结构、内部构成及整体中的内在联系了。对这样的整体图景有了清晰的印象后，接下来我们要做的是低倍率地放大观察其中的每个部分，比如10倍。我们研究每个细节，并非孤立地对细节本身进行研究，还要顾及它和整体的关联。之后，我们再对整体中的这一视野范围进行更加细致的研究，借助倍率更高的物镜，比如50倍。再进一步增加放大率，更细致地研究整体的细节，直到达到显微镜的放大极限为止。

我们也可以把资料当成已经分类完成的，不过分类方式不是那种能被随心所欲地安排、分离与独立部分间的直线系列性分类，而是“被涵盖在内”意义上的分类，就像一些被套在一起的盒子。假如我们把整个安全症候群当成一个盒子，那么其中的14个小盒子里装的是14个亚症候群。而这14个小盒子里还藏着更小的盒子——可能一个里面藏有4个，另一个里面藏有10个，再一个里面藏有6个，等等。

下面，我们会用症候群研究的术语对这些例子进行解说。我们可以把安全症候群当成一个整体，用1号放大倍率对它进行测验。也就是说，把整个症候群的心理风味或意义或宗旨当成一个整体进行研究。接着，我们从安全感症候群的14个亚症候群里取出一个，用2号放大倍率来研究它。这样一来，这个亚症候群就会被当成一个整体，我们对它与另外13个亚症候群的依附关系进行研究。我们不妨列举一个例子，即向权利屈服这一亚症候群在安全感匮乏的人身上的体现。缺乏安全感的人需要权利，这种需要有很多种表现形式，比如过度的野心、过强的攻击性、占有欲、对金钱的贪婪、过强的竞争性、容易产生偏见与仇恨，等等。然而，也可以有截然相反的表现，比如谄媚、奉承、性受虐倾向，等等。但这些特征太过笼统，需要被进一步分析归类。我们会用3号放大倍率对这些特征进行研究。比如，我们选择歧视性的需要或倾向，其中种族歧视就是很好的例子。如果我们想用正确的方法对它进行研究，就不能只对其本身进行孤立的研究。如果我们研究的是歧视的趋向，即需要权利的亚症候群，而需要权利又是整体的缺乏安全感症候群的亚症候群，这就很全面了。更细致的分析会引导我们使用4号、5号倍率。我们不妨对某个特定复合体的一个方面进行研究，借助某些特别的地方，比如肤色、鼻子的形状、言谈等，最为满足自己对安全感需要的手段。这种利用独特之处的趋势被组合成一个症候群，我们可以将其当作一个真正的症候群加以研究。更具体点说，在这样的情况下，它可以被划到一个亚-亚-亚-亚症候群类下。它是那套盒子里的第5层。

归根结底，这种分类方法，即以“涵盖在内”而非“分离出来”这一以根本概念为基础的分类方法，为我们提供了我们一直在寻找的线索。它让我们有了充分了解细节与整体的可能性，不至于身陷没有意义的细节或闪烁其词、一无是处的共性之中。它是综合的，也是分析的，它让我们能够有效地对特性与共性进行研究。它拒绝接受二分法这类亚里士多德式的A与非A式的划分，但依然为我们提供了一个在理论上让人心满意足的分类与分析原则。

3. 按照意义集结

如果我们想寻找一个试验性的标准来区分症候群与亚症候群，那么从理论上来说，我们可以在密集度概念中找到这个标准。那么，自尊症候群中的每个自然群体之间的差异又是怎样的呢？可以看出，墨守成规、道德感、拘束与尊重规则等集结成一个群体，而该群体可以同另一个由自信、从容、镇定自若、勇敢等特征组成的群体区别开来。这些群体或亚症候群彼此之间关系密切，它们与自尊这一整体之间也有关联。在所有群体中，每种成分都会互相关联。我们对集结的理解，对每种成分自然集结起来的主观感觉，会被反映在各种相互关系中，我们只需对这些成分进行测量，就可以看到这种相互关系。

或许，与镇静和不落俗套的关系相比，自信和镇静的关系更加密切。或许，从统计学角度来看，一个聚集的群体意味着群体内部各成员之间关系的高平均值。假定群体内部的相互关系平均值r=0.7，不同群体成员之间的相互关系平均值r=0.5，那么，将所有群体或亚症候群所组成的新症候群混合在一起后，会出现一个比r=0.5高但比r=0.7低的值，可能更接近于r=0.6的相互关系平均值。从亚-亚症候群到亚症候群再到症候群阶段，彼此间关系的平均值会逐步降低。我们可以把这种变化称为症候群密集度的变化，它为我们检测临床观察的结果提供了一个有效的工具。[1]

动力心理学的基本假设必然会产生这样的结论：可以而且理应相互关联的行为是行为的意义，而非行为本身的行为，比方说，并非谦虚行为，而是在它和机体的其余部分的关系中展露出来的完整的谦虚这一品质。此外，一定要意识到，就算是原动力中的变量也不会顺着一条单纯的连续统一体产生变化，而是可能在某一点忽然剧变成截然不同的东西。在对爱的期待引发的后果中，有这样一个例子。假设我们把年幼的孩子从彻底被接受到彻底被抛弃排列成一个系列，就可以看到，随着我们逐渐走向系列的低端，孩子们愈发渴望被爱，在我们与系列的最低端靠得很近时——自出生起就被彻底抛弃的孩子——我们看到的是绝对的冷漠，没有丝毫对爱的渴望和期盼。

最后，我们必然要使用整体论的材料而非原子论的材料，也就是说，我们要应用整体性分析的产物而非还原性分析的产物。这样，单个的变量或部分就可以联系起来，而不会对机体的统一性造成破坏。如果我们能对要联系起来的资料谨慎处理，如果可以让所有统计材料都得到临床与实验知识的检验，那么关联技术必然会成为整体方法论中最有效的方法。

4. 机体内互相关联的症候群

在苛勒有关物理学格式塔的论著中，他反对过度地概括相互关联性，甚至到了无法在极其概括化的一元论与完全的原子论之间做选择的程度。相应地，他不但强调一个格式塔内部的彼此关联性，而且强调格式塔之间彼此分

1　整体心理学家趋向于对相关方法持怀疑态度，但我觉得这是因为该方法的用法恰好无一例外全是原子论的，而不是因为它的本质特征与整体论之间存在什么冲突。比如，即使种种自我关联遭到了一般统计学家的怀疑（他们似乎还指望机体内能有别的什么东西），若考虑某些整体性事实，它们也不一定非得遭到质疑。

离的这个事实。对他而言，大多数他所研究的格式塔皆为（相对而言）封闭体系。他把自己的分析只进行到在格式塔内部进行分析的程度，不会过多谈论各个格式塔之间的关系，无论是物理学格式塔还是心理学格式塔。

显然，在我们处理有机结构的资料时，会面临一个不同的情况。的确，机体内部基本上不存在封闭的系统。机体内的每件事都与另外一件事存在联系，即使是很微弱、遥远的联系。作为一个整体的机体与文化、其他人的近距离出现、特定的情境、自然与地理因素等产生关联且从根本上相互依赖，这一点早已得到证实。至今为止，我们可以说苛勒应该做但没有做的，是把他的概括局限在种种物理学格式塔与现象世界中的心理学格式塔范围内，因为他的责难确实不太适用于机体内部。

假如我们想围绕这一问题展开讨论，可能会超越这一最低限度的说法。其实，围绕整个世界从理论上来说存在内在联系的这种说法，是能够借助辩论来把道理说清楚的。如果我们从存在着的、不计其数的关系类型中进行选择，就会发现，宇宙的任何一个部分与任何其他部分间都存在某种关联。只有当我们侧重实用，或只使用一个语域的说法，而非将每个语域都作为整体的说法时，我们才能够假设各个系统是相对独立的。

比如，从心理学的角度来看，普遍联系发生断裂，因为世界的一些部分并未与宇宙的其余部分产生心理学上的联系，即使它们之间或许存在化学、物理学、生物学方面的联系。同时，世界的内在关联性，也绝对可能被生物学家或物理学家或化学家以一种完全不同的方式割裂。我认为，眼下最恰当的说法是，存在相对封闭的系统，可是这些封闭系统部分地是观察角度的产物。现在是（或现在看起来是）一个封闭系统，一年之后也许就不是了，也许一年之后的科学手段能够被改善得完全可以证明其存在着某些关系。

如果有人说，我们应当证明的是掌握世界每个部分的实际物质过程，而不是它们之间带有理论性的关系，那么我肯定会这样回答：即使一元论哲学家们探讨过很多其他类型的联系性，却从未声称存在这样一种广泛的、物质的联系性。不过，由于这并不是我们论述的重点，因此不再展开。只将机体内部的广泛联系性这个现象指出来就足够了。

五、人格症候群的层次和特性

在该研究领域，我们起码能提供一个已经经过细致研究的例证。至于它是一个范例还是一个特例，还需要进行更进一步的研究。

从数量上来讲，也就是从简单的线性相关上来讲，有一种确切但细微的关系存在于安全感的水平与自尊心的水平之间，即$r \approx 0.2$或0.3。在对正常人做个别诊断的范围内，这两种症状其实是两种彼此独立的变量。在一些群体内，两种症候群可以有特征性的关联：比如，在犹太人身上（在20世纪40年代），存在一种高自尊心与低安全感共存的趋势，而在天主教女信徒身上，我们往往可以看到低自尊心与高安全感的结合。但是，在心理病患者身上，二者的水平始终偏低。

比两种症候群的水平之间的这种关联更让人震惊的是安全感水平与自尊心性质间的密切联系。通过对比两个都具有极高的自尊心，但却在安全感方面处于系列两极的人，可以轻而易举地证明这种联系。某甲（高自尊心，高安全感）与某乙（高自尊心，低安全感）表现自尊心的方式截然不同。某甲既有人格的力量，又有对人类的爱，他很自然地以一种关心、和善或保护的态度来使用自己的力量。某乙虽然也具有相同的力量，可他对人类充满仇恨、蔑视与畏惧，他将自己的力量最大程度地用在伤害、操纵或减轻自我的不安全感上。他的力量绝对是对同伴的一种威胁。这样，我们就可以说存在一种高度自尊心的缺乏安全感特质，并可以将其与高度自尊心的安全感特质进行对比。

同样，我们也可以用这种方法区分出对低自尊心的缺乏安全感特质和安全感特质，前者为性受虐狂和阿谀奉承者，后者为沉稳、可爱、助人为乐、有依附性的人。安全感特质的不同与自尊心水平的不同存在联系。比如，缺乏安全感的人，根据他们自尊心水平的高低，要么孤苦伶仃、不愿与人接触，要么公开挑衅、对一切都充满敌意。而有安全感的人，按照他们自尊心水平的高低，可以谦虚或骄横，也可以是追随者或领导者。

六、人格症候群与行为

大致来说，症候群和公开行为的关系如下：每个行为都倾向于变成整体人格的一种表现形式。具体来说，这意味着每个行为都倾向于受每个症候群的决定（下文还将谈到的其他决定因素除外）。张三咧嘴一笑，对一个笑话做出反应，从理论上来说，我们完全能从这个单纯的行为中判断出他的安全感水平、自尊、能力、智力等种种情况。这种观点恰好与早已过时的特质理论形成对比，在特质理论中，一个单独的行为特征完全能够决定一个单独的行为动作。这一理论性叙述可以在一些活动，如艺术创作中找到最佳例证。

在创作一幅油画或一支协奏曲的过程中，艺术家完全可以把自己的身心彻底投入到这项活动中，相应地，它就会变成他整体人格的表现。但这样一个例子，或者说，对一个无结构情境的任何一个创造性反应——就像在罗夏测试中——都处于连续统一体的极端。另一端则是和性格结构关联甚少或几乎毫无关联的独立的、具体的动作。有关这种动作的例子如下：对一个短暂情境的要求做出的直接反应（避开一辆卡车），对大部分人来说，早已失去了心理含义的纯粹习惯的与文化的反应（男士在女士进来时起立的习俗），或者最后，条件反射行为。这一类行为基本上不向我们提供关于性格的情况，因为在上述情况下，它作为一个决定因素是可以被无视的。在这两极之间，还存在着各个层次。比方说，有倾向于基本上只被一个或两个症候群彻底决定的行为。一个特别的善意行为更密切地与安全感症候群而非其他症候群相连。谦卑的感受主要由自尊决定，类似的例子还有很多。

上述事实也许会导致这样一个问题：假如存在这么多类型的行为-症候群关系，那么一开始为什么要说行为通常是由所有症候群决定的呢?

很明显，出于理论上的需要，整体理论从这样一种叙述出发，而原子论的方法则必须从选择出的独立、游离的行为出发，这种行为与机体的所有联系都被切断——就算只是一种感觉或条件反射。在这里，仅仅是一个“集中”的问题（从哪个部分是要被组织的整体这个角度来看）。对原子理论来说，通过还原分析得到的一个行为片段，即从它和机体其余部分的一切关系中被分割出来的行为，是最简单的基础材料。

可能这样一种论点更加中肯：第一种症候群-行为关系更加重要。孤立的行为往往处于人生最关切问题的边缘。它们之所以孤立，只是因为它们没那么重要，即与机体的主要问题、主要解决方法或主要目标没有任何关系。例如我的膝腱受击后我的小腿会踢出去，或我用手指拿橄榄吃，或我不习惯吃煮洋葱是因为我讨厌它。而以下事实虽然不如前面的事例真实，却相对来说重要得多：我有一种生活哲学，或我爱我的家人，或我喜欢做某种实验。

虽然机体的内在本质确实是行为的一个决定因素，可并非唯一的决定因素。机体在其中行动并辅助确定了机体的内在本质的文化背景，同样是行为的一种决定因素。最后，另一组行为的决定因素可以直接被分到“直接情境”一类。行为的目标和宗旨由机体的性质决定，而通往目标的途径由文化决定，至于现实的可能性与不可能性则由直接情境决定：哪种行为明智，哪种不明智，哪个局部目标可以达到，哪个不能达到，什么提供的是威胁，什么提供的是有可能被用来达到目的的工具。

借助这种复杂的方式来设想一下，就很容易能够理解，为什么行为不总是性格结构的有效指标。假设行为受外部情况和文化因素的影响，与受性格决定成分的影响一样大，假设它仅仅是三组力量间的一个妥协构造，它就不太可能是它们心中任何一个的完美指标物。这是一种理论性叙述。其实，借助某些技术手段[1]，我们可以抑制或消除掉来自文化与情景的影响，继而在实

1 比如，通过使行为决定因素的情境变得充分模糊，就能够把它抑制掉，就像在许多投射实验中那样。或者有时，机体的要求那么不可抗拒，比如在疯狂状态中，以致外部世界被拒绝、被轻视，文化被拒绝。访谈融洽以及心理分析移情，可以部分地排除文化因素的影响。在一些其他情境中，文化的强制作用是完全可以被削弱的，比如在酩酊、暴怒或其他失控行为中。同样，也有很多行为被文化调节忽略了，比方说种种由文化决定的主题的变异，即所谓的表现性动作；这是一些十分微妙的变异，是下意识察觉到的。或者，我们也能对相对而言不受抑制的人具有的行为进行研究——在文化的强制力没那么强大的孩子身上，在它们基本上可以被无视的动物身上，或在其他社会中，这样，我们便能依托于对照而把文化的影响排除掉。极少的几个例子表明，一种高明的、在理论上能够站稳脚跟的行为研究可以让我们知道一些关于人格内部组织的情况。

际应用中，行为有时可以充当性格的有效指标。

据了解，性格与行为冲突间可以构建起更为密切的相互关联。确实如此，这种关系密切到可以将行为冲动本身视为症候群的一个部分。这些冲动受到的外界与文化制约，要远比外部行为活动受到的外界与文化制约少得多。甚至可以这样说，我们仅仅是将行为看成行为冲动的一个指标进行研究。如果它是一个有效指标，就值得详细研究，如果不是，就不值得研究——如果我们研究的最终目的是为了了解性格的话。

七、症候群资料的逻辑与数学表达

据我的了解，现有的数学与逻辑并不适合通过符号的形式对各种症候群资料进行处理。但建立这样一个符号体系不是不可能的，因为我们完全可以构建一套数学与逻辑学的体系，以适应自己的需要。但是，就目前来说，所有可以利用的逻辑学与数学体系，都是在我们早已批判过的一般原子论的世界观基础上建立起来的，是这种世界观的表现形式。我本人在这方面也没有什么突破，在此不做阐述。

由亚里士多德提出的，作为逻辑学的基本原理之一的A与非A之间的显著区别，已然被现代逻辑学承袭了下来，即使人们已经抛弃了亚里士多德的其他假设。那么不妨举一个例子，我们在朗杰的《符号逻辑》这本书中看到，这个被描述为互补类别的概念，对她来说是一个基础的假设，无须被证明，但可以作为常识而被理所应当地接受下来。“每个类别都有一个补充物，类别与其补充物互斥，身处它们之间的所有类别都只能有一个归属。”

那么很明显，对症候群资料来说，我们不可能将任何部分从整体中分离出来，而且，任何单个数据和症候群其他部分之间的明显区别都是不可能存在的。当我们从整体上割离出A时，A就不再是A了，非A不再是以前的非A，而将A与非A简单地结合起来，自然也无法还原出原本的整体。在该症候群内部，症候群的所有部分都与其他部分相互交织。切割下其中一个部分是不可能的，除非我们毫不在意这些交织情况。但这种忽视的后果是心理学家们承担不起的。对于处在孤立状态的材料来说，相互排斥是极有可能的。可如果它们处在关联之中，而在心理学中必定存在与外界的联系，那么这种两分法就是非常不可能的了。比如，甚至难以想象我们可以将自尊性的行为从所有其他行为上割离下来，因为只是自尊而不是其他行为的行为根本不存在。

假如我们拒绝接受这种相互排斥的概念，那么值得我们怀疑的除了部分基于这个概念之上的整个逻辑，还有我们所熟知的大部分数学体系。现存的大部分数学与逻辑所涉及的世界，都是由互相排斥的种种实体聚拢而成的，就像是一堆苹果。把一个苹果与苹果堆中的其他苹果分离开来，不会让这个苹果的特征发生改变，更不会让苹果堆的根本特征发生改变。但对机体来说就很不一样了。割下一个器官会让整个机体发生变化，也会让被割下的那部分发生变化。

我们可以在加、减、乘、除的基本运算中找到另一个例子。这些运算显然采用了原子论数据，把一个苹果和另一个苹果相加是可能的，因为苹果的性质允许这样相加。但人格的情况就不同了。假如两个人都有着极高的自尊心但缺乏安全感，我们让其中的一个人提高安全感（“加”安全感），就会出现一位乐于合作的人和一位倾向暴虐的人。一个人格中的高自尊与另一个人格中的高自尊，虽然都是高自尊，但二者的性质截然不同。在那个安全感获得提升的人身上会产生两种变化。他既得到了安全感，自尊心的性质也随之发生了变化——只是因为和高安全感结合起来了。这个例子有些牵强，但确实是能想象出来的、最接近人格相加运算的例子。

很明显，即使传统的数学与逻辑存在无限可能，似乎实际上只是为一种原子论、机械论世界观服务的婢女。

似乎也可以这样说，在接受动力学、整体论方面，数学被现代实验科学抛在了身后。实验科学理论性质发生的变化，不是改变数学的根本性质导致的，而是因为拓展了它的运用范围，因为与它耍了花样，因为尽量使其本质上的静止状态不发生变化。只有进行各种各样的“似乎”假设才能导致这些变化。在微积分学中可以找到一个更恰当的例子。微积分学宣称是研究运动与变化的，但这种研究只是通过把变化转变成一连串静止状态来实现的。一条曲线的面积是通过将其分割为一系列长方形来测量的。曲线被看作“似乎”有着极小边的多边形。微积分卓有成效，是一个十分有用的工具。这个事实表明：它始终是一个正当的运算过程，对此我们无法提出根本性的疑义。但它之所以有效，是因为一系列假设的存在——逃避或花招式的假设，不涉及现象世界的“似乎”假设。但心理学中的假设是涉及现象的。

下面引用的一段话，证明了我们关于数学有静止与原子论倾向的观点。据我了解，引文的含义主旨尚未受到其他数学家的责难。

难道我们从前不曾狂热地宣称我们生活在一个静止的世界中？难道我们不曾向芝诺悖论求助，以证明运动并不存在，就连飞矢也是静止的？对于这种态度的明显改变，我们又要将其归结到哪里呢？

另外，假如每项新的数学发明都是在旧有的基础之上建立起来的，那又怎么可以从静态代数与静态几何理论中，提取出一种能够解决涉及动态实体难题的新型数学？

第一组问题是不涉及观点的改变的。我们依旧会坚定不移地秉持这样一个信念：在这个世界里，运动与变化皆为静止状态的特殊情形。变化的状态并不存在，如果变化意味着一个从本质上与静止不同的状态，那么那些被我们判断为是变化着的事物，其实仅仅是在短暂的时间间隔中所观察到的一连串不同的静止图像而已。

由于我们实际上无法看到飞矢在它飞行中过程中穿越的每一个点，所以会本能地对一个运动物体的行为具备连续性这一点深信不疑，这样便出现一种压倒性的本能，想把运动这一观念抽象为某种在本质上与静态不同的事物。然而，这种抽象是由于种种生理上与心理上的限制造成的，逻辑分析无法证明其正当性。运动是一种位置与时间的相互关联。变化仅仅是函数的别称，是同一种互相关联的另一个方面。

至于其他问题，微积分学作为几何与代数的产物，属于一个静态的家族，它不具备父母都不曾具备的特征。数学领域是不存在突变的，这样，微积分学就不可避免地会具备像欧几里得几何学那样的静态特征。微积分学仅仅是对这一静态世界的另一种解释，虽然得承认这无疑是一种精妙的解释。见卡斯纳、纽曼合著的《数学与想象》。

我们不妨在此重申一次：在对种种要素进行观察时，可以采用两种方法。比如，脸红可以是独立的脸红（一个分节成分），也可以是上下文的脸红（一个整体性成分），前者涉及“似乎”假设，“它在世界上似乎是绝对独立的，与世界的其他部分毫无关联”。这是一种形式上的抽象，在某些科学领域颇有用处。不管怎样，只需牢记它仅仅是一种形式上的抽象，当然，这种抽象没什么害处。只有当数学家、逻辑学家或科学家在探讨独立的微笑时忘了他在做的是一件人为构想的非自然事件时，漏洞才会出现：因为他必须承认，在现实世界里，只有人能做出任何脸红一类的事情，并且无论哪种脸红都是有原因的。

那些人为的抽象习惯或处理分解成分的习惯始终行之有效且早已根深蒂固，这导致一旦有人否认这些习惯在经验或现象上的有效性，抽象与分解者就会倍感惊讶。他们慢慢地让自己相信，世界就是这样建立起来的。同时他们发现，可以轻易忘记这一点：尽管它是有用的，但依然是人为的、约定俗成的、假设性的——归根结底，它是一个人造系统，被强加于一个处在流动状态、存在着内部关联的世界上。那些与这个世界相关的特殊假设，仅仅是为了论证便利，才轻易蔑视常识。一旦它们失去了这种便利性变成累赘就会被舍弃。

在世界上见到我们放进去的而不是一开始就在那里的东西，是十分危险的。我们不妨开门见山地说，从某种意义上来看，原子论数学或逻辑学是有关这个世界的一种理论，对于这种理论对世界所做的所有阐述，心理学家都可以用和自己的目的不符这个理由予以拒绝。显然，方法论思想家们有必要有着手创立一些与现代科学观念中的世界本质更协调的逻辑与数学体系。

我们不妨将这些谈论延伸至英语语言上，这必然会反映出我们文化中的原子论世界观。在对症候群材料及症候群规律进行描述时，我们不得不向最怪异的类比、比喻及其他扭曲与含糊其词的说法求助，对于这一点，我们已经习以为常。我们用“与”这个连词来表达两个分立实体的连接，但我们却没有一个连词能够表达两个不相分立、只要连接在一起就能组成一个单位而非一种二元性的实体的连接。对于这一基本连词，我唯一能想到的词汇就是“有结构的与”。

有的语言与一种整体动力的世界观更协调。我认为，胶合语比英语更适合反映一个整体的世界。我们的语言与大部分逻辑学家和数学家一样，将世界架构成种种成分与关系、物质以及对物质发生的事。对待名词时好像它们是物质一样，对待动词时好像它们是物质对物质采取的行动一样。形容词会更加精准地对物质的类别进行描述，副词则会更精准地对行动的类别进行描述。整体动力观点并不会如此明显地一分为二。不管怎样，单词即使在尝试对症候群材料进行描述时，也会被直线性地串起来。

附录　马斯洛的生平与学说

一、马斯洛的成长

1908年，亚伯拉罕·马斯洛出生于美国纽约郊区的一个犹太家庭，父母均是从苏联移民到美国的犹太人，家中共有七个孩子，他是其中的老大。父亲整天忙于生计，且常常酗酒，对家人的情感毫不关心，只知道对孩子一味地严格要求。母亲性格残暴乖僻，对马斯洛动辄打骂，毫不留情。一次，马斯洛带回家两只小猫，被她当面活活打死。马斯洛的母亲热衷于宗教，常常用"上帝会惩罚你"来威胁马斯洛，对他的一切决定都嗤之以鼻，言语间充满轻蔑与不屑。

马斯洛就在这样的家庭环境中慢慢长大了，他的童年无疑是痛苦的，一方面为自己父爱的缺失而感到难过，一方面对自己的母亲充满了怨恨。他说："我的生活哲学，创立理论的整个取向，以及所有的研究，都可以从憎恶和反感她所喜欢的每件事情中找到根源。"马斯洛的一生没有得到母亲的半点关爱，母亲去世时，马斯洛甚至拒绝参加她的葬礼。马斯洛的童年生活孤独、胆怯且压抑，但他的苦难还远不止于此。

作为犹太人，马斯洛一家却生活在一个非犹太街区，上学时他更是成了学校里少有的几个犹太学生之一。他特殊的犹太籍身份，再加上其孤僻、敏感、神经质的性格，马斯洛没少在学校受欺负。为了寻求安慰，图书馆成了他唯一的避难所，马斯洛在读书中找到了乐趣，也为自己日后从事学术研究打下了坚实的基础。马斯洛从五岁起就在街区图书馆读书了，他后来回忆起这段经历，仍有些伤感：“小时候我是那么的孤独而不幸，我是在图书馆的书籍中长大的，几乎没有任何朋友。”

1922年1月，因马斯洛成绩优异，布鲁克林男子高中学校向他发出邀请，这所中学非常有名，其教育条件在当地也是首屈一指的。这所高中的大多数学生都是犹太人，来自欧洲移民家庭，学习异常刻苦，他们希望自己以后可以凭脑力而不是体力谋生。马斯洛发现这是一个催人奋进的地方，在这里，他积极涉猎各类学科，对科学尤其着迷。尤其是厄普顿·辛克莱的著作，引起了马斯洛对现实社会及人类道德的关注。

此时，13岁的贝莎·古德曼——马斯洛的表妹来到了男子高中，贝莎只比马斯洛小1岁。当时，性格内向的马斯洛完全不知道如何与女性交流，但他不由自主地被贝莎的善良和智慧所深深吸引，下定决心要和她进一步发展感情。每逢周末，马斯洛都会去贝莎家拜访，终于，在他的不懈努力下，二人于1928年结婚，并一同前往威斯康星大学深造。马斯洛说：“对我而言，生命似乎从我结婚并转学到威斯康星大学时才真正开始。”

然而在此之前，马斯洛的求学之路可谓一波三折。起初，马斯洛的父母坚持让他学习法律，为顺应父母的意愿，马斯洛于1926年进入纽约市立学院学习。但仅过了两个星期他就丧失了对法律的兴趣，开始关注其他学科，希望能找到自己的人生方向。三个学期后，马斯洛转往康奈尔大学，师承构造主义学派创始人铁钦纳学习心理学。但铁钦纳的理论也没能留住年轻的马斯洛，他很快就对构造主义心理学的枯燥乏味感到厌烦，没过多久又返回了纽约市立学院。

1928年，马斯洛不顾父母的反对和贝莎结婚，婚后孕有两个女儿。同年，二人进入威斯康星大学学习。威斯康星大学以教育水平和学术气氛著称，虽然这里的研究氛围优秀，又有爱人相伴，但马斯洛此时却陷入了迷茫，直到硕士毕业还没有找到自己的研究方向。在撰写博士论文时，马斯洛不由得感到万分沮丧。1931年，马斯洛开始担任心理学家哈洛的研究助手，这成为马斯洛真正进入自己学术研究领域的转折点。在哈洛的指导下，马斯洛开始对猴子的行为进行研究，不久就在猴子的支配权和性行为问题上取得重大突破。此后，马斯洛撰写了自己的博士论文《支配驱力在类人猿灵长目动物社会行为中的决定作用》，顺利获得了威斯康星大学的博士学位。马斯洛说："我深深地爱着我的研究对象——一大群活蹦乱跳的猴子，它们使我如痴如醉、废寝忘食，更神奇的是，它们使我找到了自己的研究目的和研究方向。"

通过对猴子的研究，马斯洛发现，如果连动物都具有一种内在发展的动力机制，那么人类一定也具有这样的行为机制。他希望能以支配驱力为基础建立一个初步理论，用来解释许多高级动物中的社会行为。马斯洛的论文给行为主义心理学家桑代克留下了深刻的印象，马斯洛也为自己在行为主义领域的这一发现欣喜若狂。1935年，马斯洛前往哥伦比亚大学担任桑代克的助理，师从桑代克研究动物学习行为。然而，随着他对格式塔心理学和弗洛伊德心理学的研究日益深入，马斯洛对行为主义的热情日益衰退。

1937年，马斯洛前往纽约市布鲁克林学院担任心理学副教授。当时，行为主义心理学正盛行欧美，马斯洛却从最初的崇拜者逐渐转变成了一个批判者，放弃行为主义转而走向了人本主义。马斯洛的心理学思想之所以发生转变，是因为他第一个孩子的出世。幼小个体的成长几乎完全否定了行为主义的观点，动物行为和人类行为具有本质上的不同，由动物研究结果推论人类行为的做法完全是合理的。马斯洛说："我们的第一个孩子改变了我的心理学生涯，他使我为之如痴如醉的行为主义显得那么愚蠢，我再也无法忍受这种学说，它是不能成立的。我敢说，凡是亲自养育过小孩的人，绝不会相信行为主义。"

1939年，第二次世界大战爆发，大批优秀学者纷纷前往美国，马斯洛得以向世界顶级专家学习，并和他们成了朋友。其中人类文化学家鲁思·本尼迪克特和格式塔心理学创始人马克思·惠特海默对马斯洛的影响最大，他们使马斯洛开始关注社会文化因素对人类行为的作用，并开始了对整体论的研究学习。从此，马斯洛走上了一条探索自我实现者的道路，1943年，马斯洛发表了著作《人的动机理论》。

1951年至1969年，马斯洛在布兰迪大学任教。1954年，马斯洛完成了著作《动机与人格》，1962年完成了著作《存在心理学探索》，这两部人本主义心理学的代表作使马斯洛一跃成为美国心理学界的领军人物，继弗洛伊德的精神分析和华生的行为主义后掀起了心理学领域的第三思潮。1970年，马斯洛的最后一部作品《人性能达到的境界》问世。此后，在长时间病痛的折磨下，马斯洛于1970年6月离开了人世。在他生前的最后一篇日记里，马斯洛这样写道："我从我的自我实现研究对象那里，从他们的生活方式和超越性动机中所获颇多，他们有的优点现在我也有。"可见，马斯洛的一生是自我实现的一生，也是鼓舞人心的一生。

1970年8月，国际人本主义心理学会成立，并于阿姆斯特丹举办首届国际人本主义心理学会议。1971年，美国心理学会通过设置人本主义心理学专业委员会。这两件事标志着人本主义心理学思想终于获得了国际心理学界的正式承认，只是马斯洛此时已长眠地下，未能亲眼看到自己多年奋斗的结果。

二、马斯洛的人本主义心理学思想

西方人道主义是马斯洛人本主义心理学的基础，以弗洛伊德为主的精神分析和以华生为主的行为主义是马斯洛人本主义心理学批判式继承和发展的主要对象，存在主义是马斯洛人本主义心理学的方法根基。总的来说，马斯洛重视对经验或直觉的观察和思考，同时不排斥科学式的因果研究方法。

1. 需要层次论

需要层次论是马斯洛人本主义心理学的理论基石，核心为"需要"和"动机"，为理解人类行为提供了一个完整的动力结构模型。马斯洛将人类的需要大致分为五种"基本需要"和两种"基本的认知需要"。

（1）五种基本需要

生理需要，包括衣食住行、睡眠、性交，等等。生理需要是人类的第一需要，也是最底层的需要，是推动人类行为的基本动力。

安全需要，生理需要的满足和安全需要的出现是一个相继发生的过程，当个体受到某种力量的干预造成机体行为紊乱不安时，安全需要便会有“针对性”的出现。比如战争中的人渴望和平，病重的人渴望健康，失业的人渴望工作，等等。安全需要是人类生存不可或缺的需要。

归属和爱的需要，当一个人实现了温饱并处于一个安全的环境中时，他会开始关心他人，并渴望得到他人的关注。一个没有归属和爱的人会感到孤独、恐惧和痛苦，正如马斯洛所说，生活缺乏归属和爱如同身体缺乏蛋白质和维生素，个体的成长将受到极大的抑制。

尊重的需要，尊重包括自己对自己的认同，以及他人对自己的认同。尊重需要得到满足的人会充满自信，感到自己是一个有价值的人；反之则彷徨无助，意志消沉。每个人都希望在社会竞争中高人一等，以获得他人的尊重，尊重需要是催人奋进的主要动力。

自我实现的需要，自我实现的需要是人类需要层次的最高层，也是金字塔的顶端，能满足这一需要的人寥寥无几。满足这一需要的方式在人与人之间存在着极大差异，作曲家可以通过作曲来实现自我，画家可以通过绘画来实现我，诗人可以通过诗歌来实现自我。每个人都应该找到适合自己的发展方向，并在此基础上发挥自己最大的潜能。

（2）两种基本的认知需要

认知需要，其最典型的表现就是好奇。好奇是健康个体的基本特质之一，每个人的内心深处都隐藏着对认识和理解的渴望，我们为什么活着？我们应怎样活着？认知需要在生活中无处不在。

审美需要，对美的向往是人类的本能。美好的环境会使人身心愉悦，审美需要的满足会使人觉得满足、幸福。

马斯洛没有对这两种基本的认知需要进行归类分层，但认知是一种人类对世界进行理性加工的方式，审美是人类对世界进行感性加工的方式，这两种方式对于人类的活动来说缺一不可。由此可见，认知和审美是人类思维活动的具体窗口，它们广泛存在于五种基本需要中。

（3）动机和需要

动机和需要是需要层次理论的核心概念，在《动机与人格》一书中，马斯洛将需要分为需要、基本需要和优势需要三个方面。其中需要是每个人都有的，如饿了需要吃饭，累了需要休息等。

基本需要属于一种深层欲望，即五种基本需要和两种基本的认知需要。我们不能只承认日常生活的表层欲望而忽略更为根本的深层欲望，马斯洛认为，基本需要得不到满足会导致个体的病态，而这种病态的根源在于社会，良好的社会能够提供个体基本需要的满足环境和条件，不良的社会则无法提供个体基本需要的满足环境和条件。

这五种基本需要之间是一种递进关系，就像金字塔一样。后一个需要的出现要以前一个需要的满足为条件。某种情况下，更高级的需要会取代较低级的需要，开始控制机体，而这种新的、更高级的、控制机体的需要，即为“优势需要”。例如，我们吃饱饭后会希望有房子住，此时，支配个体的不再是生理需要，而变为安全需要。生理需要以隐性方式存在，安全需要变为优势需要。

当需要转化为动机时，个体行为会出现动力，换句话说，动机是需要的转化结果。马斯洛在《动机与人格》一书中详细论述了关于动机的17个命题，这17个看似杂乱无章的命题实际上回答了心理学是什么、心理学的研究方法是什么，以及动机的特征是什么。首先，日常生活的普通欲望只是手段而非目的，动机的产生必须综合考量个体内部和外部的环境。其次，动机是复杂多样、持续变动的，因此人是一种不断需求的生物。再次，动机分类的依据是人类行为的基本需要，而不是某种刺激物。最后，无意识动机必须纳入合理动机理论的考虑。

总之，马斯洛认为，动机及其基本特征的概念并不十分明确，现实或虚拟情景促发形成需要，继而促发形成行为的动机，在需要的目的性引导下，在动机的动力支撑下，人类的行为得以持续进行，并根据内部和外部条件的具体变化进行调整。

2. 人性论

人性论是马斯洛人本主义心理学的关键，在我们对人类的需要和动机有了基础性的理解后，我们会面临一个更加深刻的问题：人性是什么？用心理学术语说，构成人性格和意识的深层次、根本性的东西到底是什么？

首先，马斯洛的人性观以需要层次论为基础，我们可以通过研究人的需要来了解人性。马斯洛说："当我们谈及人的需要时，其实我们是在谈人性的本质。"马斯洛认为，人性通过人的需要表现出来，人的需要中蕴藏着人的全部发展潜能。

其次，马斯洛将人类需要分为低级需要和高级需要，其中动物的基本需要与人类的低级需要相似，而高级需要是人类自身的特有需要，二者之间的区别体现了人与动物间的区别。高级需要的满足能带来内心的宁静、温暖及幸福，更趋近于自我实现。

再次，马斯洛又将需要分为匮乏性需要和成长性需要，匮乏性需要的满足在于主体从外部进行填充，比如饥饿需要通过吃饭来满足；而成长性需要在于主体从内部进行填充，比如自我认同的建立需要通过主体深刻认知来实现。生理需要、安全需要、归属与爱的需要、尊重的需要均属于匮乏性需要，自我实现的需要则属于成长性需要。匮乏性需要的满足带来的愉悦是短暂的，呈循环性，有顶点；而成长性需要的满足带来的愉悦是持久的，呈提升状，没有顶点。

最后，所有基本需要都是类本能性质的。可以说，人性是类本能的，高级需要和成长性需要是人性的独特体现，其类本能性的性质最强。人性由生物本能和类本能两部分组成，类本能是人类高于动物的证明，是介于理性和本能之间的一种驱力。类本能需要有先天的遗传性基础，同时需要在社会性中逐步展现。类本能一方面很好地体现了人性与动物性的联系和区别，另一方面很好地将人类成长的遗传作用和社会作用相结合，这一特征是理解人性的关键。

3.价值论

价值论是马斯洛人本主义心理学的核心，其目的在于重新探索和确立人类的最佳生活方式。马斯洛坚信，即使在如今价值沦丧的时代中，人依旧可以通过自身的理性努力达到一种理想的生活状态。

马斯洛的价值论建立在需要层次论和人性论的基础上。一方面，人的价值观念随着需要层次的提高而不断变化。低层次的需要满足导致高层次的需要出现，较低价值的实现引起较高价值的追求。人追求的价值层次越高，个人价值和社会价值就会越趋于一致，最后，个人价值和社会价值会在个体的“自我实现”中达到完美统一。另一方面，自我实现是马斯洛需要层次的最高层次，也是价值追求的最高目标。马斯洛在《人性能达到的境界》一书中指出：存在价值（由成长性需要构成）是自我实现者的人格特征，是人类本质真正的理想的存在状态，是人性所能达到的最高境界。

巅峰体验是自我实现的重要途径，也是马斯洛人本主义心理学中最具特色的部分。马斯洛最初试图通过研究自我实现者来揭示人的真正特点、潜力、价值与尊严，但在研究中他发现，自我实现者并不常见，但自我实现的事件却经常发生。每个人都可以发展自己的潜力以达到自我实现，而巅峰体验便是自我实现的短暂片刻。

马斯洛说：“任何一个人在任何一种巅峰体验中，都暂时具在自我实现者身上的许多特征。也就是说，此刻他们成了自我实现者。”“在这些巅峰时刻，他更真实地成为他自己，并完全实现了自己的潜能，更接近于他存在的核心，更充分地具有人性。”在马斯洛看来，大多数人在一生中至少会有一次巅峰体验，而自我实现者是那些巅峰体验次数更多、程度更强的人。

总之，马斯洛的人本主义心理学是一种积极健康、发自内在的心理学体系，是乐观主义的典型代表，其中丝毫没有对于人性的悲观，而是让我们看到了人性的光芒。

三、马斯洛人本主义心理学的影响

1970年2月12日，马斯洛在日记中写下："我曾以为自己的力量和效能正处于巅峰状态，我的去世就像一颗果实累累的苹果树将被砍倒一样，将是很伤感的，不过仍然是可以接受的。因为我的一生已经如此丰富，再抓住生命不放就有些贪婪的和不知感恩了。"四个月后，马斯洛逝世，享年62岁。

马斯洛深入关注人性的本质问题，对精神分析和行为主义理论进行了彻底的扬弃，毅然发起了心理学界的第三大思潮：人本主义。

马斯洛批判了精神分析学派把病人等同于正常人，将人类整体的心理特质完全归结于潜意识的行为，认为其生物还原主义和悲观论基调严重。马斯洛改变了精神分析学派的病态对象化考察模式，规避了生物学意义上将人整体化一的片面性，同时继承其符合时代诉求的部分，将"无意识动机"引入人本主义心理学体系。

马斯洛批判行为主义把人等同于动物，错误地将人类行为的整体过程完全归结于"S-R"反应的行为，认为其机械主义与环境论基调严重。他认为人的某些特性虽然和动物性具有相似表现。马斯洛继而提出了以问题为中心的"整体-分析"式心理学研究方法，主张将客观实验方法和主观经验相结合。

马斯洛提出"自我实现"以对抗时代的价值沦丧，给予受到各种创伤的人群以信心，探寻人类的最佳生活方式，促进了当代人类价值观的积极研究。此时，"自我实现"俨然成为一种大众观念，这与马斯洛人本主义哲学的传播不无关系。

马斯洛掀开了对人的研究的崭新一页，他的理论对后人本主义心理学乃至整个心理学界的发展都起到了巨大的推动作用。人本主义理论一经发表，对整个心理学界来说犹如久旱逢甘霖、漆黑夜晚中的一盏灯。

马斯洛在晚年完成的《存在心理学探索》一书中，再次将其理论体系清晰地呈现在读者面前。书中详细地介绍了自己的基本观念，以及一生各个时期的哲学观点，将自已遇到过的问题和自己帮别人解决过的问题一一列举出来，并附上对应的参考答案，其理论专著的普及性为心理学引来了大批追随者。马斯洛人本主义理论的大众化和现代化，使他被誉为当代心理学的标兵。

马斯洛为人学的研究提供了丰富的文献资料和强大的理论支持，为人学的发展指明了方向。随着社会的发展和技术的革新，人与人之间的竞争愈发激烈，每个人都希望能充分挖掘自己内在的潜力，塑造健全的人格。马斯洛的人本主义理论通过对人的本质进行全面的分析和研究，明确了由低到高的人的需求层次，制定了人的发展方向。将广大学者的目光集中到了独特、丰富的人的本质上，推动了对人的本身、人与人的关系、人与物的关系的研究，解答了如何提升自己这一问题，对人类的意义十分重大。

总而言之，马斯洛人本主义心理学对人类的需要满足、人性的根源及价值实现进行深入研究，打开了人类行为及心理研究的新窗口，同时建立起人类与宇宙自然的特殊关联。马斯洛的思想是可以一直延续下去的，因为只要人类存在，人本主义这条路就不会走到尽头，其研究也永远不会终止。